工业和信息化部"十二五"规划专著

锚杆锚固系统的瞬态动力响应特性

Characteristics of Transient Dynamic Response on Bolt Anchoring System

● 孙 冰　曾 晟　陈振富　丁德馨　著

哈爾濱工業大學出版社
HARBIN INSTITUTE OF TECHNOLOGY PRESS

内容提要

本书在国内外学者研究成果的基础上，基于应力波理论、模型相似理论等，采用理论分析、实验室模型试验、现代信号处理等相结合的手段，提出了一种多点布测的试验测试方法，研究是否加载情况下锚杆锚固系统的低应变动力响应特征，揭示锚杆锚固系统中激发应力波的传播规律和特性，阐述基桩与锚杆锚固系统的动测技术的差异，探讨加载情况下完整与缺陷锚杆的应力分布及发展，动态信号、基频、阻尼比及动刚度的变化，分析荷载对锚杆瞬态动力响应的影响。本研究将为锚杆锚固系统在施工及使用过程中的无损检测提供科学指导。

本书可供国防、土木、采矿、水利、交通工程及相关领域的科研人员、工程技术人员以及高等院校的教师、本科生和研究生参考使用。

图书在版编目(CIP)数据

锚杆锚固系统的瞬态动力响应特性/孙冰等著.
—哈尔滨:哈尔滨工业大学出版社,2015.10
ISBN 978-7-5603-5646-4

Ⅰ.①锚…　Ⅱ.①孙…　Ⅲ.①锚杆-研究②锚固-研究
Ⅳ.①TU94②TV223.3

中国版本图书馆 CIP 数据核字(2015)第 234176 号

策划编辑　王桂芝
责任编辑　李长波
出版发行　哈尔滨工业大学出版社
社　　址　哈尔滨市南岗区复华四道街 10 号　邮编 150006
传　　真　0451-86414749
网　　址　http://hitpress.hit.edu.cn
印　　刷　哈尔滨市工大节能印刷厂
开　　本　787mm×1092mm　1/16　印张 12.25　字数 290 千字
版　　次　2015 年 10 月第 1 版　2015 年 10 月第 1 次印刷
书　　号　ISBN 978-7-5603-5646-4
定　　价　39.00 元

前 言

锚固技术是一种结构简单的主动支护，能最大限度地保持围岩的完整性、稳定性，能有效地控制围岩变形、位移和裂缝的发展，充分发挥围岩自身的支撑作用，把围岩从荷载变为承载体，变被动支护为主动支护，且具有运输施工方便、效率高，有利于加快施工进度，施工成本低、支护效果好、施工噪声小等优点。因此在边坡稳固工程、隧道与地下支护工程、大坝坝体加固工程、地面高塔或高架结构的加固、道桥基础加固工程、井巷与矿山支护及现有结构补强与加固等领域中得到了广泛的应用。然而由于材料、施工、地质条件等因素的影响，锚固结构系统在施工和使用过程中必然存在许多缺陷。随着这些缺陷的产生、积累，会使具有永久支护的岩土工程失效。所以，对锚固工程的缺陷识别、质量诊断以及实时检测、补强，一直是岩土工程界广泛关注的问题，锚杆无损检测技术的研究对国家基础设施建设及国防科技发展具有重要的意义。

许多学者对锚杆无损检测进行了大量的理论分析和试验研究，并取得了一些成果，但仍不能满足锚固技术日益发展的要求，而且该方法从理论机理到室内试验、处理分析手段及实际应用，还存在一些不足，如：理论上存在的不确定性，会导致实际应用时的随机性；室内试验的内容较少，没有统一成熟的试验方法和方案；动测信号的随机性大，信号处理技术有待完善；确定锚杆锚固质量的关键参数即应力波速需要深入研究；锚杆锚固质量的无损检测借鉴了基桩动测技术，为避免部分研究和工程技术人员易将它们混淆，需要对比二者间的差异；锚杆在安装和使用过程中都是在一定的荷载条件下进行的，目前的研究大多忽略了荷载的影响。上述问题是进行锚杆锚固系统无损检测中最难和最迫切需要解决的一些关键问题，因此本书主要采用理论分析、实验室模型试验、现代信号处理等相结合的手段，研究是否加载情况下锚杆锚固系统的低应变动力响应特征，揭示锚杆锚固系统中激发应力波的传播规律和特性，阐述基桩与锚杆锚固系统的动测技术的差异，其中大部分内容已经在国内外重要学术期刊上发表，是作者近年来研究工作的总结、提升和发展。本研究为锚杆锚固系统在施工及使用过程中的无损检测提供了科学指导。

本书第1章绪论部分主要阐述了研究背景及意义、国内外的研究现状及存在的问题，提出了自己的研究思路。第2章主要分析了锚杆锚固系统的锚固作用原理及应力波在锚固系统中的传播、衰减及透反射规律。第3章主要介绍了本书中试验所采用的方法、测试系统、各类试件的制作。第4章采用理论分析与试验研究的方法，在不同龄期下，通过锚杆体与锚固介质中对应测点的动测信号、时间差、应力波协调需要的锚固长度等的对比分析，研究不同龄期下应力波在锚杆体与锚固介质中传播的同步性。第5章主要采用理论计算与试验分析的方法，在非加载状态下，通过不同龄期下锚杆与基桩中应力波的不同变化特征，探讨二者检测技术间的差异。第6章依据第5章完整锚杆中所得应力波速，判断不同围岩中缺陷锚杆的锚固质量，并采用快速傅里叶变换（FFT）和短时傅里叶变换（STFT）进行锚杆锚固系统的频谱分析。第7章主要考虑锚固介质对锚杆产生的动态与静态阻尼力的影响，在不同约束情况下，列出力的平衡微分方程进而得到一维波动情况下的锚杆波动方程，对方程进行求解，得出锚杆在不同约束条件下的动力响应。第8章提出了一种多点布测的试验测试方法，同时结合小波多尺度分析的信号处理技术，实现了应力波速的有效量化及锚杆缺陷位置的准确判断，为加载等级下锚杆的瞬态动力响应研究提供了试验手段与数据分析的依据。第9章依据第7章的理论分析结果及第8章的试验与数据分析方法，在加载状态下，通过完整锚杆的应力分布及发展，动态信号、基频、阻尼比及动刚度的变化，分析荷载对完整锚杆动力响应的影响。第10章在第9章的基础上，在加载状态下，通过缺陷锚杆的应力分布及发展，动态信号、基频、阻尼比及动刚度的变化，分析荷载对缺陷锚杆动力响应的影响。第11章对本书的研究成果进行了系统的总结，并对后期的研究工作进行展望。

本书的研究内容是在工业和信息化部“十二五”规划专著、国家自然科学基金项目（51204098）、湖南省“十二五”土木工程重点学科、湖南省自然科学基金项目（11JJ6045）、南华大学“十二五”科技创新团队项目（2012NHCXTD12）等的支持与联合资助下完成并出版的，作者在此深表谢意。

本书由南华大学资助出版。本书的试验都是在南华大学土木工程基础试验中心完成的，感谢结构实验室、材料实验室和岩土实验室的杨晓峰、张志恒、王小波、秦志谦、雷林等老师给予的大力帮助和支持，感谢南华大学城市建设学院各位领导与建筑工程系全体老师的关心与支持，感谢中南大学资源与安全工程学院的李夕兵、曹平、吴超、周科平、薛振纲等教授对本人的帮助与关怀。感谢我的同学宫凤强、李地元、高峰、林杭、王斌、何利文等所给予的诸多帮助！特别感谢课题组研究生郑绪涛、刘巍、张海峰、袁登、邓显石、张宋秋阳、郭闪闪等在试验及全书统稿过程中所做的工作。

由于本书的部分内容是开创性的研究，有些观点和结论还有待进一步深入研究。另外，由于作者水平有限，难免有疏漏和不足之处，恳请各位读者批评指正，并予赐教。

作　者

2015 年 8 月

目　录

第1章 绪 论

1.1 引 言

随着岩土锚固技术的发展,锚固技术已经广泛地应用于岩土工程的各个领域,是一种重要的加固手段。它是一种结构简单的主动支护,能最大限度地保持围岩的完整性、稳定性,能有效地控制围岩变形、位移和裂缝的发展,充分发挥围岩自身的支撑作用,把围岩从荷载变为承载体,变被动支护为主动支护,具有运输施工方便、效率高,有利于加快施工进度,且施工成本低、支护效果好、施工噪声小等优点。欧洲国家较早采用了锚杆加固技术,1872年,英国最早采用锚杆加固北部威尔士露天页岩矿;1912年,德国最先在井下采用锚杆加固巷道。我国的锚杆加固技术起步于20世纪50年代中期,至今已有超过半个世纪的应用历史。该技术主要的应用领域按工程类型概括如下:边坡稳固工程,包括岩石或岩土边坡的加固、斜坡挡土墙、锚固挡墙以及滑坡防治;隧道与地下支护工程,包括铁路、公路隧道、地下输水隧道、地下铁道、地下结构等的临时性或永久性支护;深基坑支护工程,指单独或与其他支护相结合,利用锚杆或锚索进行开挖基坑的护壁、稳坡,以维护基坑在施工期间的稳定;大坝坝体加固工程,防止大坝坝体出现拉应力、整体倾覆等;地面高塔或高架结构的加固,对于如输电桩塔基加固、高架桥防倾倒、挡土墙抗倾覆工程的加固;道桥基础加固工程,如防止桥墩基础滑动、大跨度拱形结构稳固、悬臂桥锚固;井巷与矿山支护,如地下开拓工程巷道、地下维修洞室、采场进路、地下破碎洞室、地下停车场等;现有结构补强与加固,主要是利用锚固技术对已产生变形、裂缝和滑移等破坏或潜在破坏的已建工程的加固和补强。

在岩土工程中,其都是修建在岩土体中或以其为依托的建筑物,其特点是为结构物和周围岩土体紧密结合形成共同体,它们相互作用,唇齿相依,而锚杆在其中扮演了重要的角色。锚杆设计的主要目的是希望通过锚杆将破碎或不稳定岩体、结构物与牢固稳定的岩层连锁在一起,以提高整体的稳定性。锚杆支护实质上是把锚杆安装在巷道的围岩中,使层状的、软质的岩体以不同的形态得到加固,形成完整的支护结构,提供一定的支护抗力,共同阻抗其外部围岩的位移和变形。但由于锚杆是地下隐蔽工程,其破坏有可能带来巨大的财产损失和人员伤亡。锚杆的锚固质量和其破坏密切相关也直接关系到洞室围岩、边坡和基坑等岩土工程的稳定,必须对锚杆的锚固质量进行控制和检测。锚杆锚固质量的好坏不但与锚杆的整体抗拔力有关,而且还与各段的锚固力、砂浆饱满程度、锚固长度等因素有关,这就需要对锚杆进行合理的检测。

按检测的手段和检测加力方式不同,锚杆锚固质量检测方法可分为静力法检测和动力法检测两大类。锚固质量静力法检测的特点是施力时间长、检测试验周期长、加载大,是传统的方法。动力法检测的特点则是施力时间非常短、检测快速、加载小,是现代的检测方法。静力法检测主要是采用拉拔试验法和取芯法。拉拔试验法测定的抗拔力只是反映锚杆的整体抗拔能力,它不能指明锚杆各段的锚固力。液压千斤顶拔出测试是一项耗时、费力、破坏性的测试方法。它仅仅能对数量很少的锚杆进行检测。更为重要的是对于锚固长度较长的锚杆无法用这种方法去检测其锚固质量。一般来说30 cm长且锚固质量较好的锚固体强度就远大于锚杆本身的强度,因此在测出锚杆的极限承载力之前锚杆本身已经被拉断。因此液压千斤顶拉拔检测法的测试深度小于30 cm。总体来说,拉拔试验主要是确定锚杆的极限承载力、变形特征、设计合理性、施工质量等。其具有很多缺陷:是一种破坏性的检测方法;抽检的样本数十分有限,难免以偏概全;不能对锚杆的锚固质量做充分的肯定;不能检测锚杆的实际长度,抗拔力不能完全反映锚杆的质量状况;钢筋沿锚杆的应力分布也是不均匀的;锚杆的锚固剂对锚杆包裹情况无法检测。取芯法是用取芯钻沿平行锚杆的方向把锚杆、锚固介质以及部分岩石整体取出来,用目测的方法对锚固质量进行评价。虽然取芯可以提供非常有用的信息,但它不仅是一个破坏性的检测手段,而且受到许多因素的制约,如取芯过程很麻烦,非常昂贵,保持取芯钻与锚杆同心很困难,有些地方的锚杆无法接近取芯,使得该方法无法成为常规的检测手段。这两种检测方法都具有很大的局限性,因此静力法在工程实践中将逐步被无损的动力检测方法所替代。

锚杆锚固质量的动态无损检测方法借鉴了基桩动测原理。基桩是一种重要的基础形式,由于桩基础工程的造价通常占土建工程造价的1/4以上,且基桩工程属于隐蔽工程,从表面上无法直接观测其质量情况,同时由于受岩土工程条件、基础与结构设计、桩土体系相互作用、施工以及专业技术水平和经验等关联因素的影响而具有复杂性外,桩的施工还具有高度的隐蔽性,发现质量问题难,事故处理更难,这就给基桩质量控制带来了较大的隐患。桩基础工程的质量直接关系到整个建筑物的安危,因此,基桩检测工作是整个基桩工程中不可缺少的环节,只有提高基桩检测工作的质量和检测评定结果的可靠性,才能真正地确保基桩工程的质量与安全。基桩检测工作包括:施工前的试验,目的是为设计及施工方案提供校核、修改的依据;施工中的检测,目的是监督施工过程,保证施工质量,达到设计要求;施工后的检测,目的是对施工质量进行验收、评估和对质量问题的处理提供依据。基桩检测的主要内容为基桩的设计深度、桩底清底情况、入岩深度、完整性、混凝土质量及基桩承载力。在基桩完整性检测中,目前主要采用以一维应力波理论为基础的应力波反射法。应力波反射法是以应力波在桩身中的传播反射特征为理论基础的一种方法。该方法将桩假定为连续弹性的一维截面均质杆件,并且不考虑桩周土体对沿桩身传播应力波的影响。当在桩顶施加一瞬态激振力,将在桩内激发应力波,桩与桩周土之间的波阻抗差异悬殊时,应力波的大部分能量将在桩内传播,桩可以近似看作一维杆件,应力波在桩内传播可以采用一维杆波动方程计算。当桩内存在有波阻抗差异界面时,波将产生反射和透射,反射波将沿桩身反向传播到桩顶,而透射波继续向下传播。桩底、桩身的缺陷均可以根据反射波的相位、振幅和频率特性,辅以地层资料、施工记录以及经验,从而达到桩身质量评判的目的。动力法具有施力时间非常短、检测快速、加载小的特点,是现代的检测方法。

然而正是由于锚杆锚固质量检测的动测法借助了基桩动测原理,使得二者检测具有一定的相似性,部分研究和工程技术人员易将它们混淆,这样就可能造成实际工程检测中的误判,而实际上,二者有着许多不同之处。

1.2 问题的提出及研究意义

由于材料、施工、地质条件等因素的影响,锚固结构系统在施工和使用过程中必然存在许多缺陷,主要缺陷有:锚杆体本身缺陷,如材质不均匀,存在裂缝、孔洞,杆体锈蚀;胶结体缺陷,如胶结体密实度不够,内部有孔洞、裂隙、“蜂窝”等;胶结体与锚杆体、围岩的胶结不好;另外还包括地质界面、软弱地层对锚固质量的影响。具有这些缺陷的锚杆-围岩结构系统,简称为“缺陷锚杆”。随着这些缺陷的产生、积累,会使具有永久支护的岩土工程失效。所以,对锚固工程的缺陷识别、质量诊断以及实时检测、补强,一直是岩土工程界广泛关注的问题。重大工程结构,如重要的桥梁、大坝、河堤、高层建筑、高速公路与铁路等,在发生地震、飓风、洪水等自然灾害时会因年久失修而危机四伏。这些结构中埋设的锚杆存在的内部缺陷,往往具有很大的危险性,会使整座建筑物倒塌,造成巨大的经济损失。四川宜宾悬索桥的垮塌正是由于锚索的失效而导致的灾难性后果。有关结构健康问题是举世瞩目的重大科技、经济和社会问题。由于结构都是按照力学原理设计的,没有生命、没有智能,不能感知自然灾害的作用,不能做出适当响应保护自己,因此为了保障安全,设计者往往采用保守设计,即增大结构的尺寸与质量,从而增加了人力、财力与资源的消耗。因此,如何通过一定的检测手段就可以判断结构的健康状况是当前国际上的一个研究热点。避免结构发生事故,延长结构的使用寿命,提高结构的可靠性、安全性是经济建设中无法回避的问题,这个问题的解决要靠广泛采用性能优异、准确可靠、方便实用的检测技术来实现。

因此对锚杆现场检测技术的研究是岩土工程界一个急需解决的课题,它对于安全生产、保障施工质量具有重要意义和广阔的应用前景。可以预料只要检测水平达到一定程度,锚固技术将以独特的经济效益,简便的工艺,广泛的用途,经济的造价,在矿业采掘与岩土工程领域中显示其旺盛的生命力。它的应用,能够解决现场专家不足的问题,早期发现结构潜在的缺陷,减少判断故障的时间,避免或减少事故的发生,对损失结构的剩余寿命进行科学的评价,保证结构的安全性。健康监测与智能诊断系统有可能把目前广泛使用的离线、静态、被动的检查转变为在线、动态、实时健康监测与控制,将导致安全监控和性能改善产生质的飞跃。

若取锚杆作为研究对象,其受力情况非常复杂,现场条件也非常复杂,影响锚杆锚固质量的因素非常多,而且锚杆、锚固介质、围岩之间存在相互作用,导致锚杆的理论分析非常困难,虽然前人进行了大量的理论分析研究,仍不能满足锚杆无损检测研究的要求。目前,对基桩完整性的检测,因反射波法具有经济、快速、简便和准确性较高等优点,是应用最为广泛、最具代表性的一种动测方法。借鉴基桩动测原理,利用反射波法进行锚杆锚固质量检测是解决锚杆锚固质量的实时、快速无损检测问题的有效途径。根据一维杆波动理论,在锚杆外露端头置一自激式加速度传感器,测得锚杆 - 围岩相互作用体系在激发荷载作用下的速度或加速度响应,通过波形识别和参数分析,可以准确测定锚杆的有效锚固长度,判断锚固端与围岩之间的支承连接情况,估算锚杆的极限承载力。国内外学者在这方面进行了大量研究工作,取得了可喜的研究结果,有的研究成果已进入实用阶段。许多学者对该方法进行了大量的理论分析和试验研究并取得了一些成果,但仍不能满足锚杆无损检测研究的要求,而且这些方法从理论机理到室内试验、处理分西手段及实际应用,还存在一些不足,如:

(1)理论上存在的不确定性,会导致实际应用时的随机性。对于锚杆检测的理论研究还处于起步阶段,许多理论问题,如锚杆周围介质对应力波传播的影响、各种波形的应力波在锚杆中传播规律的异同、应力波激发方式与波的传播规律的相互关系等,都还没有完全解决。

(2)关于室内试验的内容较少,没有统一成熟的试验方法和方案,室内锚杆锚固系统试验构件的围岩形式单一。

(3)对于岩土工程锚固技术而言,不但包括岩层锚杆,而且包括土层锚杆,而大多的锚杆无损检测无论是现场试验还是室内试验都针对岩层锚杆进行研究,而关于土层锚杆的无损检测相对较少。

(4)锚杆锚固系统中的应力波速是进行锚固质量判断的最基本也最难准确确定的参数,关于该波速与时间、锚固介质强度、锚固质量等参数间的变化关系研究较少,另外,是否有新的思路确定该波速的研究也有待开展。

(5)锚杆锚固质量的无损检测借鉴了“低应变动力测桩技术”,正由于这个原因,使得二者具有很多相似之处,部分研究和工程技术人员易将它们混淆,这样就可能造成实际工程检测中的误判。实质上,锚杆检测与基桩检测虽然存在相似之处但也有较大差异。二者相同之处是大多均采用一维弹性杆件的波动理论。但二者有着许多不同之处:首先,受力方式不同,基桩检测主要关注的是抗压承载力,而锚杆检测主要关注的是抗拔承载力;其次,检测对杆件本身质量定位不同,基桩本身的不均匀、扩缩径、长度等是质量检测的主要内容,而锚杆检测中的被测锚杆本身可以认定为均匀、没有质量问题的;再次,缺陷类型、特点不同,基桩缺陷还包括桩底缺陷,锚杆锚固质量缺陷主要反映在锚杆周边的握裹形式和强度;另外,研究深度不同,基桩检测从方法、理论到试验实践已研究得全面、深入、系统,而锚杆检测目前处于实践和经验总结阶段,理论研究不够全面和深入。

(6)由于锚杆的隐蔽性,其设计、施工与管理及工作环境都存在很大的不确定性,随着环境的作用和变迁,整个系统也在不断地调整变化或者产生病害,而且其受力情况非常复杂。总之,影响锚杆锚固质量的因素非常多,某一因素的变化将导致测试信号的变化,使其测试理论分析非常困难。许多学者通过理论分析和试验研究取得了大量的成果,但仍不能满足实际工程需要。如锚杆无损检测技术中的应用还存在应力波传播规律不明确,锚杆周围非线性阻尼对应力波传播的影响、底端反射难确定等问题。

(7)锚杆在安装和使用过程中都在一定荷载条件下进行,目前的研究大多忽略了荷载的影响,对荷载的认识不够,在讨论锚杆锚固质量时未考虑荷载对参数的影响,引起对锚固质量的判断不准确。本书对不同锚固质量锚杆在不同荷载下分别进行应力波检测,对检测信号进行小波分解,提取各种动测参数,分析了其变化情况,对实际工程有一定的指导意义。

上述问题是进行锚杆锚固系统无损检测中最难和最迫切需要解决的一些关键问题,如何有效解决这些问题是一项具有重要理论意义和实践价值的研究工作,如可以避免工程人员对基桩和锚杆的质量检测产生误判,可以实现锚杆锚固系统经济、便捷、实时、快速、准确的无损检测。基于此,本书对其中的部分问题进行初步的探讨和研究,为锚杆锚固质量实时无损检测技术在实际工程中的有效推广应用提供更多的参考依据。

1.3 基桩应力波检测理论在国内外的发展和应用

早在20世纪30年代,应力波理论就被用于分析打桩工程,1931年Isaacs首先指出,桩顶受到桩锤冲击后,冲击能量是以波动形式传至桩底,可用一维波动方程来描述,但其解过于复杂,只能用于极简单的边界条件,难以进入实用阶段。1950年A. Smith对锤—桩—土体系提出了用一系列质块、弹簧和阻尼器组成的离散化计算模型。从1964年至1975年,美国的 G. Goble 领导的研究小组进行了基桩应力波检测测量技术和理论分析的系统研究，取得了丰富的成果。荷兰、法国等也研制出了自己的基桩动测设备和相应分析程序。从 1980 年以来，“应力波理论在基桩工程中应用”的国际会议的召开，对交流基桩应力波检测理论的研究成果和促进基桩应力波检测理论的发展和工程应用起到了积极作用[1-9]。在我国，唐念慈[10]等于 1978 年在渤海 12 号平台试桩工程中首次使用了波动方程法进行打桩分析，并设计了 BF81 计算程序。江礼茂[11]等 1990 年提出拟合法中土阻力的双线性模型，并以波动理论为基础编制了计算单桩承载力的计算机程序。陈凡[12]给出了考虑土的加工硬化或软化的土阻力模型，研制了 FEIPWAPC 特征线基桩波动分析程序。袁建新[13]等给出了土性质参数调整的一个优化方法。其他一些学者[14-18]也做了很多研究，对丰富应力波理论工程应用起到了积极作用。

1.4 锚杆及其检测技术的现状与发展趋势

1.4.1 锚杆的特点、分类及失效

1. 锚杆的特点

工程上所指的锚杆，通常是对受拉压构件所处的锚固体系的总称。它包含锚固体、拉杆及锚头三个基本组成部分，如图 1.1 所示。锚杆支护兼有支架和加固两种作用，与靠重力作用而使结构维持稳定的通常方式相比而言，其具有许多更为鲜明的特征[19]。

(1) 在岩体和土体开挖以后，便提供支护力，对保护岩土体的自身强度、控制岩土体变形的进一步扩展以及提高整个施工过程的安全性都具有明显作用。

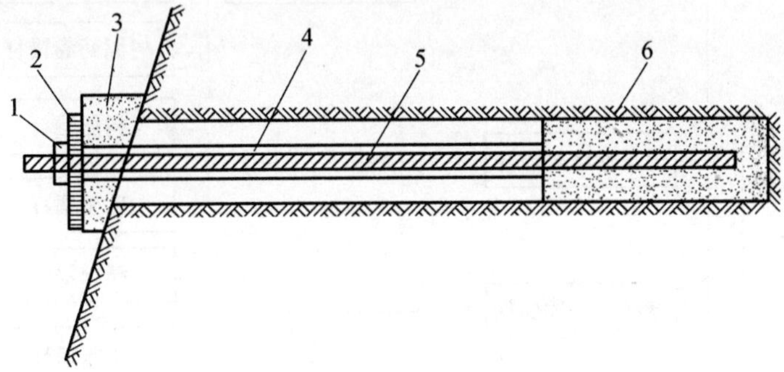

图 1.1 锚杆锚固系统结构示意图

1—禁锢器；2—承压板；3—台座；4—套管；5—拉杆；6—锚固体

(2) 可以有效改善岩土体的原始应力状态，从而进一步提高岩土体的稳定性。

(3) 可以有效加强岩土体薄弱结构面抗剪强度，从而改善岩土体的其他方面的力学性能。

(4) 将结构物与岩土体紧密地作用在一起，形成共同抵抗外力作用的体系。

(5) 对锚杆的作用部位、密度、结构参数、方向和施作时机等可进行方便的调整和设定，从而以最小的支护力，获得最佳的稳定效果。

(6) 随着结构物体积的减小，可以显著节约工程材料、减低造价，可以更有效地利用土地，经济效益十分显著。

2. 锚杆类别

为了满足各种地质条件和实际工程条件下工程结构稳定性的要求，工程与科研人员研制出了许多种类的锚杆，当前在国内外已经使用的锚杆种类有100多种，而目前在实际工程中常用的锚杆还比较有限，按照不同的划分标准可以把锚杆划分为如下种类[20]。

(1)按荷载作用位置的不同从而使得锚杆和土体产生的相对运动不同，分为被动锚杆和主动锚杆。

(2)按内锚段锚固所作用介质的不同可分为岩石锚杆和土层锚杆。

(3)按是否施加预应力分为预应力锚杆和非预应力锚杆。

(4)按锚杆内部拉筋和水泥浆体传力方式的不同，可分为压力型、拉力型、压力分散型、拉力分散型和拉压分散型等。

其次，按锚固方式划分为机械锚固式锚杆、黏结锚固式锚杆和摩擦式锚固锚杆等，按锚固长度的不同划分为全长锚固锚杆和端头锚固锚杆，按材料的不同划分为钢筋锚杆、玻璃纤维锚杆、木锚杆和竹锚杆等。根据以上内容并做相应补充，锚杆的大致种类如图1.2所示。

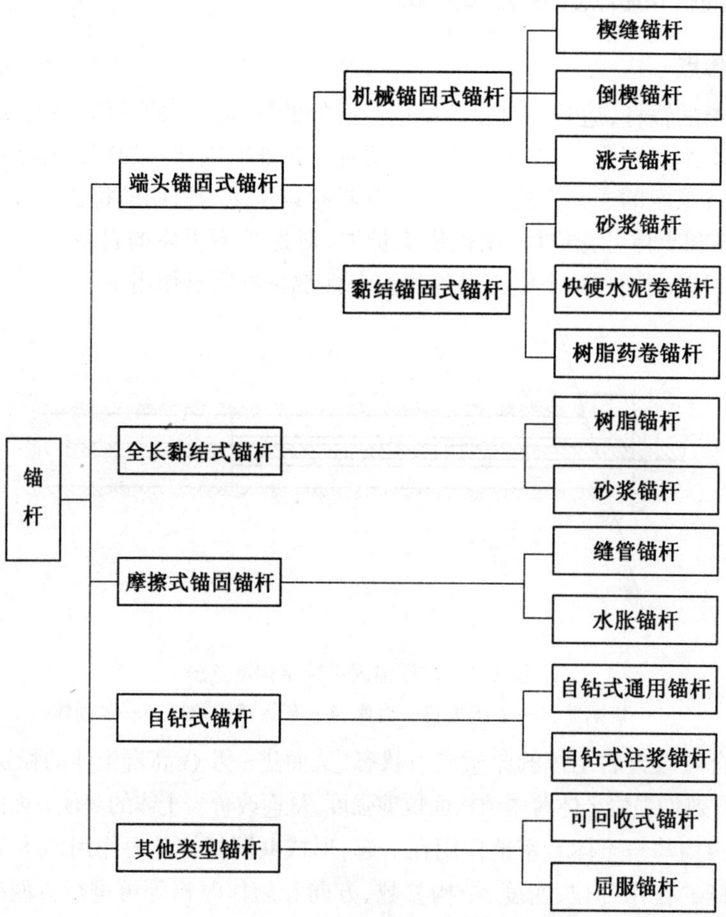

图1.2　锚杆类别汇总图

3. 锚杆破坏形式

锚杆常见的破坏形式有锚杆的抗拉承载力不足引起的破坏、锚杆在岩体滑动面处或者节理面处的剪切破坏以及岩土体破坏,锚杆可能出现的其中一种或几种破坏[21]形式:

(1)锚杆的抗拉承载力不足引起的破坏主要包括锚杆被拉断破坏、钢筋和灌浆体的结合面黏结破坏、灌浆体和岩土体的结合面黏结破坏和灌浆体的破坏。

(2)锚杆在滑动面处或者节理面处的剪切破坏。在许多工程事故中,锚杆存在较多的局部被剪切破坏。大量的剪切试验也证明在节理岩体中加锚节理面的抗剪强度随剪切位移的增大而增大,当节理面产生较大滑移时,锚杆就可能会被剪断或发生较大的剪切变形从而使得锚杆加固失效。

(3)岩土体破坏主要包括锚固段底端有锚定板或膨胀体的锚杆内部岩土体的剪切或受压破坏、群锚效应引起的岩土体的破坏和锚固段顶端岩体的破坏。

1.4.2　锚固技术的发展

锚固技术在实际工程中的应用大约始于19世纪,英国北威尔士露天页岩矿在1872年就首次应用锚杆加固边坡[22]。1911年,美国Aberschlesin的Friedens煤矿首先将岩石锚杆用于支护矿山巷道顶板[23]。1918年,在美国西利西安矿首次将锚索支护用于该矿的开采。1934年,在阿尔及利亚Cheurfas大坝的加高工程中首次采用了预应力锚杆来保持加固后坝体的稳定[24]。此后,在印度的坦沙坝、南非的斯登不拉斯坝、奥地利的斯布列西斯坝和英国的亚格尔坝采用了预应力锚杆加固技术,同时也取得了极大的成功[25]。到20世纪50年代,锚杆锚固技术在实际工程中的应用得到了迅速有效的发展。1958年,土层锚杆用于法国Bauer公司。20世纪60年代,低预应力短锚杆(张拉锚杆)和高预应力长锚杆相结合的支护形式用于捷克斯洛伐克的Lipno电站的主厂房、原西德的Wadeck Ⅱ地下电站主厂房等大型地下洞室。1974年,锚固技术也应用于纽约世界贸易中心深开挖工程中,950 m长、0.9 m厚的地下连续墙穿过有机质粉土、砂和硬土层直达基岩,开挖从地面至地下21 m深处,同时设置6排锚杆背拉,锚杆的工作荷载均为3 000 kN,锚杆倾角均为45°。20世纪80年代,英国、日本等国研发了一种新型的单孔复合锚固技术,该锚固技术改善了锚杆的传力机制,有效地提高锚杆的极限承载力和耐久性[26]。综上所述,锚杆支护技术的发展大致经历了如下历程:20世纪40年代,对机械式锚杆进行了研究并在实际工程中得到应用;20世纪50年代,机械式锚杆广泛应用于采矿工程中,同时开始对锚杆支护系统进行研究;20世纪60年代,树脂锚杆开始推出并在矿山采掘业得到应用;20世纪70年代,缝管式锚杆、胀管式锚杆开始出现并在实际工程中得到应用,与此同时科学技术的进步使得新的加固方法不断涌现,诸如混合锚头锚杆、桁架锚杆、组合锚杆和特种锚杆等,同时这些锚杆也在工程中得到应用,与此同时树脂材料也得到改进[27]。目前,国内外各种类型锚杆已达600余种,每年在实际工程中所使用的锚杆数量已逾10亿根。美国、澳大利亚等岩土工程技术发展比较完善的国家把锚杆作为围岩加固、地下开采工程中普遍应用的常规手段。随着岩土技术的发展,锚固技术不断发展,锚杆不仅种类越来越多,而且越来越先进,性能也越来越好,在国际上对单根预应力锚杆施加的锚固力已达13 000 kN。

在国内,锚固技术发展较晚,20世纪50年代后期,锚固技术开始应用于实际工程中,与此同时楔缝式锚杆支护技术在京西矿务局、河北龙烟铁矿、湖南湘潭锰矿等矿山巷道中得到了应用。进入 20 世纪 60 年代,除了矿山巷道中使用锚固技术之外,在边坡工程、铁道隧道、地下工程、水库大坝等岩土工程中也大量地使用了锚固技术。1964 年,首次将 30 ~ 47 m 的预应力锚索用于安徽梅山水库加固坝基,主要为了提高坝基抗滑移的稳定性,此预应力锚索的单根最大张拉极限荷载达到了 3 240 kN。20 世纪 70 年代,土层锚杆开始在深基坑支挡工程中得到应用,比如先后在北京国际信托大厦、王府井宾馆、京城大厦、上海太平洋饭店、上海展览中心、沈阳中山大厦等基坑工程中采用了土层锚杆进行基坑稳定性维护[28]。1989 年,我国首台 6 000 kN 级预应力锚杆及预应力张拉设备研制成功,并将其应用于丰满大坝的加固工程,同时,预应力锚杆在石泉大坝加固工程应用成功。到 20 世纪 90 年代,10 000 kN 级预应力锚杆在龙羊峡水电工程中试验成功,并在多个工程中获得应用[29]。据统计,在我国,每年仅深基坑工程和边坡加固工程锚杆的使用量按长度计就有 3 000 ~ 3 500 km,同时,在煤矿和金属矿山巷道中锚杆的年使用量也超过了 2 600 km。以举世瞩目的三峡水利枢纽工程为例,将 4 千余根长为 25 ~ 61 m 不等的设计承载能力为 3 000 kN(其中也有部分设计承载能力为 1 000 kN)的预应力锚索和近 10 万根 8 ~ 14 m 不等的高强度锚杆,用于高 170 m、长 1 607 m 的船闸边坡处于风化程度不等的闪云斜长花岗岩中作为整个系统加固和局部加固,这些锚杆对改善边坡的应力状态使其向有利方向发展、阻止不稳定块体的进一步塌滑、抑制塑性区的继续扩展以及提高边坡的整体稳定性发挥了举足轻重的作用[30]。近年来,我国岩土锚固工程的发展及其应用尤为迅速,其应用几乎已涉及矿山井巷、铁路隧洞、地下洞室支护、岩土边坡加固、坝基稳定、深基坑支挡、结构抗浮与抗倾、悬索建筑的地下受拉结构等土木工程各个领域,如在三峡水利工程中,永久船闸两侧全部用数十万根高强锚杆进行预锚加固,无论是锚杆的长度或是其强度都达到了前所未有的状态,创造了当今世界水利工程的奇迹。

在我国,随着锚固技术的发展,相应的规定和规范也日趋完善,有关部门已编写了与锚固技术相关的规定和规范等。1990 年 11 月,《土层锚杆设计与施工规范》被中国工程建设标准化协会批准;1994 年,《水工预应力锚固施工规范》被水利部批准为部颁标准;1998 年 6 月,《水工预应力锚固设计规范》也被水利部批准为部颁标准。

从国内外锚固技术的发展历程不难预料,锚固技术将以其显著的优势诸如独特的效应、广泛的用途、简便的工艺、经济合理的工程造价等在岩土工程界显示其旺盛的生命力和可观的发展前景。

1.4.3　检测技术的历史及现状

随着岩石动力学研究的深入和其在岩土工程中应用的不断扩展,同时由于方便高效现代计算机处理技术的广泛应用,使得无损探伤技术用来监测锚杆锚固质量不再是岩土工程界难以解决的问题,其将使锚杆锚固系统的质量监测发生历史性的飞跃。对锚杆而言,无论从理论角度上来分析,还是从其几何特性、材料性质以及承受荷载情况等方面来探讨,其比基桩都更符合一维弹性杆件的波动理论,以目前在煤矿上广为使用的锚杆形式为例,其相对长度(主要用长度与截面直径相比衡量)较基桩小得多;其次,从信号接收的角度来讲,因其应力波的能量衰减较小,锚杆的信号接收更容易一些。基于此,可以借鉴基桩动测技术比如反射波法等测定锚杆的锚固长度、缺陷位置及长度、锚固质量等锚杆的实际锚固状态。本书对锚杆的检测技术的发展做如下简单阐述。

1. 静力检测法的发展

传统的锚杆锚固质量检测方法是静力检测法，静力检测法中主要包括钻孔取芯方法和拉拔试验法，而拉拔试验法的应用更为广泛。拉拔试验的主要操作步骤和方法如下：首先将液压千斤顶放在托板和螺母之间，拧紧螺母，施加一定的预应力，然后用手动液压泵加压，同时记录液压表和位移计上的对应读数，当压力或者位移读数达到预定值时，或者当压力计读数下降而位移计读数迅速增大时，停止加压，测试后，可整理出锚杆的位移与荷载之间的关系曲线，并基于此分析得出锚杆的锚固质量。

锚杆拉拔试验按试验目的的不同分为基本试验、蠕变试验和验收试验。基本试验的目的为确定锚固锚杆的极限承载力，掌握锚杆抗破坏的安全程度，以便在正式使用锚杆前调整锚杆机构参数或改进锚杆制作工艺。蠕变试验主要对于塑性指数大于17的软土层和蠕变明显的岩体中的锚杆进行附加试验，主要观察锚杆在一定荷载下随时间的蠕变特性。验收试验旨在确定锚杆是否具备足够的承载能力、自由段长度是否满足工程要求、锚杆蠕变在规定范围内是否稳定。

在静力类检测方法中，有研究者采用极限分析法[31-32]确定土层锚杆承载力分析，还有研究者采用测试锚杆阻力和围岩位移以分析锚固效果[33-34]。

2. 无损检测技术的发展

锚杆嵌入岩石中的长度及锚杆与岩石间的砂浆饱和度是评价锚杆能否发挥最大作用的关键，评价这两项技术指标是锚杆锚固质量检测的主要任务。锚杆锚固质量的实时、无损检测技术研究目前已是工程设计、施工和工程物理探测等专业十分关注的热点问题。现有的无损检测技术除超声波法和应力波反射法外，其他方法一时还难以用于工程实践，国内外学者[35-43]在这方面进行了大量研究工作，取得了可喜的研究结果，有的研究成果已进入实用阶段，但仍有不尽如人意之处。

早在20世纪80年代，瑞典的H. F. Thurner曾研究利用超声波检测砂浆锚杆的方法，提出用测超声波能量损耗的原理来检测锚杆的注浆质量。1980年，GendynamikAB公司推出了锚杆质量检测仪Boltometer Version[44]。该检测仪是将一个由压电晶体构成的传感器紧密贴合在锚杆外露的端头上，当产生一激振后弯曲和压缩弹性应力波就会传入锚杆体中并在锚杆体中传播。当该应力波沿着锚杆传播时，其中有一部分能量要通过灌浆体透射到岩石中去造成应力波的衰减，从而使得波幅减小。应力波在锚杆的底端发生反射，反射波将由锚杆外端的压电晶体构成的传感器接收记录。如果为完整锚杆即锚杆周围灌浆体完全填满，也就是锚固质量好时则反射波的幅度就比灌浆不足或不良时要衰减得更多。因此，灌浆良好的情况下，反射波的幅值比灌浆质量差的情况要小。从上可知该方法在使用过程中存在如下两大问题：其一，采用超声波，衰减严重，只能适用于短锚杆而不适用于长锚杆，同时要求锚固介质材质要单一。而对于现场锚杆而言，其不但种类繁多，介质多样，长度变化范围也较大，所以其应用受到了限制。其二，对锚杆端头要求比较严格，因其需要比较平整的表面贴合压电晶体构成的传感器，所以需要在现场对锚杆端头重新进行机械加工打磨平整，压电晶体才能将超声波发射进入杆体，从而测到有效信号进行分析处理。由于各种因素的影响及上述缺点的存在，使得该方法的应用在现场难以做到，从而不能在实际工程中投入应用。

20 世纪 80 年代末，美国矿业局研制了一种顶板锚杆黏结力测定仪，该测定仪既能满足检测要求，又不损坏树脂锚杆的锚固效果[45]。该测定仪也是依据发射和接收超声波的原理进行设计的。该测定仪的明显特征是体积比较小、质量比较轻、使用便捷。该测定仪使用操作比较简单，应用时只需选择好锚杆的长度范围，然后将仪器紧密贴合锚杆端头即可。更重要的是用这种锚杆测定仪测试锚杆时，不会对锚杆的锚固力产生破坏。同期，我国铁道科学院曾在仿效瑞典所用方法的基础上做了一定的改进，研制了 M-7 锚杆检测仪，改用能量相对一致的机械式撞击方式激振，增大了有效检测长度。武汉创新高科技公司生产了LX-10E型锚杆检测仪，主要用于边坡工程中的锚杆锚固质量检测，并且需要和拉拔力测试的结果结合起来，进行综合分析。

在 20 世纪 90 年代，汪明武、王鹤龄等通过锚杆锚固系统室内模型和现场试验的无损检测研究，分析了声频应力波在锚杆锚固体系中的能量衰减变化规律和反射相位特征，还讨论了用无损拉拔试验测定锚杆的锚固力，同时还将研究成果应用到实际工程中进行锚杆锚固状态的判断[46-50]；汪明武、王鹤龄还基于锚固体系的应力波运动学理论及锚杆动力学理论，探讨了锚杆锚固体系在激振力作用下的振动特征和锚固体系中声频应力波传播[51]；探讨了用于锚杆锚固工程质量评价分析的人工神经网络模型，阐述了基本原理和算法，并结合实例应用表明该方法的可行性和有效性，完善了无损检测锚杆施工质量的声频应力波法[52]。在理论和试验研究的基础上，1992 年进行了锚杆检测仪的研制并于 1996 年推出了 MT-1 型锚杆检测仪，提出了用幅值比及能量衰减系数来衡量锚杆的锚固质量，但没有给出一种测定锚杆的工作荷载和极限承载力的快速、实时、无损检测手段，没有找出锚杆的底端反射，同时由于信号采样率较低、操作安装困难、成本较高等原因，未能在我国推广使用。

河南理工大学(原焦作工学院)的学生夏代林[53]在其导师吕绍林的指导下进行了锚杆锚固质量快速无损检测技术研究，提出了应用声波在锚杆锚固系统中的相位特征与能量特征相结合的方法来综合评定锚杆锚固质量的方法，其依据是当锚固系统中存在锚固缺陷时，声波在锚固缺陷处不仅存在能量变化，而且存在相位突变。

太原理工大学李义教授等[54-60]在锚杆锚固质量的无损检测方面进行了大量的研究工作。采用应力波的频域、时域分析及瞬态导纳法相结合的方法进行锚杆的锚固质量检测，并且提出了运用幅值比、有效锚固长度、频率比、基频、基频点的动刚度及衰减系数来衡量锚杆锚固质量的优劣，据此提出了 6 个参数来表征锚杆锚固质量。在实验室进行了圆桶内水泥、树脂端锚试验和混凝土试块内水泥锚杆模拟夹层及离层试验，研究了应力波在轴向拉伸荷载和不同边界约束作用在锚固系统中的传播规律，通过理论分析和试验验证得知，在轴向荷载作用下锚杆的轴向拉拔力与振动基频成三次幂函数关系，与振动的动刚度成二次幂函数关系，还对现场大量锚杆进行实时监测，验证了试验结果；同时证明了应力波的传播速率在锚固段内会发生改变，提出了锚杆锚固系统中固结波速的概念，并通过试验得到了锚杆锚固系统中固结波速的变化特征。

朱国维、彭秀萍和王怀修等[61-62]进行了高频应力波检测锚固密实状况的试验研究和锚杆极限承载力的人工神经网络预测研究，主要针对煤矿中常用的锚杆类型及其锚固状况设计制作了相似物理模型，通过研究研制了一种弹射式加速度检波器，主要用于在锚杆端头激发并接收高频应力波。

重庆大学许明、张永兴和陈建功等[63-70]主要进行了锚杆锚固系统的小波分析、数值研究,另外还分别对完整锚杆及缺陷锚杆进行了一系列的研究。他们针对实际工程在锚固状态下处于应力环境易于发生变化的岩体,得出了此类锚固岩体在受荷载作用下的声学特性,建立了与锚杆力学特性相关的声学特性理论模型,同时利用遗传算法和小波分析方法对岩土锚固体系的承载力问题和完整性问题进行了试验分析和理论研究。

近年来,英国伦敦大学的 Beard 博士等[71-72]采用导向超声波法对锚固系统进行了无损检测,通过对信号能量速率、相速率、衰减系数的频散曲线开展讨论,与此同时还考虑了环氧层模量及厚度、锚固质量、围岩岩石模量等因素对监测结果的影响,从而得到了在低频和高频时最为理想的超声波激振频率,低频条件下,40 kHz 是比较理想的激振频率;高频条件下,2 MHz 是比较理想的激振频率。在实际工程监测中,采用低频和高频相结合的方法,且一般只能对 3 m 以内的锚杆进行质量检测。并基于此研制了针对性的激振传感器。Dalhousie 大学和太原理工大学[73-76]研究了频率和锚固长度对锚杆中导向超声波的影响并对锚杆中的超声导波进行了数值模拟分析,初步得到了锚杆中超声导波的衰减特性、传播特性以及影响衰减的因素等。在国内,张昌锁[77]、王成[78]、吴斌等[79]也进行了超声导波在锚杆中的传播特性研究,并初步取得了一些成果,有待进一步研究。

在锚杆的无损检测技术的工程应用方面,许多单位和个人也做了大量的研究工作,如中南勘测设计研究院的邬钢、国家电力公司贵阳勘测设计研究院的许煜东、长江科学研究院岩基研究所的汪天翼等人,他们结合实际的工程情况,设计制作了大量的模型锚杆,通过大量的模型试验和现场试验研究,对已有的一些检测方法进行了一系列的改进,总结出了一套行之有效应用于实际工程监测中的经验,同时也提出了存在的一些问题,为适应于工程应用的锚固系统检测技术研究的迅速发展起到了显著的促进作用。廖春芳[80]等在高速公路边坡整治和路堑边坡稳定工程中,采用长江工程地球物理勘测研究院研发的 LX 岩土工程质量检测分析仪对加固锚杆锚固系统进行了质量检测,该质量检测分析仪具有独特的声波发射、接收及软件分析系统,但其将锚杆底端反射的强弱作为锚杆锚固质量评价的重要指标,然而由于现场检测时底端反射信号非常弱小,因此很难准确确定底端反射,影响锚杆底端反射时间的确定,这也是锚杆无损检测中的难题,若用该指标进行锚杆锚固质量的判断有可能引起较多的误判,达不到指导工程实践的目的。

1.5　主要研究内容

本书采用理论分析、实验室模型试验、现代信号处理技术等相结合的手段,研究是否加载情况下锚杆锚固系统的低应变动力响应特征,揭示锚杆锚固系统中激发应力波的传播规律和特性,判断锚杆锚固质量。本书主要研究内容如下。

(1)通过完整锚杆锚固系统与缺陷锚杆在无荷载和施加分级拉拔荷载下的动测对比研究评价锚杆的锚固质量。依据现代结构动力学及结构探伤理论的观点[81-82],缺陷的存在必然使系统的结构组合发生变化,相应地影响到结构的动力响应特性,使得各种结构参数(固有频率和模态等)在不同程度上受到影响,进而使结构显示出与正常结构相区别的动态特征,通过对完整锚杆锚固系统与缺陷锚杆的动测对比分析,以及根据锚杆锚固体系固有特性的变化来建立锚杆锚固系统缺陷的识别方法,并建立锚杆锚固体系质量定量评价的方法,这在理论上是有充分根据的,技术上是可行的。本书通过理论分析研究锚固作用原理及应力波传播规律,通过无损检测试验进行完整与缺陷锚杆的对比研究进而对缺陷锚杆进行锚固状态判断。

(2)不同围岩中锚杆锚固系统的瞬态动力学特性对比分析。在不同龄期下,通过砂浆、混凝土和土层三种不同围岩级别下锚杆锚固系统中应力波反射信号的综合对比分析,同时得知反射信号的显像特征及变化规律,分析应力波的传播规律和变化特征,并分析产生此信号变化的原因。

(3)锚杆锚固系统中的应力波传播速度是质量判断的最基本参数,通过完整锚杆在不同龄期下动态响应信号的时域分析,确定反射时间,进而确定该波速,研究该波速与锚固介质强度、龄期和锚固质量之间的相互关系,研究该波速与锚固介质中的应力波速之间的相互关系,为该波速的确定提供新思路从而避开底端反射信号不明显而造成的底端反射时间难确定的问题。

(4)采用理论分析与试验研究的方法,在不同龄期下,通过锚杆体与锚固介质中对应测点的动测信号、时间差、应力波协调需要的锚固长度等的对比分析,研究不同龄期下应力波在锚杆体与锚固介质中传播的同步性。

(5)基于低应变应力波反射法,以评价施工质量和计算缺陷的最基本参数即应力波速为主要研究对象,对锚杆锚固系统及基桩进行动测对比分析研究,以区别二者检测技术的差别,从而减少由此而引起的实际工程检测误判。

(6)本书对试验检测得到的信号首先进行了快速傅里叶变换(FFT),观测完整与缺陷锚杆的曲线特征。另外,由于锚杆锚固系统的动态响应信号的底端反射信号比较难确定,这直接影响到锚杆锚固系统中应力波速的确定,进而影响锚杆锚固质量的准确判断,本书分别采用短时傅里叶变换(STFT)和 MATLAB 小波分解对动测信号进行分析,以便确定底端反射信号。

(7)考虑锚固介质对锚杆产生的动态与静态阻尼力的影响,在不同约束情况下,列出力的平衡微分方程进而得到一维波动情况下的锚杆波动方程,对方程进行求解,得出锚杆在不同约束条件下的动力响应的解析解。

(8)在不同加载等级下,基于应力波反射法,对完整与缺陷锚杆采用多点布测的方式,对动测原始信号进行小波多尺度分解。讨论荷载对完整与缺陷锚杆的应力分布及发展的影响,研究应力波速在各测段的大小及两相邻测段之间的变化情况,分析测段间的波速变化大小在顶端检测信号中的表现特征,讨论荷载对动态信号、基频、阻尼比及动刚度等锚固质量参数的变化特征的影响。

1.6 技术成果和创新点

本书采用理论分析、室内试验和数据处理相结合的分析方法,为锚杆锚固系统实时、快速和便捷的无损检测技术提供了一些新的研究思路并取得了初步成果,对锚杆锚固系统的质量检测提供了重要的参考价值。主要的创新体现在以下几方面。

(1)考虑到实际工程中围岩级别的多样性,制作了土层、混凝土及砂浆三类围岩级别下处于不同锚固介质中的完整及不同缺陷和密实度的锚杆锚固模型系统。

(2)为了解决采用应力波反射法时,底端反射信号不明显和底端反射时间难确定而造成的测得锚杆锚固系统中应力波速度不准确的问题，研究了该应力波速在不同龄期、锚固介质强度和锚固质量下的变化特征，同时进行了其与锚固介质中的应力波速的相互关系研究。

(3)在采用应力波反射法时，由于锚杆锚固系统的无损检测借鉴了基桩动测原理，为了避免由此引起的工程误判，本书开创性地以两种系统中的应力波速为研究对象进行了二者的对比研究。

(4)通过锚杆体与锚固介质中对应测点的动测信号、时间差、应力波协调需要的锚固长度等的对比分析，研究不同龄期下应力波在锚杆体与锚固介质中传播的同步性。

(5)考虑锚固介质对锚杆产生的动态与静态阻尼力的影响，得出锚杆在不同约束条件下的动力响应的解析解，进而通过理论分析寻找作用在锚杆上的荷载与振动频率之间的关系，并通过试验验证二者间的关系。

(6)采用多点布测与小波多尺度分析的方法，在不同加载等级下，对完整与缺陷锚杆进行应力发展与动测信号分析，讨论了荷载对波速、基频、阻尼比及动刚度等锚固质量参数的影响。

第2章　锚杆锚固系统的锚固作用原理及应力波传播规律

2.1　锚杆锚固系统的锚固作用原理

在岩土加固工程中，如果以锚杆作为加固系统的主要构件，就形成了一个锚杆加固系统，简称锚固系统。锚固系统通常由很多单体锚杆组成。端部锚固锚杆由三部分组成，即锚头、杆体和锚固体。全长锚固锚杆由杆体和锚固体组成。衡量锚固基本特性的力学参数如下：抗拔力即锚固力，是指锚杆在拉拔试验中承受的极限拉力；握裹力是锚杆杆体与锚固介质间的最大抗剪力；黏结力是锚固介质与孔壁岩土之间的最大抗剪力；拉断力即锚杆极限抗拉强度。

2.1.1　锚杆锚固系统的基本力学特性

由于一般锚杆长度与直径之比远大于10，可将锚杆看作一维线弹性杆件。根据图2.1所示的锚杆受力以及弹性力学的基本方程，列出锚杆杆体在轴向力作用下的基本方程[83]：

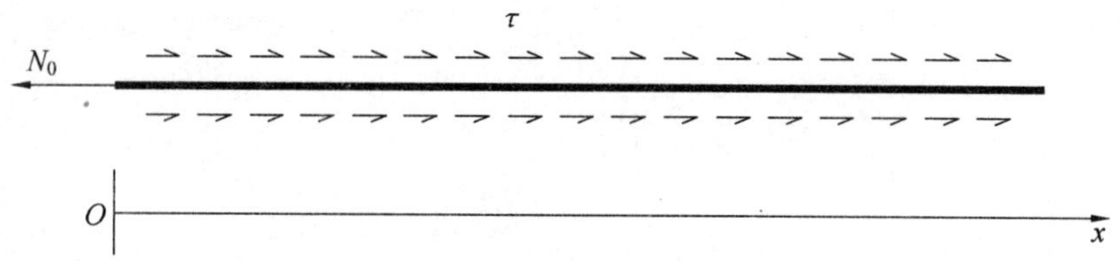

图2.1　锚杆受力图

平衡微分方程

$$\frac{dN_x}{dx}=2\pi r\tau_x \tag{2.1}$$

物理方程(本构方程)

$$\varepsilon_x=\frac{N_x}{EA}=\frac{\sigma_x}{E} \tag{2.2}$$

几何方程

$$\varepsilon_x=\frac{du_x}{dx} \tag{2.3}$$

式中，N_x为x向(轴向)杆体的轴力；ε_x为x向(轴向)杆体的正应变；σ_x为x向(轴向)杆体的正应力；τ_x为杆体周围的剪应力，它由杆体和周围介质的黏结力和摩阻力提供；u_x为x向(轴向)杆体的位移；r为杆体的半径；A为杆体的截面积；E为杆体的弹性模量。

2.1.2　锚固的基本原理

岩土锚固的基本原理就是依靠锚杆周围地层或岩体的抗剪强度来传递结构物的拉力或保持地层或岩体开挖面自身的稳定[84]。岩土锚固是利用岩土体固有强度,实现提高其自稳能力的目标,从而使岩土体成为工程结构的一部分,能有效地减轻加固结构物的自身质量,减少工程所用材料,产生显著的主动防治效果。岩土锚固的主要功能如下:对通过的岩石起加筋作用或使被锚固地层产生压应力区;能加强并增加地层强度,从而相应地改善了地层的相关力学特性;当锚杆通过被锚固岩体和结构时,可使结构自身产生预应力;可提供作用于结构上用来承受外加荷载的抗力,使其方向朝着与岩土体相接触的点发展;利用锚杆可使结构物与岩土体紧锁在一起,形成一种协同工作的联合结构,使岩体能更有效地承受剪力和拉力。锚杆的上述功能是互为补充的,若针对某一特定工程,可能一种或几种功能发挥作用。

2.1.3　灌浆锚固作用原理

灌浆锚固指的是用水泥砂浆(也可以是化学浆液、水泥浆、树脂等)将一根(束)钢拉杆(钢丝束或粗钢筋等)锚固在伸向岩土体内部的钻孔中。对实际锚固工程而言,采用水泥砂浆进行锚固的锚杆占绝大多数。

砂浆锚固的传力过程如下:若取锚固段为隔离体,当锚固段受荷载作用时,拉力首先通过钢拉杆周边砂浆的握裹力传递到水泥砂浆中,然后通过锚固段钻孔周边的岩土体黏结力传递到锚固的岩土体中。

由此可见,钢拉杆如受到拉力的作用,除了钢筋本身要有足够的截面积承受拉力外,锚杆的抗拔作用还必须同时满足三个条件:锚固土体在最不利的条件下仍能保持整体稳定性;锚固段的砂浆对于钢拉杆的握裹力需能承受极限应力;锚固段的岩层对于砂浆的黏结力需能承受极限应力。其中最后两条是影响注浆锚杆抗拔力的主要因素。

2.1.4　锚固介质与锚杆之间的握裹力

在一般较完整的岩层中灌注的水泥砂浆抗压强度应不低于 30 MPa。如果严格按照规定的灌浆工艺施工,岩层孔壁的黏结力一般大于砂浆的握裹力。因此,岩层锚杆的抗拔力和最小锚固长度一般取决于砂浆的握裹应力,则

$$T_u \leqslant \pi \times d \times L_e \times u \tag{2.4}$$

式中,T_u为锚杆的极限抗拔力;d 为锚杆的直径;L_e为锚杆的有效锚固长度;u 为砂浆对钢筋的平均握裹应力。

可知,只要将孔口内的钢筋分成不同的区段,就可以根据各区段两端截面上的钢筋应力的数值,按上式计算求得各个区段中砂浆对于钢筋的握裹应力 u。u 取决于砂浆与其周边以外砂浆之间的抗剪力,也就是砂浆本身的抗剪强度。但锚孔内砂浆握裹应力的分布情况相当复杂,在实际工作中,只考虑平均握裹应力的数值,并研究其所需的锚固长度。某些钢筋混凝土试验资料建议钢筋与混凝土之间的握裹应力为其标准抗压强度的 10% ~20%,据此假设锚杆钢筋的极限拉应力为 σ_s,一根锚杆所需的最小锚固长度为

$$\left(\frac{\pi d^2}{4}\right)\sigma_s = \pi d L_e u \tag{2.5}$$

若根据上式计算，在岩层中一般所需的锚固长度仅 1 ~ 2 m 就够了，这已被铁道部科学研究院在多次岩层拉拔试验中得到证实。当采用热轧螺纹钢筋作为拉杆时，在完整硬质岩层的锚孔中其应力传递深度不超过 2 m。由此可见影响岩层锚杆拉拔能力的主要因素是砂浆的握裹能力。

2.1.5　锚杆介质与围岩之间的黏结力

在风化岩土层中，锚杆的极限抗拔能力取决于围岩对锚固介质所能产生的最大黏结力。应为

$$T_u \leqslant \pi \times D \times L_e \times \tau \tag{2.6}$$

式中，D 为锚杆钻孔的直径；τ 为锚杆介质与围岩之间的抗剪强度；其余同上。τ 的数值受地层性质、锚杆的埋藏深度、锚杆类型和施工灌浆等复杂因素的影响。即便在相同深度处 τ 值也可能由于锚杆类型和施工灌浆方法的类别有较大变化。

锚杆孔壁与砂浆接触面的抗剪破坏，可能有三种情况：沿砂浆内的剪切破坏；砂浆接触面外围的岩层剪切破坏；沿砂浆和孔壁的接触面剪切破坏。一般而言，土层的强度低于砂浆强度，所以如果施工灌浆工艺好，砂浆内的剪切破坏通常不可能发生，则砂浆和孔壁的接触面剪切破坏也不可能发生，因此土层锚杆孔壁对于砂浆的黏结力取决于接触面外围的土层抗剪强度。

2.1.6　锚杆在拉拔荷载下的受力特性

拉拔试验检测方法是一种传统的锚杆锚固质量检测方法，即通过拉力计（主要采用液压千斤顶）或者扭力扳手对锚杆施加拉力直到达到锚杆松动或设计要求为止。全长黏结式锚杆在正常工作状态下和张拉荷载下的受力状况是不同的，而且不同类型的锚杆在张拉荷载下的应力分布也不同[85-86]。

Windsor[87]把目前的锚杆锚固系统分为三类：连续力学锚固（CMC），连续摩擦锚固（CFC），分散力学摩擦锚固（DMFC）。根据这个分类标准，砂浆或者树脂黏结锚杆属于 CMC 系统，而 Splitset 和 Swellex 锚杆属于 CFC 系统。他认为一个加固系统包括岩石、锚固单元、内部固定和外部固定四部分。当用锚杆起加固作用时，锚固单元指锚杆，外部固定指面板和螺帽，内部固定指一种锚固介质，如水泥砂浆或树脂，或者是一个摩擦力学行为，内部固定在交界面处提供一个黏结条件。

自 20 世纪 70 年代以来，采用现场监测、室内试验和数值模拟等研究手段，许多研究工作者对锚杆的受力特性进行了研究[88-103]。在研究全长黏结式岩石锚杆方面，Freeman[104]进行了开创性的工作，通过对锚杆受荷过程及沿着锚杆应力分布的观测，提出了中性点、锚固长度和拉拔长度的概念。

由于锚杆作用在岩体内部，这给测试工作带来了困难，常用的检测手段就是拉拔试验。迄今为止，在各类型的岩石中进行了大量的拉拔试验，在研究张拉荷载作用下锚杆的力学行为方面，Farmer[105]做了大量基础性工作，认为在较小张拉荷载作用下，锚杆的轴应力和交界面剪应力从荷载点到锚杆里端以指数形式衰减。然而，对比拉拔试验与现场观测所得到的锚杆轴向应力值与交界面剪应力值可以发现，锚杆外端的轴向应力完全不同于拉拔试验中该部分的轴向应力分布，靠近锚杆里端锚杆断面上的轴应力的分布则相似于拉拔试验中该

部分的应力分布。工程锚杆有一个拉拔长度和锚固长度,但是在拉拔试验状态下,锚杆只有锚固长度。

一些现场试验研究表明[106],对较完整的岩层中锚杆进行拉拔时,一般来说,裂缝将出现在锚杆和锚固剂交界面,或在锚固剂中。在文献[96]中,近似认为破坏发生在锚杆和锚固剂交界面。交界面的抗剪强度由三部分组成,即化学胶结力、机械咬合作用和摩擦力。

在相对较低的荷载下,锚杆、围岩、锚固介质发生协调一致的变形;在相对较高的拉拔荷载下,靠近锚杆外端的交界面出现裂缝,其抗剪强度降低,甚至完全失去。当对全长砂浆锚固岩石锚杆施加轴向张拉荷载时,可以通过以锚杆某一单元为对象建立起锚杆轴向应力和界面剪应力之间的关系,即

$$A\mathrm{d}\sigma_{\mathrm{b}} = -\tau_{\mathrm{b}}\pi d_{\mathrm{b}}\mathrm{d}x \tag{2.7}$$

则锚杆界面剪应力可表达为

$$\tau_{\mathrm{b}} = -\frac{A}{\pi d_{\mathrm{b}}}\frac{\mathrm{d}\sigma_{\mathrm{b}}}{\mathrm{d}x} \tag{2.8}$$

当施加的张拉荷载非常小时,交界面没有出现裂缝,对于全长砂浆锚固岩石锚杆,可以认为交界面上的剪应力按以下形式衰减[106]:

$$\tau_{\mathrm{b}}(x) = \frac{\alpha}{2}\sigma_{\mathrm{b0}}\mathrm{e}^{-2\alpha\frac{x}{d_{\mathrm{b}}}}\frac{\mathrm{d}\sigma_{\mathrm{b}}}{\mathrm{d}x} \tag{2.9}$$

$$\alpha^2 = \frac{2G_{\mathrm{r}}G_{\mathrm{g}}}{E_{\mathrm{b}}\left[G_{\mathrm{r}}\ln\left(\frac{d_{\mathrm{g}}}{d_{\mathrm{b}}}\right)+G_{\mathrm{g}}\ln\left(\frac{d_0}{d_{\mathrm{g}}}\right)\right]} \tag{2.10}$$

$$G_{\mathrm{r}} = \frac{E_{\mathrm{r}}}{2(1+r_{\mathrm{r}})} \tag{2.11}$$

$$G_{\mathrm{g}} = \frac{E_{\mathrm{g}}}{2(1+r_{\mathrm{g}})} \tag{2.12}$$

$$G_{\mathrm{r}} = \frac{E_{\mathrm{r}}}{2(1+r_{\mathrm{r}})} \tag{2.13}$$

式中,A 是锚杆截面积;d_{b}是锚杆直径。在两个不同张拉荷载等级下,可以通过方程(2.8)得到锚杆交界面上的剪应力。σ_{b0}为加载点锚杆的轴向应力即锚杆轴向应力的最大值;E_{b}是锚杆的杨氏模量;E_{g}是砂浆的杨氏模量;E_{r}是岩石的杨氏模量;r_{g}是砂浆的泊松比;r_{r}是岩石的泊松比;d_{b}是锚杆的直径;d_0是锚杆所影响的环形区域的半径;d_{g}是锚杆的钻孔直径。

锚杆的轴向应力为

$$\sigma_{\mathrm{b}}(x) = \sigma_{\mathrm{b0}} - \frac{\pi d_{\mathrm{b}}}{A}\int_0^x \tau_{\mathrm{b}}(x)\,\mathrm{d}x = \sigma_{\mathrm{b0}}\mathrm{e}^{-2\alpha\frac{x}{d_{\mathrm{b}}}} \tag{2.14}$$

$$\sigma_{\mathrm{b}}(x) = \frac{2}{\alpha}\tau_{\mathrm{b}}(x) \tag{2.15}$$

当施加荷载达到某一级时,交界面出现裂缝,当荷载进一步增大时,进一步的破坏开始,破坏面朝锚杆里端移动,破坏面处的剪应力等于其抗剪强度,已经破坏的交界面的抗剪强度部分失去,甚至完全失去,没有破坏的交界面的剪应力随着距离的增加而呈指数衰减,如图 2.2 所示。

在该模型中,锚杆在接近荷载施加点的地方已经完全破坏,这一段交界面上的剪应力近

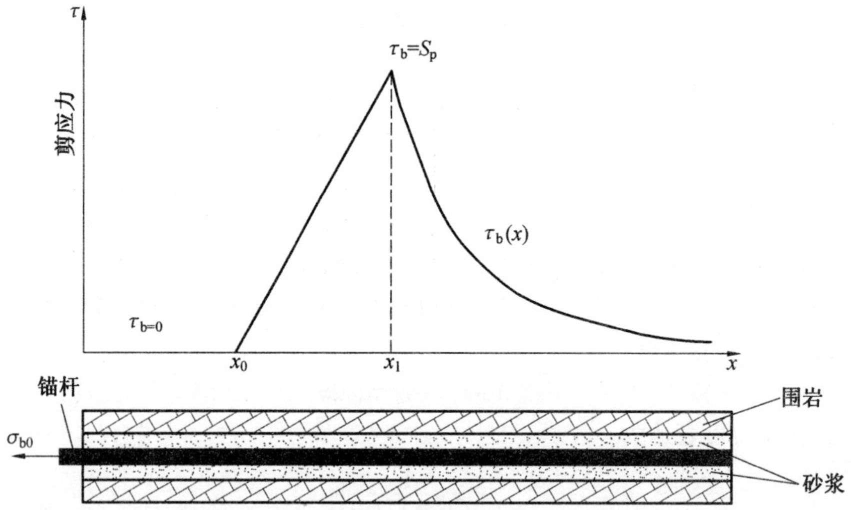

图 2.2　张拉荷载下锚杆剪应力分布示意图

似为 0。从距离荷载施加点的某一距离 x_0 开始,锚杆交界面处部分发生破坏,但仍然有一定的残余抗剪强度,残余抗剪强度将从 0 线性增加到最大抗剪强度,随后剪应力将随着距离的增加呈指数衰减。

锚杆不同部分的应力可以表述如下:

当 $0 < x < x_0$ 时,锚杆交界面完全破坏,剪应力为 0,锚杆的轴向应力为常数:

$$\tau_b(x) = 0,\quad \sigma_b(x) = \sigma_{b0} \tag{2.16}$$

当 $x_0 < x < x_1$ 时,交界面部分破坏,残余剪应力强度线性增加到峰值强度,剪应力和轴向应力为

$$\tau_b(x) = s_p \frac{x - x_0}{x_1 - x_0} \tag{2.17}$$

$$(\sigma_{b0} - \sigma_b(x)) \frac{1}{4}\pi d_b^2 = \int_0^x \tau_b(x)\,\mathrm{d}x \pi d_b \tag{2.18}$$

当 $x > x_1$ 时,交界面变形协调一致,而且没有发生破坏,根据方程(2.9)和(2.15)剪应力和轴向应力朝着锚杆里端的方向呈指数衰减:

根据式(2.9)可以得到

$$\tau_b(x) = s_p \mathrm{e}^{-2\alpha\frac{x-x_1}{d_b}} \tag{2.19}$$

根据式(2.15)可以得到

$$\sigma_b(x) = \frac{2s_p}{\alpha}\mathrm{e}^{-2\alpha\frac{x-x_1}{d_b}} \tag{2.20}$$

根据式(2.20)可以得到

$$\sigma_b(x_1) = \frac{2s_p}{\alpha} \tag{2.21}$$

根据式(2.18)可以得到

$$\sigma_b(x_1) = \sigma_{b0} - 2(x_1 - x_0)\frac{s_p}{d_b} \tag{2.22}$$

根据式(2.21)和式(2.22)可以得到

$$x_1 = x_0 + \frac{\sigma_{b0} d_b}{2s_p} - \frac{d_b}{\alpha} \tag{2.23}$$

所施加的拉拔荷载应该等于锚杆交界面所有剪应力之和,即

$$P = \pi d_b \int_0^L \tau_b(x)\,dx = \pi d_b \left(\int_0^{x_1} \tau_b(x)\,dx + \int_{x_1}^L \tau_b(x)\,dx \right) = \pi d_b \left[\frac{1}{2} s_p (x_1 - x_0) + \frac{d_b}{2\alpha} s_p \left(1 - e^{-2\alpha \frac{L-x_1}{d_b}}\right) \right] \tag{2.24}$$

综上,全长砂浆锚固岩石锚杆在拉拔试验状态下的应力分布有如下特点[107]。

(1)锚杆在拉拔试验状态下,由于表面螺纹的作用,砂浆处于法向受压状态,造成锚固体应力分布范围小且应力较高,较小的锚固深度即可满足锚杆的抗拔力要求。

(2)当张拉荷载逐渐增大时,锚固砂浆将首先出现裂纹,然后是锚杆交界面出现剪切破坏,从而使锚固体应力逐渐向锚杆深部传递。

(3)剪应力沿杆体的分布并不均匀,在不同的荷载下分布范围也不同,并且其分布范围非常有限;一般来说,在完整硬质岩层的锚孔中其应力传递深度不超过 2 m,超过这个长度,即使将钢筋拉断,也不能将锚杆拔出。

2.2　一维杆件中应力波传播规律

2.2.1　应力波传播

实际工程中,锚杆的直径一般都在 35 mm 以下,锚杆的长度一般都远远大于其直径,故锚杆可作为一维杆件分析。锚杆锚固质量动测法的理论依据就是一维杆件的弹性波理论。当锚杆的端部质点受到一初始扰动,端部介质质点偏离了初始平衡位置与相邻介质质点发生了相对运动,受到相邻介质质点所给予的作用力,同时也给予相邻介质质点以反作用力,带动相邻质点产生运动,相邻介质质点的运动将滞后于端部介质质点的运动,此扰动以波的形式传播,形成弹性应力波。对于冲击荷载作用下的锚杆这一可变形固体,由于在与应力波传过锚杆特征长度时所需要时间相比是在同量级或更低量级的时间尺度上,荷载已经发生了显著变化,甚至已作用完毕,这种条件下锚杆体内介质的运动过程通常是所关心的内容,因此必须考虑应力波的传播过程[108]。

如图 2.3 所示,杆体的截面积、弹性模量、密度分别为 A, E 和 ρ,杆件为均匀长杆,材料的性能参数与坐标无关。假定锚杆在变形时横截面保持为平面,沿截面只有均匀分布的轴向应力,则各运动参数只与轴向坐标 x 和时间相关,就可以将杆体简化为一维杆件,可以用一维杆件的弹性波理论分析杆体内的应力波传播规律。$u(x,t)$ 是轴向坐标为 x 的质点在时

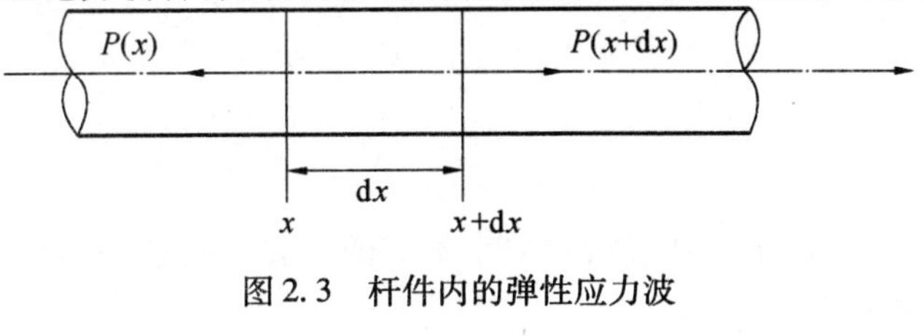

图 2.3　杆件内的弹性应力波

刻 t 沿轴方向 x 的位移，在杆中取一微小单元体，若不考虑单元体所受的体力，单元体只受随时间变化的动应力 $\sigma(x,t)$ 的作用，则单元体在 x 方向上的运动平衡方程为[109-110]

$$-\sigma A+\left(\sigma+\frac{\partial\sigma}{\partial x}\mathrm{d}x\right)A=\rho A\mathrm{d}x \tag{2.25}$$

由于杆体假定为等截面的，公式作用两端可消去截面积 A，则上式可简化为

$$\frac{\partial\sigma}{\partial x}A=\rho\frac{\partial^2 u}{\partial t^2} \tag{2.26}$$

设锚杆中心轴线为 x 轴，沿锚杆顶部向末端为正，坐标原点位于锚杆顶部，不考虑锚杆本身的黏性阻尼，而

$$\sigma=E\varepsilon=E\frac{\partial u}{\partial x} \tag{2.27}$$

则应力波在一维完全弹性、自由杆件中传播的波动方程可化为

$$\frac{\partial^2 u}{\partial x^2}-\frac{\rho}{E}\frac{\partial^2 u}{\partial t^2}=0 \tag{2.28}$$

若锚杆内应力波的传播速度为

$$c=\sqrt{\frac{E}{\rho}} \tag{2.29}$$

则波动方程可化为

$$\frac{\partial^2 u}{\partial x^2}-\frac{\partial^2 u}{c^2\partial t^2}=0 \tag{2.30}$$

由于没有考虑阻力的作用，故式(2.28)又称为无阻力(或自由)波动方程，c 又称为纵波、压缩波或疏密波波速。

式(2.27)的初始条件是

$$u(x,t)\big|_{t=0}=0,\quad \left.\frac{\partial u}{\partial t}\right|_{t=0}=0 \tag{2.31}$$

其边界条件为

$$\left.\frac{\partial u}{\partial x}\right|_{x=0}=0,\quad \left.\frac{\partial u}{\partial x}\right|_{x=l}=\left(\frac{K_\mathrm{d}}{AE}u(l,t)\right) \tag{2.32}$$

式中，K_d 为杆端围岩动抗压刚度。当 $K_\mathrm{d}\to\infty$ 时，可等效为锚固介质由不密实到密实界面；当 $K_\mathrm{d}\to 0$ 时，可等效为锚杆底端和锚固介质由密实到不密实界面。

由行波法知，波动方程式(2.30)的 D' Alembert J. R. 解为

$$u(x,t)=f_1(x-ct)+f_2(x-ct) \tag{2.33}$$

考虑 $f_1(x-ct)$ 项，若取以速度 c 沿 x 正方向移动的坐标轴为 ξ，则动坐标轴 x' 与固定坐标 x 之间的关系为

$$x'=x-ct \tag{2.34}$$

于是

$$f_1(x')=f_1(x-ct) \tag{2.35}$$

即，f_1 为沿 x 正方向移动且保持其形状和大小不变的行波。同理，f_2 为沿 x 反方向移动且保持其形状和大小不变的行波。

2.2.2　应力波的衰减

应力波的衰减是指弹性波在围岩及锚杆所形成的锚杆锚固系统内传播的过程中，能量随着传播距离的增加而减弱的现象。波衰减的机理很复杂，对于结构复杂的介质进行理论分析，则更困难。一般都以实测结果评价其衰减程度。通常在波的传播过程中，能量的衰减有以下几种形式[111]。

1. 扩散衰减

不同振源在介质中的波型是不一样的，它的传播状态也各不相同。对于有限面积的振源来说，其波的能量扩散，随着传播距离的增加，扩散程度也将会加大。因此，单位面积上的能量将随着传播距离的增加而减小，这种随着波阵面的扩散而引起的波能量的减小，称为扩散衰减[112]。

2. 吸收衰减

在波传播过程中，由于介质的吸收将波的能量转换成另一种形式的能量，而使波携带的能量减少的现象称为吸收衰减。波被介质吸收主要是由于介质黏滞性、热传导、热弛豫等原因造成的。由于介质的黏滞性阻碍质点运动，造成质点间的内摩擦，从而导致能量损耗；由于介质内部质点振动状态转变的迟缓，产生了弛豫吸收，所有这些使部分能量转化为其他形式的能量。所谓吸收衰减可以粗略地认为是质点的振动受到“抑制”而发生的。这样就比较容易理解在频率较高时，能量的吸收衰减比较大的原因了。

3. 散射衰减

当平面波在介质中传播时，在传播方向遇到某个障碍物，如果障碍物的尺寸大于波的波长，那么就发生反射和折射现象；如果障碍物的尺寸与波的波长可比时，就发生显著的绕射的现象；如果障碍物的尺寸小于波长，波可以绕过而继续传播，同时有一部分能量被这些障碍物散射掉[56]。

根据以上的分析得知，一维平面波在介质中传播时，存在有扩散衰减、散射衰减和吸收衰减。它的波动方程可表示为

$$A=A_0\mathrm{e}^{-\alpha x}\mathrm{e}^{\mathrm{i}(\omega t-kx)} \tag{2.36}$$

式中，$A_0\mathrm{e}^{-\alpha x}$是式(2.36)波幅波动方程的包络线函数。

由式 $A_0\mathrm{e}^{-\alpha x}$可将波的衰减系数表示为

$$\alpha=\frac{1}{x}\ln\frac{A_0}{A} \tag{2.37}$$

式中，A_0为初始波振幅；A 为传播距离为 x 的振幅。

对于两个不同的位置 x_1 和 x_2($x_1<x_2$)，相应振幅为 A_1 和 A_2，则衰减系数近似表示为

$$\alpha=\frac{1}{x_2-x_1}\ln\frac{A_1}{A_2} \tag{2.38}$$

对于自由锚杆或能看到底端反射的锚固锚杆，通过测量底端的多次反射波振幅 A_i，就可以计算出相应的衰减系数为

$$\alpha=\frac{1}{2L}\ln\frac{A_\mathrm{i}}{A_{i+1}}\quad(i=1,2,3,\cdots) \tag{2.39}$$

当围岩、锚固介质和锚杆三者之间黏结足够、锚固状态良好的情况下，锚杆体内传播纵波小部分能量反射回来，而大部分能量会透射到围岩体中去，弹性应力波激发给锚杆的能量因周围介质透射而引起明显的衰减，因此传感器所接收到的回波信号的特征应是波形较简单、能量相对较弱、衰减系数较大。当锚固状态较差时，即存在密实度较差、空洞、裂隙等缺陷时，锚杆体内传播纵波小部分能量反射回来而很难辐射到杆外的介质中去，此时波在杆中的传播现象较之灌浆密实的情况要复杂得多，在记录上表现为反射波能量很强且波形很复杂，衰减系数较小。锚杆锚固质量越好，能量散射到围岩和锚固介质中越多，则反射波的幅值越小[113]。

2.2.3　应力波的反射和透射

当弹性应力波从一种介质传播到另一种波阻抗不同的介质，当弹性波垂直到达两种介质的分界面时，对两种介质都引起了一个扰动，分别向两种介质中传播反射扰动应力与透射扰动应力，形成了反射应力波与透射应力波。对锚杆而言，在锚杆中截面面积或材料性质发生变化时，入射波将在该截面上发生反射和透射。其反射波和透射波幅值的大小与截面面积和波阻抗相对变化的程度有关。假设锚杆中存在一个变阻抗面，介质上部的原始密度、应力波在介质上部中的传播速度和横截面面积为 ρ_1，A_1 和 C_1，介质下部的原始密度、应力波在介质下部中的传播速度和横截面面积为 ρ_2，A_2 和 C_2，当锚杆端部受瞬态冲击作用后，引起锚杆端部质点的振动，并以应力波的形式向锚杆底部传播，波传到变阻抗界面时发生反射和透射。

根据连续条件和牛顿第三定律，界面经反射和透射后的两侧质点速度相等，同时应力所产生的总作用力相等，为

$$v_r+v_i=v_t \tag{2.40}$$

$$A_1(\sigma_r+\sigma_i)=A_2\sigma_t \tag{2.41}$$

式中，v_r，v_i 和 v_t 分别表示反射波扰动、入射波扰动和透射波扰动所引起的质点速度；σ_r，σ_i 和 σ_t 分别表示反射波扰动、入射波扰动和透射波扰动所产生的质点应力。

根据波阵面守恒条件[108]可将总作用力相等方程化为

$$\frac{\sigma_i}{\rho_1 C_1}-\frac{\sigma_r}{\rho_1 C_1}=\frac{\sigma_t}{\rho_2 C_2} \tag{2.42}$$

将式(2.41)和(2.42)联立，可以得到由入射波扰动产生的质点应力表示的由反射波和透射波扰动产生的质点应力：

$$\sigma_r=\frac{\rho_2 C_2 A_2-\rho_1 C_1 A_1}{\rho_2 C_2 A_2+\rho_1 C_1 A_1}\sigma_i \tag{2.43}$$

$$\sigma_t=\frac{2\rho_2 C_2 A_2}{\rho_2 C_2 A_2+\rho_1 C_1 A_1}\sigma_i \tag{2.44}$$

若引入波阻抗 Z 和广义波阻抗比 n，可得反射系数 F 和折射系数 T 为[56]

$$F=\frac{1-n}{1+n} \tag{2.45}$$

$$T=\frac{2}{1+n} \tag{2.46}$$

$$n=\frac{Z_1}{Z_2}=\frac{\rho_1 C_1 A_1}{\rho_2 C_2 A_2} \tag{2.47}$$

$$Z=\rho CA \tag{2.48}$$

(1)如果 $n<1$,则 $F>0$,$T>1$。波从波阻抗小的介质进入波阻抗大的介质时,不存在相位差。对于被锚固介质握裹的锚杆而言,在锚固段的上界面,可近似认为沿杆体轴向广义波阻抗增大,这时反射波相位与入射波相位相同,透射扰动强于入射扰动。

(2)如果 $n>1$,则 $F<0$,$T<1$。波从波阻抗大的介质进入波阻抗小的介质时,有相位差,存在半波损失。对于被锚固介质握裹的锚杆,在锚固段的下界面,可近似认为沿杆体轴向广义波阻抗减小,这时反射波相位与入射波相位相反,透射扰动弱于入射扰动。

(3)如果 $n=1$,则 $F=0$,$T=1$。两种介质波阻抗相同,或者称为波阻抗匹配。对于被锚固介质握裹特别差的锚杆来说,可近似认为波在一种介质材料中传播,也就是说,应力波沿锚杆轴向传播,到达锚杆底前无反射[114]。

2.3　本章小结

总体来说,当锚杆、围岩和锚固介质浇灌均匀而且密实时,由于三者之间的波阻抗差异不大,因此有大部分能量透射出去,只有小部分能量反射回来。当锚固介质浇灌不均匀且不密实时,表现为在原有的信号波形上叠加了一个反射波信号,反射波能量大大增强。通过分析反射波与入射波之间的能量关系,可以判断出锚杆锚固体系的灌浆密实程度。同时,当应力波遇到锚固缺陷时,表现为在缺陷处产生了相位突变,因此可以通过分析反射波的相位变化位置判断出锚固缺陷的位置。固结段的上界面可认为波阻抗增大,固结段的下界面可认为波阻抗减小,应力波到达固结段的上、下界面发生的反射,分别称之为固端反射与底端反射[115]。

第 3 章　锚杆的无损检测模型试验

3.1　模型试验的相似理论

在科学探究过程中,常用的试验方法有现场试验、模型试验。由于社会生产的不断发展,岩土工程所提出的问题日益复杂和烦琐。用数学方法很难得到精确的解析解,只能做一些假设与简化再求解,因而带来一些误差。于是人们不得不通过试验的方法来探求那些靠数学方法无法研究的复杂现象的规律性。相似模拟正是为解决这些问题而产生的,它不直接研究自然现象或过程的本身,而是研究与这些自然现象或过程相似的模型,它是理论与实际密切相结合的科学研究方法,是解决一些比较复杂的生产工程问题的一种有效方法。在一些比较复杂的规律性和原理性研究中,物理模型试验成为首选方法。物理模型实际上是按照一定的相似比例,选取和原型材料性质相似的模拟材料,制作并加工而成的室内试验模型,这样试验便于控制、反复开展,并进行定性分析,模型试验结果同样可以反映试验原型的力学性质。

相似原理[116]是模型试验的理论基础,它可以指导模型试验的参数设计,在进行试验数据处理时,也需要相似原理作为理论依据。相似原理主要由三个基本定理组成,这三个定理规定了判断相似现象的充分条件和必要条件。

1. 相似第一定理

相似第一定理又称相似正定理,它指出两个相似的系统中必须存在相似不变量,具有相同的相似条件,可以用同一个物理计算式子来表达,也可以用一个方程组表述。它指出了相似现象需要满足的条件和单值条件。如果两种现象相似,而且区分这一相似现象所需的条件也相似,可以认为它们具有相同的相似准则,此时,相似度为 1。值得注意的是,这里相似条件不是固定的,而是针对不同的问题确定的,例如边界条件、几何条件、起始条件、物理条件等都可以作为判断相似的条件。

2. 相似第二定理

相似第二定理也可以称为“π 定理”。第二定理认为可以运用同一个按照相似变量构成的物理方程描述相似现象。物理方程可以表示为

$$f(\varphi_1,\varphi_2,\varphi_3,\cdots,\varphi_n)=0 \tag{3.1}$$

其中,$\varphi_{\rm i}(i=1,2,3,\cdots,n)$表示描述相似现象的物理量。式(2.1)还可以用相似准则 π_i 来表示,即

$$F(\pi_1,\pi_2,\pi_3,\cdots,\pi_k)=0 \tag{3.2}$$

其中,$\pi_i(i=1,2,3,\cdots,k)$是被描述现象中存在的相似准则。它是根据量纲理论的概念提出来的,由量纲的齐次性原则可知,函数方程中的各个变量的量纲都相同,换算各个变量的单位不会改变其表达形式。含有多个变量的齐次方程可以用由各个物理量组成的无量纲的综

合数群来表示。因此,如果一个方程有 m 个变量,其中 n 个变量的量纲相互独立,则按照相似准则,该方程有 $k=m-n$ 个相似准则。m 个变量之间的关系可以表示为

$$g(\pi_1,\pi_2,\pi_3,\cdots,\pi_{m-n})=0 \tag{3.3}$$

由式(3.3)可知,任意一个包含多个变量的现象的物理方程都可以用几个物理量组成的无量纲式子来表示。然而,相似第二定理也有一定的局限性,没有考虑单值条件的限制,因此它是判断两个现象相似的必要而非充分条件。

3. 相似第三定理

相似第三定理又称相似逆定理,它表述了两个现象的函数方程相同时,如果它们的单值条件相同,即从单值条件得到的相似准则也相同,那么这两个现象相似。它给出了判定现象相似的充分条件和必要条件。根据这一定理,我们可以由相似准则和单值条件来判定两个现象是否相似,如果相似,那么我们不需要做重复的试验就可以把已知现象的结论应用到相似现象中。这样给同类问题的简化计算带来了很大的方便。

4. 相似三定理之间的关系

相似第一和第二定理是从现象已经相似这一基础上出发来考虑问题,第一定理说明了相似现象各物理量之间的关系,并以相似准则的形式表示出来。第二定理指出了各相似准则之间的关系,便于将一个现象的试验结果推广到其他现象。相似第三定理直接同代表具体现象的单值条件相联系,并且强调了单值量相似,所以体现出了科学上的严密性,是构成现象相似的充要条件。相似定理是一切模型试验应遵守的理论指导原则。

但是在一些复杂的现象中,很难确定现象的单值条件,仅能借经验判断何为系统最主要的参量,或者虽然知道单值量,但是很难做到模型和原型由单值量组成的某些相似准则在数值上的一致,这使得相似第三定理得到真正实行,使模型试验结果带来近似的性质。锚杆瞬态动力响应特性极为复杂,为了研究其特性机理,本书主要采用模型相似理论,制作满足不同研究目的的锚杆模型,如:进行锚杆体与锚固介质中应力波传播的同步性研究的模型锚杆,进行锚杆中应力波速与锚固质量研究的非加载状态下的完整与缺陷模型锚杆,进行不同加载状态下锚杆瞬态动力响应及锚固参数变化研究的加载状态下的完整与缺陷模型锚杆等。进行模型锚杆在加载与非加载下的测定和分析,研究不同类型锚杆的瞬态动力响应特性。

3.2　试验方法

基于锚固体系的锚杆动力学和一维波动理论,本书试验采用应力波反射法对锚杆进行无损检测试验研究,如图 3.1 所示。反射波法是利用力棒或力锤在锚杆端部垂直施加一个微小冲击扰动力 $F(t)$,产生沿杆身的纵向应力波,应力波在锚杆底端产生反射后又向上即杆顶传播,利用速度检波器或加速度传感器接收由初始信号和锚杆底产生的反射信号组成的时程曲线,用动态信号采集分析仪对所记录的带有杆身质量信息的时程曲线进行综合处理和分析。在讨论非加载状态下锚杆动力响应的情况,直接利用力棒在锚杆端部垂直施加一个微小冲击扰动,并采集动测信号,然后进行信号处理和分析。在讨论荷载对无损检测参数的影响方面,通过对不同锚固质量的锚杆进行分级加载,达到不同受力情况的目的,等荷

载稳定后,再进行无损检测试验研究。

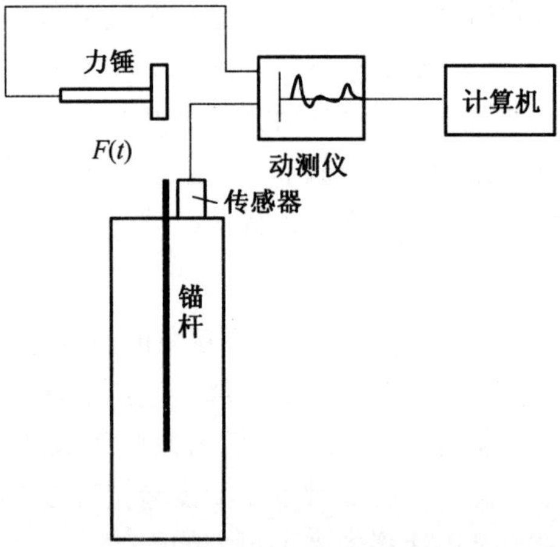

图 3.1　应力波反射法检测锚杆示意图

各个具体试验方法如下:

(1)锚杆体与锚固介质中应力波传播的同步性研究,对不同龄期下的各个锚杆在相应位置贴上加速度传感器,接上动态信号测试仪器及电荷放大器再连接到计算机。用力锤对锚杆端头垂直施加一个小冲击,获得相关原始信号。

(2)非加载下锚固系统瞬态动力响应研究,对不同围岩、不同龄期及不同锚固质量下的各个锚固系统在相应位置贴上加速度传感器,接上动态信号测试仪器及电荷放大器再连接到计算机,用力锤对锚杆端头垂直施加一个小冲击,获得相关原始信号。

(3)拉拔分级加载下锚固系统瞬态动力响应研究,对养护期达到 28 d(天)后的各个锚固系统在相应位置贴上应变片及加速度传感器,接上动态信号测试仪器及电荷放大器再连接到计算机。在对锚固系统施加一个稳定的拉拔荷载后,用力锤对锚杆端头垂直施加一个小冲击,获得相关原始信号。

3.3　测试系统

3.3.1　试验主要仪器简介

(1)北京智博联科技有限公司生产的 ZBL-U520 型非金属超声波检测仪。

(2)杭州亿恒动态测试分析仪 AVANT-10。

(3)电荷放大器。

(4)压电式加速度传感器,灵敏度为 2.47 Pc/(m·s^{-2})。

(5)江苏联能 LC 冲击锤,锤质量为 250 g,电荷灵敏度为 3.57 PC/N。

(6)50 t 穿心千斤顶拉拔仪。

3.3.2　测试系统基本要求

1. 检测参数设置

为避免采样信号出现频率折叠现象,检测仪器的采样频率应该至少是带限信号最高频率的 2 倍。在条件允许的情况下,采样频率尽量取大值。采样点数应该满足能够记录锚杆全长的要求。常见的采样点数有 4 096,2 048,1 024,512 四种。以 50 kHz 的采样频率、1 024 个采样点数为例,可以有 5. 12 ms 的记录时间,而一般锚杆的应力波波速约为 4 000 m/s,则可以检测长度为(0.005 12×4 000)/2=10.240(m)以下的锚杆。

2. 传感器的安装

为了尽可能真实地反映出杆顶的振动状态,传感器必须牢固且垂直安装。目前常用的耦合方法有预埋螺丝或通过黄油、橡皮泥或石膏黏结等,两类方法各有优缺点,前者为硬连接,易产生高频干扰,后者为软连接,易产生隔振。大量的工程与室内试验证明,使用黄油或橡皮泥进行耦合效果较好。本试验中采用黄油做耦合剂,尽可能做到压紧、密贴,使黏结剂尽量薄,以保证同步。

3. 激振锤的选择及要求

通常用手锤或力棒,锤头或棒头的材料可以更换(如钢、铝、硬塑料、橡皮等)。棒和力锤质量也可以改变。工程实践中,材质越软,锤体质量越大,锤体的质量和几何尺寸与锤击对象间越匹配,信号的脉冲宽度越大,覆盖的高频成分也就越少,并且按照钢锤→铁锤→尼龙锤→木锤→塑料锤→橡皮锤的顺序,信号脉冲宽度越来越大[79]。能否获得准确的杆顶振动曲线,与激振的好坏有很大关系。应根据实际情况选择激振能量和锤头的材质,而并不是能量越大越好。对于浅部的缺陷,要求激振力的高频成分丰富,故采用硬质锤头和质量小的锤;而对深部缺陷,要求激振力的低频成分丰富,故采用质量大的锤或力棒,棒头材料选用软质的为宜,因为高频力波方向性好,能探测的缺陷精度高,但衰减快,故对深层缺陷无能为力;而低频力波则相反,衰减慢,但探测的精度不高。由于锚杆顶部面积小,如果采用小锤击震,一般的小锤底面积较大,顶部既要安装检波器又要作为激振面,要保证激振干脆并且激振力合适很困难,不易得到满意的反射波。郭世明认为,选用重 250 g 左右带尖的小锤激振最好,锤击力不宜太大。这样得到的反射波比较容易识别,否则要准确识别反射波很困难。

4. 测试数据采集

将传感器贴在锚杆外露端的不同部位进行数据采集,试验中传感器所贴位置最好尽量靠近锚杆(钢筋)部位,保证测得波速为钢筋与锚固介质界面的波速,观察波形在不同部位的变化,并记录下来。每根试验锚杆至少要选择外露端面不同的部位做 2 ~ 5 次检测试验。每次试验至少采集 4 条波形,观察仪器记录的波形形态特征,如果所采集的波形基本上都是一种形态特征,即重复性很好,则将其记录存储起来作为一次试验结果。

3.3.3　技术路线及试验方案

单独存在的锚固介质标准试块的波速采用北京智博联科技有限公司生产的 ZBL-U520

型非金属超声波检测仪测得,测试方法为对测法。锚杆锚固系统中的应力波传播波速测试基于应力波反射法,测试系统由杭州亿恒动态测试分析仪 AVANT-10、加速度传感器、力传感器、力锤、电荷放大器和电脑处理系统组成,采用外端面垂直激振的方式产生瞬态冲击荷载,利用力锤作为振源来打击锚杆一端,锚杆端部的加速度传感器接收信号,然后经电荷放大器放大检测到的信号,进入 AVANT-10 动态测试分析仪,进行计算处理,最后将结果绘制和打印出来。图 3.2、图 3.3 分别是本试验中系统的信号流程图和试验测试系统图。

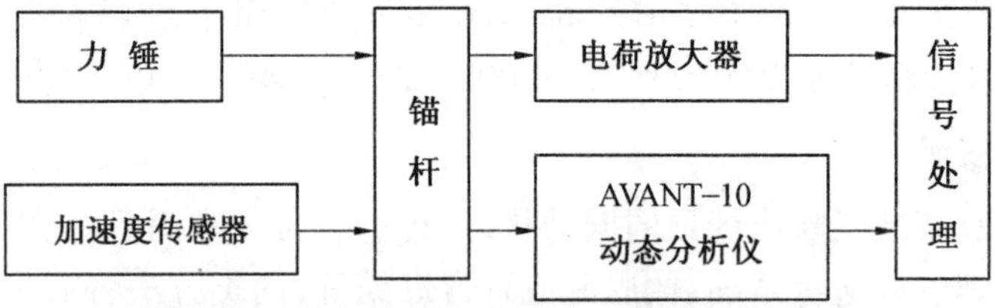

图 3.2　系统的信号流程图

图 3.3　激振测试系统图

3.4　试件制作

3.4.1　不同龄期下锚杆同步性模型试件制作

本次模型试验工作锚杆两根,锚杆长度为 2.4 m,钢筋长度 2.5 m,采用直径 28 mm 螺纹钢筋,外露长度 0.1 m,采用先插杆后注浆的方式。围岩及其锚固介质都采用 1∶2 砂浆,采用不同直径的 PVC 管作为注浆孔洞,两根锚杆编号分别为 M-1,M-2,其中 M-1 为完好锚杆,M-2 为缺陷锚杆,锚杆模型简图及测点布置如图 3.4 所示。其中 a_i(i=1,3,4,5,6,7)为传感器编号。锚杆具体设置见表 3.1。

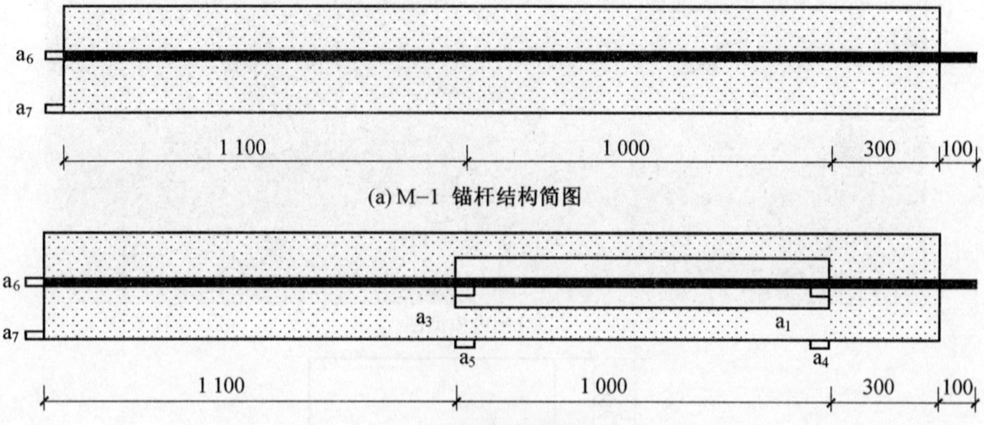

(a) M-1　锚杆结构简图

(b) M-2　锚杆结构简图

图 3.4　M-1,M-2 结构简图及传感器布置图

表 3.1　模型试验锚杆设计参数简况表

锚杆编号	施工工艺	缺陷设置
M-1	先插入钢筋,再浇筑砂浆	完整锚杆,均匀密实
M-2	预留孔洞,再插钢筋,最后浇砂浆	距锚固端 0.3 ~ 1.3 m,预留直径 50 mm 孔洞

3.4.2　非加载状态下锚杆模型试件制作

在本试验中,室内模型锚杆试件以围岩的不同为标准划分为三大类:第 1 类为以混凝土为围岩的锚杆,第 2 类为以砂浆为围岩的锚杆,第 3 类为以土层为围岩的锚杆。

第 1 类锚杆共包括 6 个具有不同锚固介质和锚固状态的锚杆,锚杆的模具尺寸为 600 mm×600 mm×2 400 mm,其模型如图 3.5 所示,按图(b)所示分别给 6 个锚杆编号如下:HM-1,HM-2,HM-3,HM-4,HM-5 和 HM-6。钢筋为直径 28 mm 的螺纹钢,长度为2.0 m。其中完整锚杆对应编号为 HM-1 和 HM-4。HM-1 以混凝土为锚固介质和围岩,HM-4 以砂浆为锚固介质和混凝土为围岩。混凝土配合比为水∶灰∶砂∶石=1∶2∶4∶8,水泥砂浆的配合比为水∶灰∶砂=1∶2∶4,同样设置不同锚固缺陷的锚杆,其对应编号为 HM-2,HM-3,HM-5 和 HM-6,其中,HM-2 以混凝土为锚固介质并设置空浆段作为缺陷,HM-3 一段设置混凝土为锚固介质、一段设置空浆段作为缺陷、另一段设置 1∶3 的砂浆为锚固介质体现密实度的不同,HM-5 以 1∶2 砂浆为锚固介质并设置空浆段作为缺陷,HM-6 一段设置 1∶2 的砂浆为锚固介质、一段设置空浆段作为缺陷、另一段设置 1∶3 的砂浆为锚固介质体现密实度的不同。钢筋为直径 28 mm 的螺纹钢,长度为 2.0 m,除自由锚杆外均在锚杆端头预留 0.1 m 自由段。其具体的设置做法见表 3.2,锚杆的施工工艺图如图 3.6 所示。

(a) 室内模型图

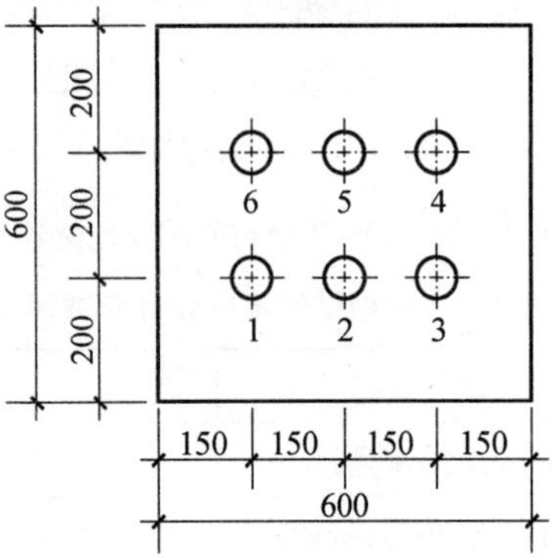

(b) 模型截面图

图 3.5　以混凝土为围岩的锚杆模型

表 3.2　试验锚杆设计参数简况表

锚杆编号	长度/m	外露长度/m	施工工艺
HM-1	2.00	0.10	先插杆后浇混凝土
HM-2	2.00	0.10	先用直径为 50 mm 的 PVC 管设置空浆位置,再插杆,最后浇混凝土
HM-3	2.00	0.10	先用直径为 50 mm 的 PVC 管设置空浆位置,提前浇筑外径为 50 mm,配比为 1∶3 的水泥砂浆,再插杆,最后浇混凝土
HM-4	2.00	0.10	先插杆,夯实黏土过程中浇筑砂浆
HM-5	2.00	0.10	先用直径为 50 mm 的 PVC 管设置空浆位置,提前浇筑外径为 50 mm 的 1∶2 砂浆,再插杆,最后浇混凝土
HM-6	2.00	0.10	先用直径为 50 mm 的 PVC 管设置空浆位置,提前浇筑外径为 50 mm,配比为 1∶2 和 1∶3 的砂浆,再插杆,最后浇混凝土

第 2 类锚杆共包括 3 个具有不同锚固介质和锚固状态的锚杆,模型试件由直径 200 mm、长 2 400 mm 的 PVC 塑料圆管为模具,其模型如图 3.7 所示,锚杆编号如下:SM-1,SM-2 和 SM-3。钢筋为直径 28 mm 的螺纹钢,长度为 2.0 m,其中完整锚杆编号为 SM-1,SM-1 以砂浆为锚固介质和围岩,水泥砂浆的配合比和钢筋参数同第 1 类锚杆。在第 2 类锚杆中同样设置不同缺陷不同密实度的锚杆,其对应编号为 SM-2 和 SM-3,其中,SM-2 以 1∶2 为锚固介质并设置空浆段作为缺陷,SM-3 一段设置 1∶2 为锚固介质、一段设置空浆

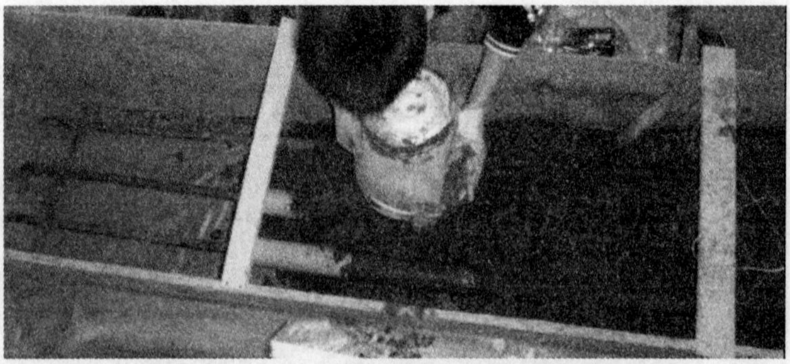

图 3.6　第 1 类锚杆的施工工艺图

段作为缺陷、另一段设置 1∶3 的砂浆为锚固介质体现密实度的不同。具体的设置做法见表 3.3。

图 3.7　以砂浆为围岩的锚杆模型

表 3.3　模型试验锚杆设计参数简况表

锚杆编号	长度/m	外露长度/m	施工工艺
SM-1	2.00	0.10	先插杆，后浇砂浆
SM-2	2.00	0.10	先用直径为 50 mm 的 PVC 管设置空浆位置，再插杆，最后浇筑 1∶2 的水泥砂浆
SM-3	2.00	0.10	先用直径为 50 mm 的 PVC 管设置空浆位置，再插杆，浇筑 1∶2 的水泥砂浆，再浇筑 1∶3 的水泥砂浆，最后再浇筑 1∶2 的水泥砂浆

第 3 类锚杆也包括 6 个具有不同锚固介质和锚固状态的锚杆，锚杆的模具尺寸为 600 mm×600 mm×2 400 mm，其模型如图 3.8 所示。其布置同第 1 类锚杆，锚杆编号如下：TM-1，TM-2，TM-3，TM-4，TM-5 和 TM-6。钢筋为直径 28 mm 的螺纹钢，长度为 2.0 m，其中完整锚杆对应编号为 TM-1 和 TM-4。TM-1 以土为锚固介质和围岩，TM-4 以砂浆为锚固介质和土为围岩，水泥砂浆的配合比和钢筋参数同第 1 类锚杆。该类锚杆中同样设置不同缺陷特征的锚杆进行质量检测，其对应编号为 TM-2，TM-3，TM-5 和 TM-6，其中，TM-2 以土层为锚固介质并设置空浆段作为缺陷，TM-3 一段以土层为锚固介质、一段设置空浆

段作为缺陷、另一段设置 1 : 3 的砂浆为锚固介质体现密实度的不同,TM-5 以 1 : 2 砂浆为锚固介质并设置空浆段作为缺陷,TM-6 一段以 1 : 2 的砂浆为锚固介质、一段设置空浆段作为缺陷、另一段设置 1 : 3 的砂浆为锚固介质体现密实度的不同。钢筋参数同上第 1 和 2 类锚杆,各锚杆的具体设置做法见表 3.4。锚杆的施工工艺图如图 3.9 所示。

图 3.8　土层锚杆模型图

表 3.4　模型试验锚杆设计参数简况表

锚杆编号	长度/m	外露长度/m	施工工艺
TM-1	2.00	0.10	先插杆,后夯实黏土
TM-2	2.00	0.10	先用直径为 50 mm 的 PVC 管设置空浆位置,再插杆,最后夯实土层
TM-3	2.00	0.10	先用直径为 50 mm 的 PVC 管设置空浆位置,提前浇筑外径为 50 mm 的 1 : 3 水泥砂浆,再插杆,最后夯实土层
TM-4	2.00	0.10	先插杆,夯实黏土过程中浇筑砂浆
TM-5	2.00	0.10	先用直径为 50 mm 的 PVC 管设置空浆位置,提前浇筑外径为 50 mm 的 1 : 2 砂浆,再插杆,最后夯实土层
TM-6	2.00	0.10	先用直径为 50 mm 的 PVC 管设置空浆位置,提前浇筑外径为 50 mm 的 1 : 2 和 1 : 3 砂浆,再插杆,最后夯实土层

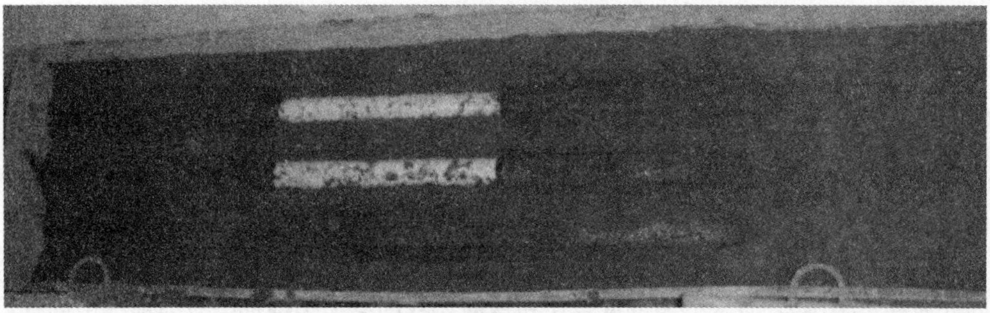

图 3.9　第 3 类锚杆的施工工艺图

3.4.3　加载状态下锚杆模型试件制作

本次锚杆室内模型试验共做锚杆2根，锚杆长度为2.4 m，钢筋外露长度为0.5 m，采用先插杆后注浆的施工方式，砂浆配合比为1：2：4。采用直径28 mm螺纹钢筋，为完成试验模型浇筑，采用200 mm直径的PVC排水管做模板，内置缺陷采用75 mm的PVC排水管，其缺陷的具体设置方式见表3.5，锚杆结构简图如图3.10所示。

表3.5　模型试验锚杆设计参数简况表

锚杆编号	施工工艺	缺陷设置
LM-1	先插钢筋，再浇混凝土	完整锚杆，均匀密实
LM-2	预留空洞，再插钢筋，最后浇混凝土	在距锚固端0.70～1.30 m处预留直径为50 mm的空洞，作为缺陷

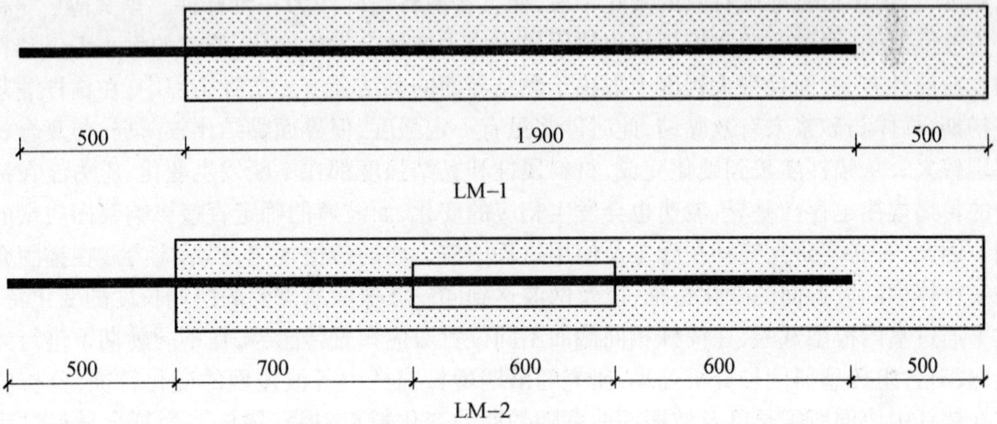

图3.10　锚杆结构简图

3.5　本章小结

依据相似理论，根据不同的研究目的，主要制作了进行锚杆体与锚固介质中应力波传播的同步性研究的模型锚杆、进行锚杆中应力波速与锚固质量研究的非加载状态下的完整与缺陷模型锚杆以及加载状态下的完整与缺陷模型锚杆等。并介绍了各类锚杆的具体设计制作方法与过程，对试验的方法、主要的试验仪器、测试系统、技术路线及试验方案都进行了总体介绍，起到了提纲挈领的作用。

第 4 章　应力波在锚杆体与锚固介质中传播的同步性

4.1 引　　言

在实际工程检测中,波速是评定锚杆锚固质量和确定缺陷位置的一个重要参数,然而由于锚杆体在岩土介质中的振动及应力波传播的复杂性,通过公式来准确计算波速的大小存在难度,目前还没有准确有效的量化手段,而且普遍将锚杆作为一维杆件。李义等[117]利用应力波反射法,通过实验室模拟得出锚固段内应力波速会发生变化,波速的大小不仅和材料的本身属性有关,而且很大程度上取决于黏结界面的黏结强度。实际工程中,在锚杆灌浆完成初期,杆体与砂浆未有效黏结,此时砂浆虽有一定强度,但界面黏结比较薄弱,与复合材料差别较大。从锚杆灌浆到硬化完成,材料属性和黏结强度都在不断发生变化,应力波在锚杆中的传播规律也存在差异,波速也会发生相应的变化,而波速的确定直接影响锚固质量的判别。因此,有必要研究锚杆在施工及使用过程中应力波的传播规律,揭示应力波在锚固介质和锚杆体中的波振面的变化特征,以及两波达到同一波振面所需要的协调长度的变化特征。本书通过室内模型试验,在锚杆相同截面不同位置对应布置传感器,在不同龄期下进行无损检测,对各组传感器信号分析处理,研究随龄期增长锚杆中各波振面的变化特征,分析应力波在锚杆中协同所需长度及波振面曲率随龄期的变化特点,揭示锚杆变为复合材料过程中复合应力波速的形成及变化,为锚杆中应力波传播速度的准确确定提供依据。

4.2 锚杆中应力波传播理论

如图 4.1 所示,设 A,E,ρ 分别为锚杆的截面积、弹性模量及密度;$u(x,t)$ 是轴向坐标为 x 的质点在时刻 t 沿 x 轴方向的位移,不计重力,则动量平衡方程为

$$A\frac{\partial \sigma}{\partial x}=A\rho\frac{\partial^2 \mu_i}{\partial t^2} \tag{4.1}$$

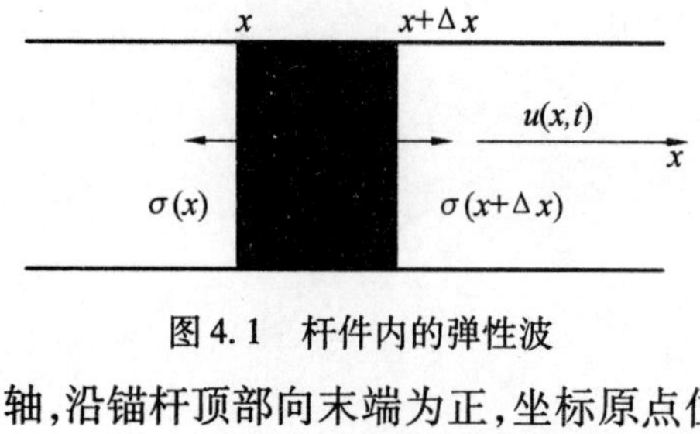

图 4.1　杆件内的弹性波

设锚杆中心轴线为 x 轴,沿锚杆顶部向末端为正,坐标原点位于锚杆顶部,不考虑锚杆本身的黏性阻尼,而

$$\sigma=E\varepsilon=E\frac{\partial\mu}{\partial x} \tag{4.2}$$

则应力波在一维完全弹性、自由杆件中传播的波动方程可化为

$$\frac{\partial^2\mu}{\partial x^2}-\frac{\rho}{E}\frac{\partial^2\mu}{\partial t^2}=0 \tag{4.3}$$

设锚杆为完全弹性体,不考虑其材料本身的黏性,将周围介质的弹性约束简化、综合为一个弹簧,将周围介质的黏性约束简化、综合为一个黏壶[118-119],则已锚固锚杆的力学模型就简化为如图 4.2 所示的情形。

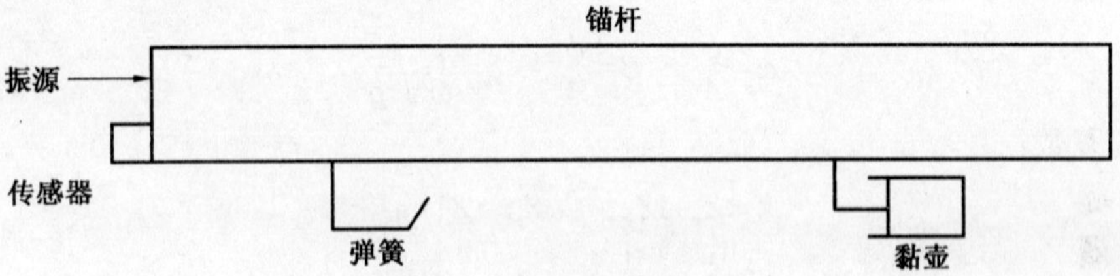

图 4.2　锚杆力学模型

设 K 为单位长度上的锚杆周围介质平均弹性系数,η 为单位长度上锚杆周围介质的平均黏性阻尼系数,则弹性自由杆件的波动方程式(4.3)就变成了下面的阻尼波动方程:

$$AE\frac{\partial^2\mu}{\partial x^2}-\eta\frac{\partial\mu}{\partial t}-K\mu=A\rho\frac{\partial^2\mu}{\partial x^2} \tag{4.4}$$

或

$$\frac{\partial^2\mu}{\partial x^2}-\frac{\eta}{AE}\frac{\partial\mu}{\partial t}-\frac{K}{AE}\mu=\frac{\rho}{E}\frac{\partial^2\mu}{\partial x^2} \tag{4.5}$$

式(4.5)中,$K\mu$ 为弹性约束项,$\eta\frac{\partial\mu}{\partial t}$为黏性约束项,负号代表其方向分别与位移、速度方向相反。

由量纲分析可知,K 与 E 为同量纲,η 的量纲为$[E,t]$。故可设

$$K=\xi E\eta=\psi ET_0=\psi E\frac{2\pi}{\sqrt{\frac{E}{\rho}}}=2\pi\sqrt{\rho E} \tag{4.6}$$

或

$$\psi=\frac{1}{2\pi}\frac{\eta}{\sqrt{\rho E}} \tag{4.7}$$

式中,ξ,ψ 为无量纲参量,式(4.5)可变成

$$\frac{\partial^2\mu}{\partial x^2}-\frac{2\pi}{A}\sqrt{\frac{\rho}{E}}\frac{\partial\mu}{\partial t}-\frac{\xi}{A}\mu-\frac{\rho}{E}\frac{\partial^2\mu}{\partial t^2}=0 \tag{4.8}$$

在上式推导中,对参数进行无量纲化,不但能简化后续的推导,更重要的是使公式表达的物理概念不受量纲的影响而更加具有普遍意义。

由欧拉公式,令其解为

$$\mu=Be^{i(kx-\omega x)}=B[\cos(kx-\omega x)+i\sin(kx-\omega x)] \tag{4.9}$$

式中,k,ω 分别为复波数和圆频率,代入式(4.8),得

$$k^2-\frac{\rho}{E}\omega^2-i\cdot 2\pi\omega\frac{\psi}{A}\sqrt{\frac{\rho}{E}}+\frac{\xi}{A}=0 \tag{4.10}$$

即
$$k=\pm\omega\sqrt{\frac{\rho}{E}}\left(1-\frac{\xi}{A}\frac{E}{\rho\omega^2}+\mathrm{i}\cdot 2\pi\omega\frac{\psi}{A\omega}\sqrt{\frac{E}{\rho}}\right)^{\frac{1}{2}} \tag{4.11}$$

由于锚杆周围介质的弹性刚度比锚杆弱,所以
$$\frac{\xi}{A}\frac{E}{\rho\omega^2}<1 \tag{4.12}$$
$$k=\pm\omega\sqrt{\frac{\rho}{E}}\sqrt{Z}=\pm\omega\sqrt{\frac{\rho}{E}}\sqrt{Z_x+\mathrm{i}Z_y}=\pm(k_1+\mathrm{i}k_2)$$

令
$$\alpha=\frac{\xi}{A},\quad \beta=\frac{\psi}{A},\quad \delta=\frac{1}{\omega}\sqrt{\frac{E}{\rho}} \tag{4.13}$$

其中,Z 为复数:
$$Z=Z_x+\mathrm{i}Z_y,\quad \sqrt{Z}=|Z|^{\frac{1}{2}}\mathrm{e}^{\frac{1}{2}\theta\mathrm{i}} \tag{4.14}$$
$$Z_x=|Z|^{\frac{1}{2}}\cos\frac{1}{2}\theta,\quad Z_y=|Z|^{\frac{1}{2}}\sin\frac{1}{2}\theta \tag{4.15}$$

即
$$|Z|=\sqrt{Z_x^2+Z_y^2}=\left[\left(1-\frac{\xi}{A}\frac{E}{\rho}\frac{1}{\omega^2}\right)^2+\left(2\pi\frac{\psi}{A\omega}\sqrt{\frac{E}{\rho}}\right)^2\right]^{\frac{1}{2}}=[(1-\alpha\delta^2)^2+4\pi^2\beta^2\delta^2]^{\frac{1}{2}} \tag{4.16}$$
$$\tan\theta=\frac{Z_x}{Z_y}=\frac{\dfrac{2\pi\psi}{A\omega}\sqrt{\dfrac{E}{\rho}}}{1-\dfrac{\xi}{A}\dfrac{E}{\rho\omega^2}}=\frac{2\pi\beta\delta}{1-\alpha\delta^2} \tag{4.17}$$

因而
$$k_1=\omega\sqrt{\frac{\rho}{E}}|Z|^{\frac{1}{2}}\cos\frac{\theta}{2}=\frac{1}{\sqrt{2}\delta}\{[(1-\alpha\delta^2)+4\pi^2\beta^2\delta^2]^{\frac{1}{2}}+(1-\alpha\delta^2)\}^{\frac{1}{2}} \tag{4.18}$$
$$k_2=\omega\sqrt{\frac{\rho}{E}}|Z|^{\frac{1}{2}}\sin\frac{\theta}{2}=\frac{1}{\sqrt{2}\delta}\{[(1-\alpha\delta^2)+4\pi^2\beta^2\delta^2]^{\frac{1}{2}}+(1-\alpha\delta^2)\}^{\frac{1}{2}} \tag{4.19}$$

由此可得
$$\mu(x,t)=B_1\mathrm{e}^{\mathrm{i}(k_1x-\omega t)}+B_2\mathrm{e}^{-k_2x}\mathrm{e}^{-\mathrm{i}(k_1x+\omega t)} \tag{4.20}$$

式(4.20)就是波动方程(4.5)的位移通解。式中,B_1,B_2 为待求系数,其中第一项为入射波项,$B_1\mathrm{e}^{-k_2x}$为波的振幅。负号表明波幅随距离而衰减,B_1 为 $x=0$ 且 $t=0$ 时入射波的振幅,k_2 为表征振动(波幅)衰减快慢的系数(衰减因子),k_1 为与波速和波数有关的参数,第二项为反射波项。

对于式(4.20)关于变量 $t>0$ 求一阶偏微分,得
$$v(x,t)=\frac{\partial u(x,t)}{\partial t}=-B_1\omega\mathrm{e}^{-k_2x}\mathrm{e}^{\mathrm{i}(k_1x-\omega t)}-B_2\omega\mathrm{e}^{-k_2x}\mathrm{e}^{-\mathrm{i}(k_1x+\omega t)} \tag{4.21}$$

式(4.21)是质点振动速度函数表达式。质点振动速度可以通过速度型传感器接收获得。对于加速度传感器接收应力波,其值是对 $v(x,t)$ 关于时间再次求偏微分,即对位移解的二次偏微分。

从上面的应力波基本原理可以看出,上面的公式、理论的建立是在完整的锚杆情况下建

立的，从而弹簧刚度、阻尼系数等参数是假设不变的，然而在缺陷锚杆中，不考虑材料的离散性，完整锚固段锚杆参数与缺陷段存在较大差异，但传播原理依然相同。

4.3　锚杆中应力波传播同步性检测的测试依据

在 M-1 浇筑完成初期，砂浆和钢筋之间还没有黏结，此时的锚杆为两种单独的材料，随着水泥的硬化完成，两者的界面黏结会越来越好，到后期可以完全认为是复合材料，由于材料的差异，钢筋处的传感器 a_6 与砂浆处的传感器 a_7 的信号起跳点会存在时间差，随着龄期的增加，两者之间的时间差会减少，但由于应力波波振面为曲面，相同位置、不同部位的传感器信号时间差不会为 0，而会趋于一个稳定的值。锚杆无损检测的本质是通过某点的振动情况，来确定锚杆的整体质量，在激发的应力波和反射的应力波之间，质点的振动相当于瞬时冲击荷载下有阻尼自由振动，不同测点的材料特性不同，其振动的特点也不相同，如阻尼、刚度等。故不能仅通过两测点信号来判断是否为同一应力波。然而，如果锚杆中钢筋和砂浆的应力波不为同一应力波，两者波振面不同，在经过一次反射传回的波在两个传感器之间的时间差不会稳定。因此可以通过各测点的传感器综合分析锚杆中应力波的同步性变化状况。

在 M-2 中通过设置缺陷，并在缺陷起始和结束位置分别布上传感器，在砂浆完全硬化之前相同位置、不同部位相对应的两个传感器也会存在时间差。当砂浆硬化后，锚杆为一种复合材料时，应力波通过缺陷开始位置的时间差与缺陷结束时的时间差会存在变化，在缺陷段的应力波传播可看为是在两种不同材料中传播，达到分离出应力波的目的。在缺陷段钢筋的应力波速大于砂浆的应力波速，此时缺陷结束处钢筋的传感器会先采得信号，而相同位置处砂浆的传感器采得信号时间会晚一些。如锚杆可看为复合材料，在钢筋和砂浆中的应力波先后通过缺陷段后，由于界面的协同作用，底端传感器的信号时间差会减小，并与 M-1 中的底端信号时间差接近。如缺陷开始段的长度能满足协调所需长度，那么缺陷开始段两个传感器的信号时间差与 M-2 底端两个传感器信号时间差会大致相等，且锚杆如可看为复合材料，M-1 和 M-2 两个相对应的传感器的信号时间差在经过应力波多次反射到达时的信号时间差应该相等。

4.4　试验结果与分析

4.4.1　锚杆动测信号变化特征

1. 完整锚杆 M-1 的动测信号变化特征

在灌浆初期，由于砂浆中的传播速度变化较快，而锚杆体中的传播速度比较稳定，所以两波阵面之间的传播速度差异较大，表现为二者之间的时间差较大；随着龄期的增加，砂浆中的传播速度趋于稳定，二者之间的时间差缩小而且趋于稳定。在硬化后期虽然两测点简化的力学模型有差异，但两测点的信号曲线十分相似，其原因在于在同一横截面上两个测点分别在两个同心圆上，而且波阵面又是曲线。但由于材料属性如刚度等的差异使得传播速度不同，即里面快，外面慢。因此可以通过各测点的传感器测得的信号综合分析锚杆中应力波的同步性变化状况。如图 4.3、图 4.4 不同龄期下锚杆 M-1 的时域、频域信号曲线所示，随着龄期的增加，各测点处单个测点振动频率增加，在锚杆 M-1 灌浆完成初期，砂浆和钢筋之间还没有黏结，此时的锚杆近似为两种独立的材料组成，随着砂浆的硬化完成，两者的界面黏结会越来越好，到后期可以基本认为是复合材料。由于材料的差异，钢筋处的传感器 a_6 与砂浆处的传感器 a_7 的信号起跳点存在时间差，随着龄期的增加，两者之间的时间差减少，但由于应力波的波振面为曲面，相同位置、不同部位的传感器信号时间差并不为0，而趋于一个相对稳定的值。

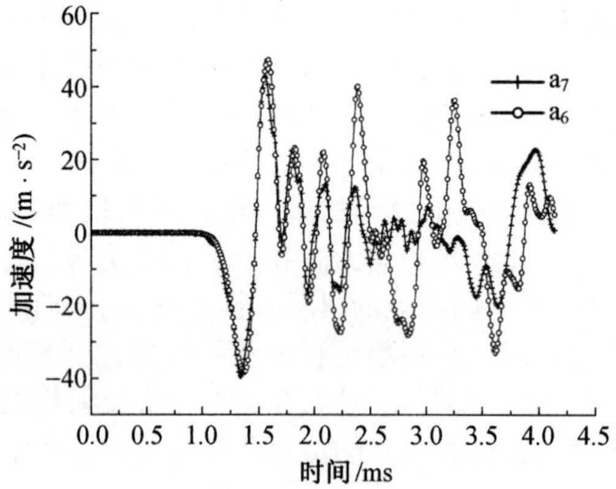

(a) 1 d

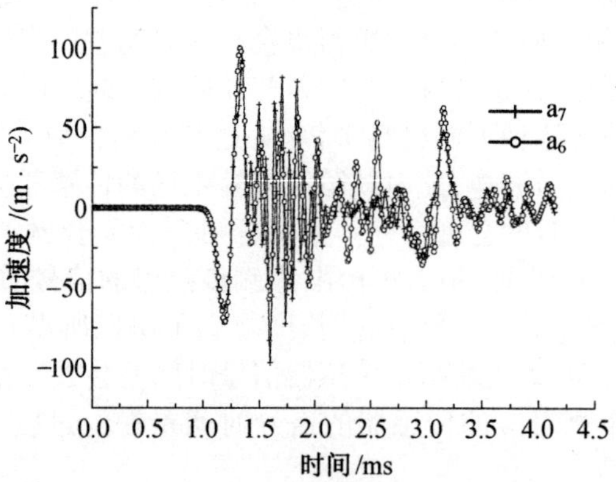

(b) 3 d

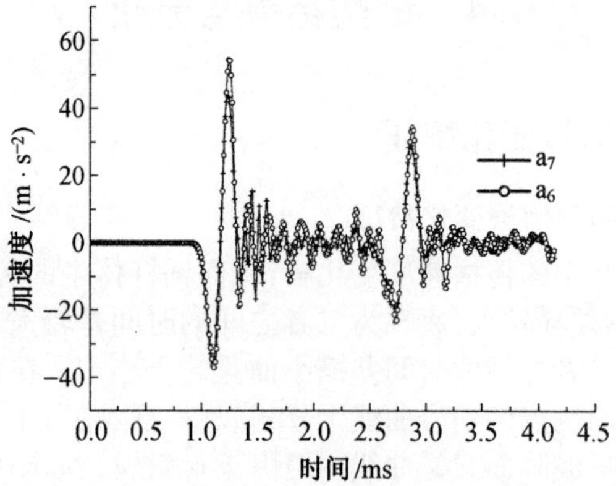

(c) 5 d

图 4.3　不同龄期下锚杆 M-1 的时域信号

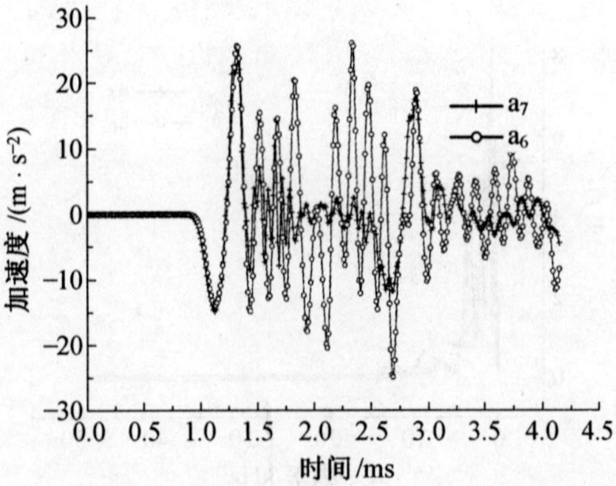

(d) 7 d

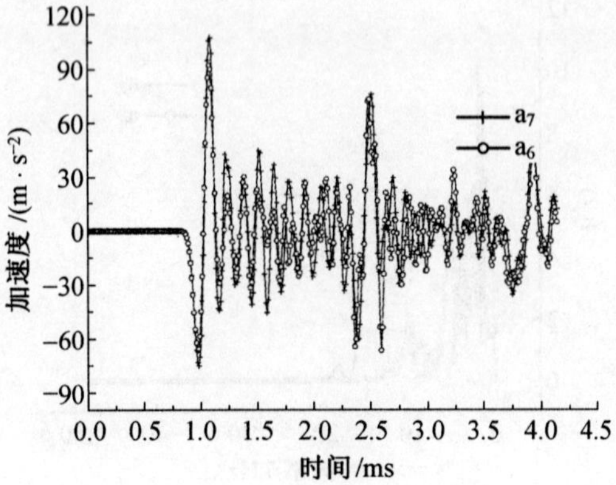

(e) 21 d

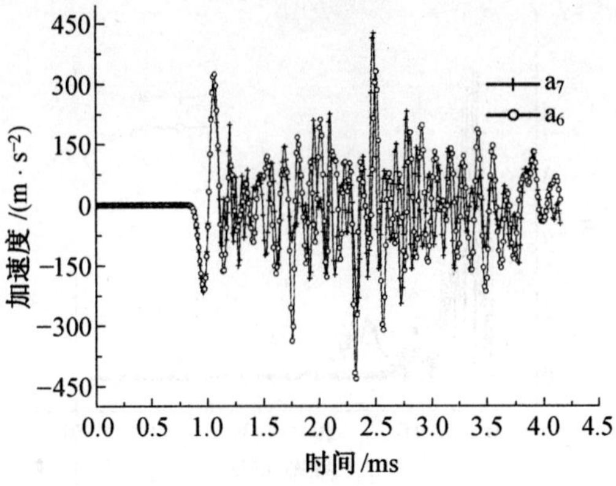

(f) 28 d

续图 4.3

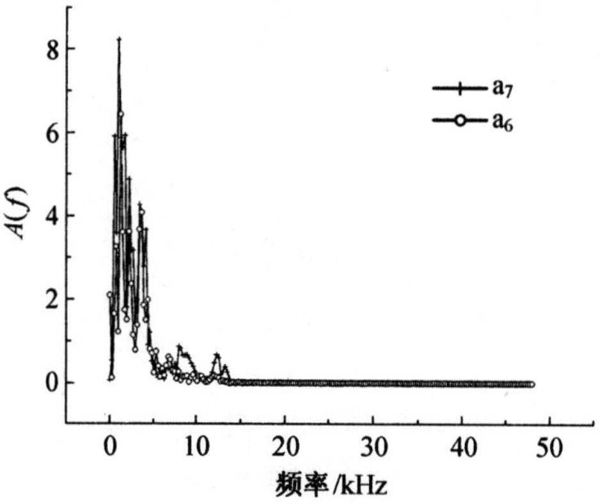

(a) 1 d

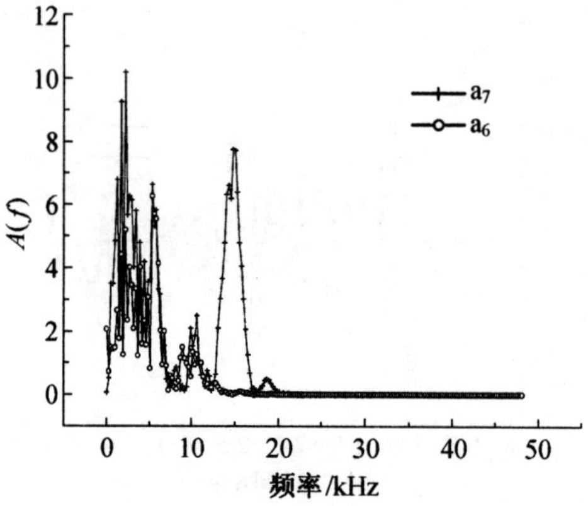

(b) 3 d

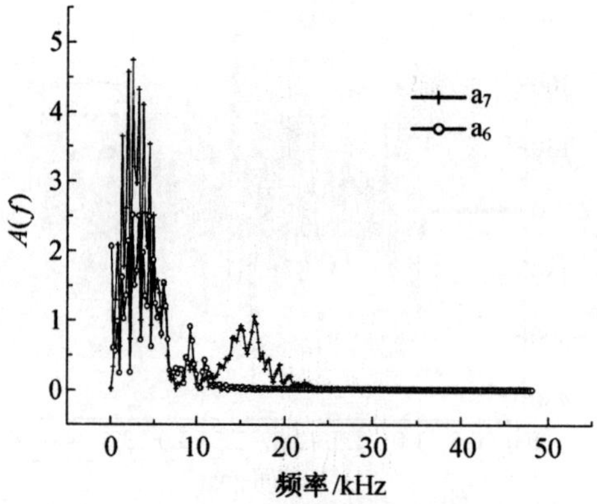

(c) 5 d

图 4.4　不同龄期下锚杆 M-1 的频谱分析

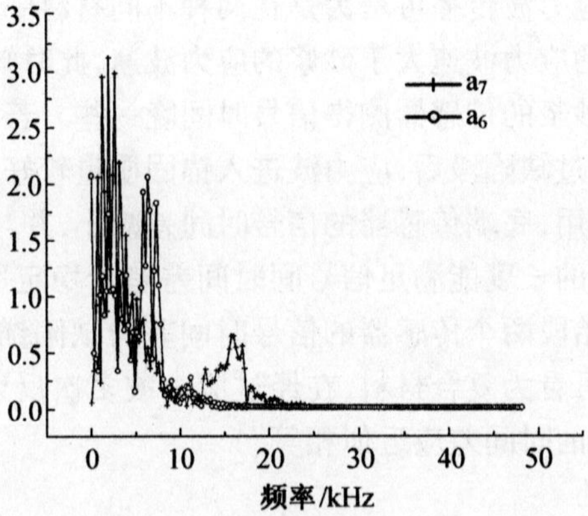

(d) 7 d

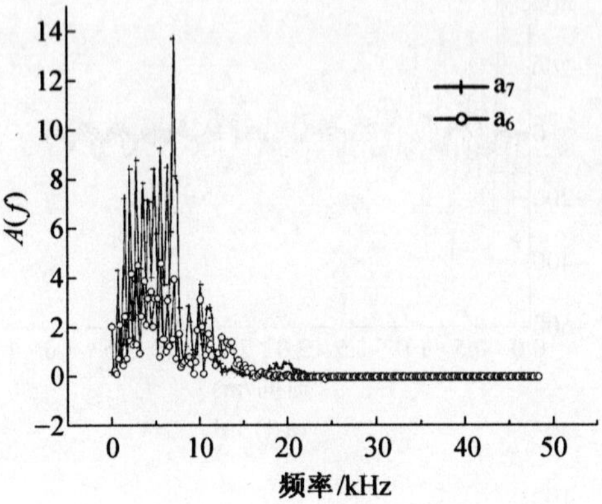

(e) 21 d

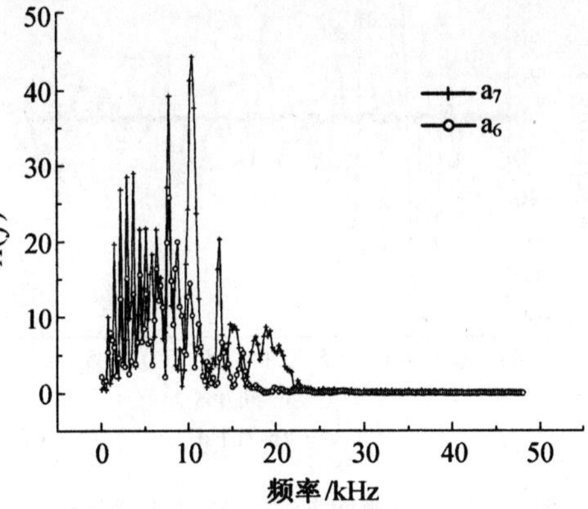

(f) 28 d

续图 4.4

2. 缺陷锚杆 M-2 的动测信号变化特征

对于缺陷锚杆，在砂浆完全硬化之前，相同位置、不同部位相对应的两个传感器（如 a_6 与 a_7 相对，a_3 与 a_5 相对，a_1 与 a_4 相对）所测信号存在时间差，如图 4.5 所示。砂浆硬化后，锚杆近似可作为一种复合材料，应力波通过缺陷开始位置时的时间差与缺陷结束时的时间差存在变化，在缺陷段的应力波传播可看为是在两种不同材料中传播，能达到分离出应力波的目的。在缺陷段，钢筋的应力波速大于砂浆的应力波速，此时缺陷结束处钢筋的传感器先测得信号，而相同位置处砂浆的传感器测得信号时间晚一些。若视锚杆为复合材料，在钢筋和砂浆中的应力波先后通过缺陷段后，应力波进入锚固质量较好的锚固段，由于钢筋与锚固介质间界面的协同振动作用，底端传感器的信号时间差减小，并与完整锚杆中的底端信号时间差接近。若缺陷开始段的长度能满足信号间时间差趋于稳定所需要的锚固长度，简称协调所需长度，那么缺陷开始段两个传感器的信号时间差与缺陷锚杆底端两个传感器信号时间差大致相等，且若锚杆可看为复合材料，在经过应力波多次反射后，完整和缺陷锚杆中两个相对应传感器测得信号的时间差应近似相等。

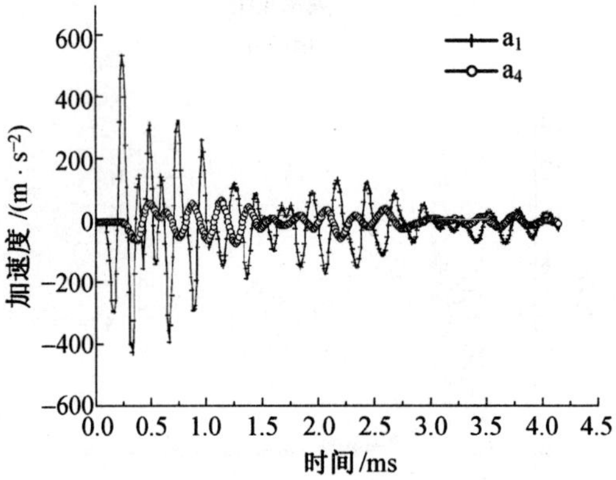

(a-1) 1 d

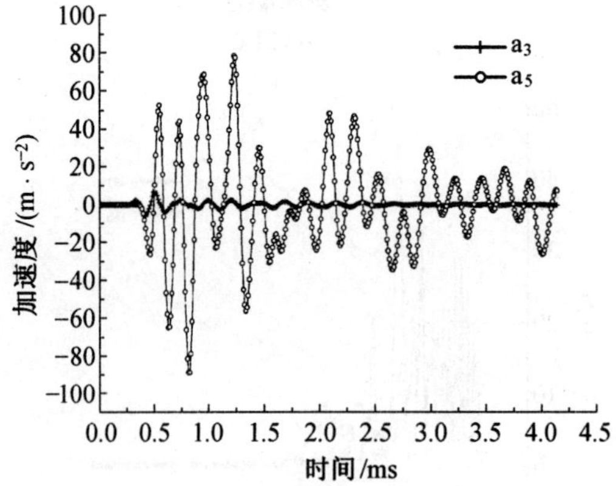

(a-2) 1 d

图 4.5　不同龄期下锚杆 M-2 的动测信号

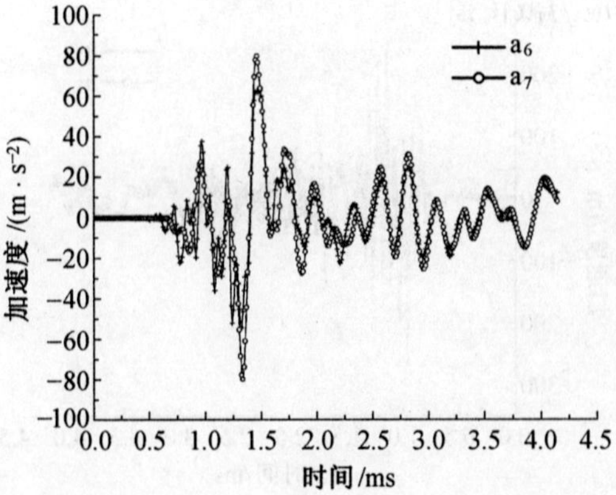

(a-3) 1 d

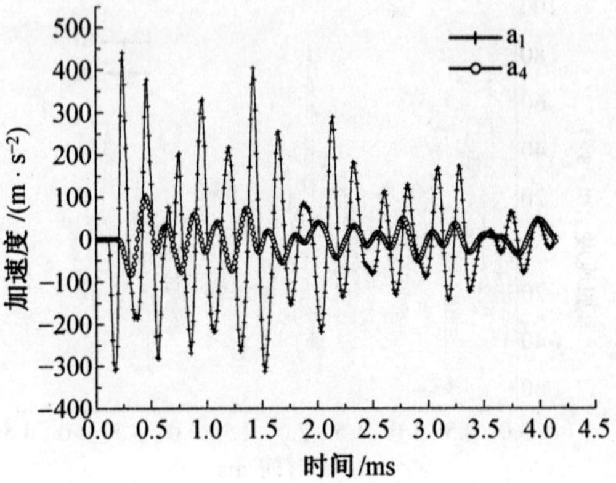

(b-1) 3 d

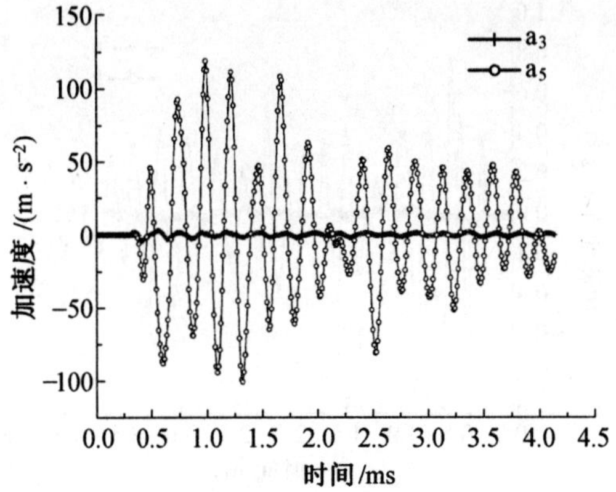

(b-2) 3 d

续图 4.5

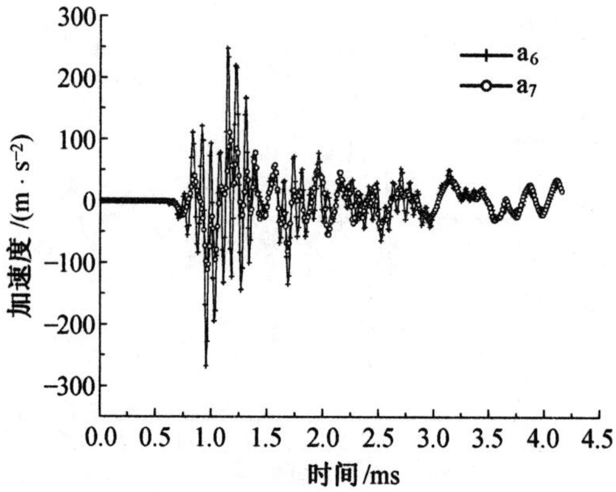

(b-3) 3 d

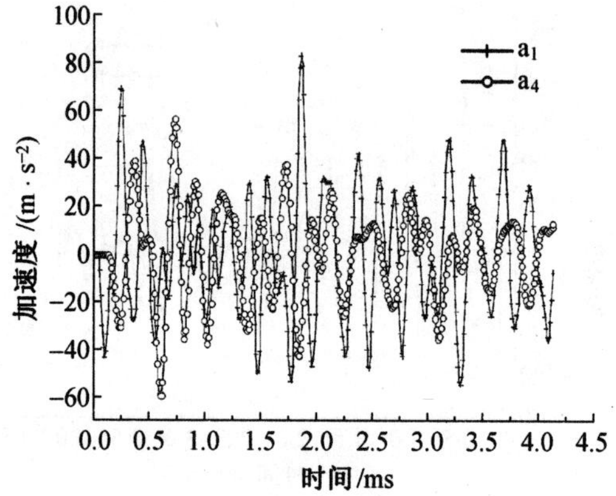

(c-1) 5 d

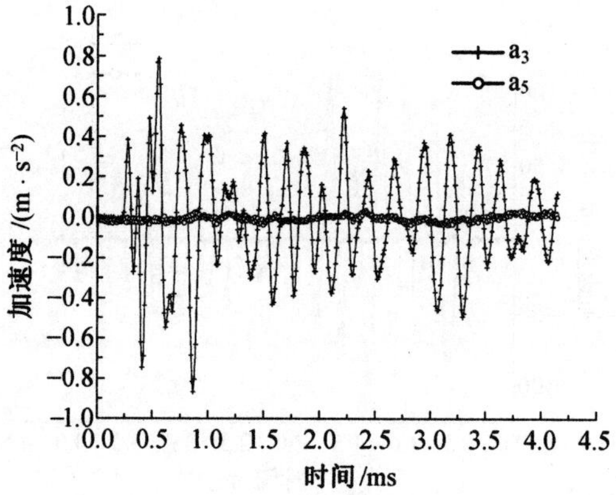

(c-2) 5 d

续图 4.5

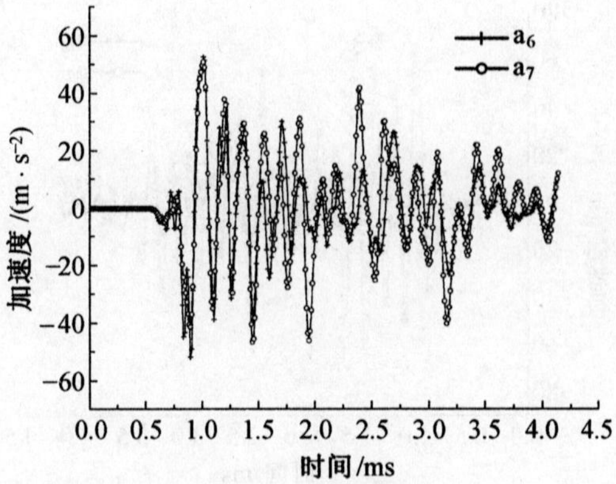

(c-3) 5 d

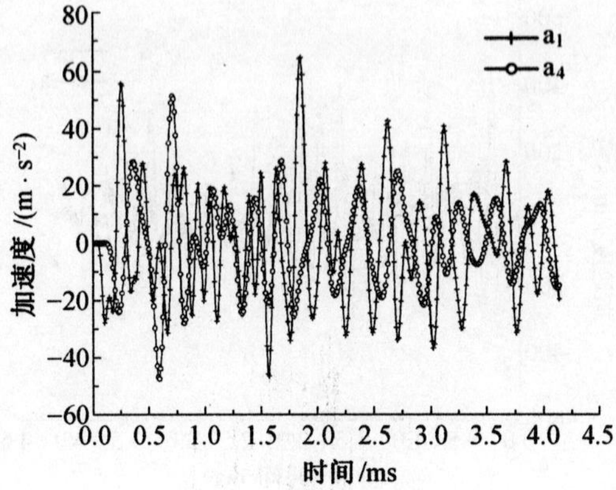

(d-1) 7 d

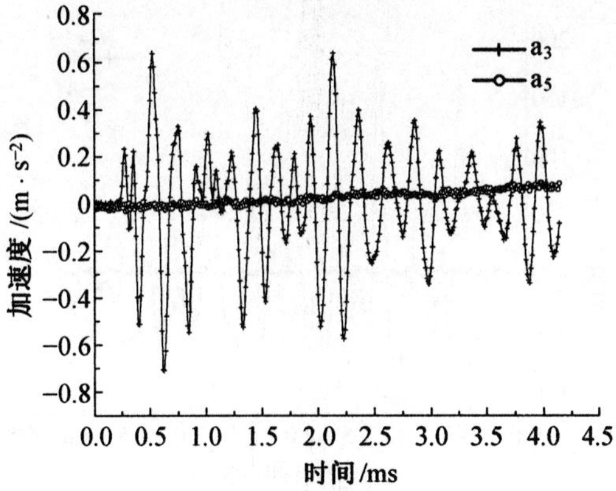

(d-2) 7 d

续图 4.5

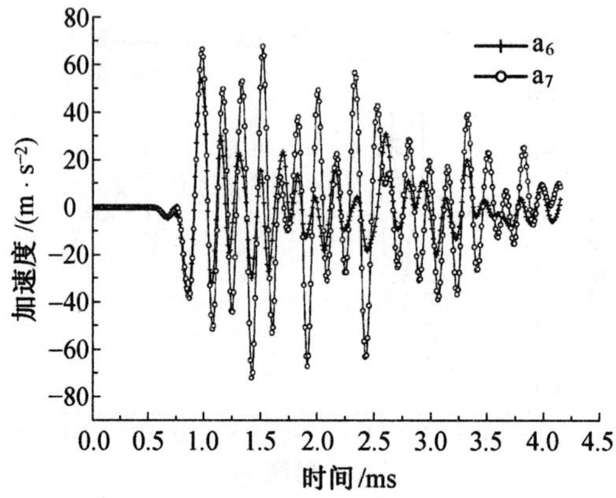

(d-3) 7 d

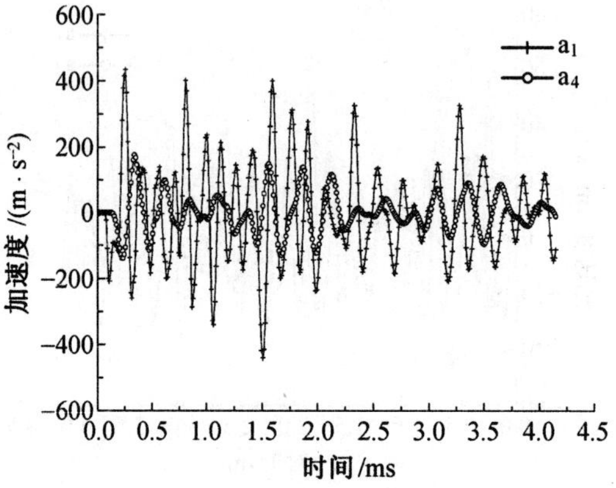

(e-1) 14 d

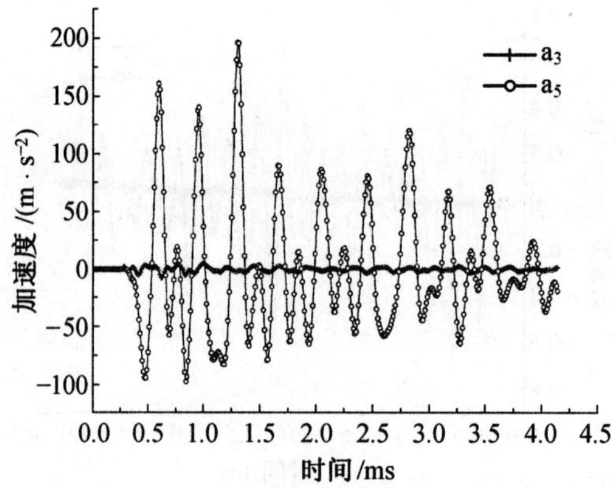

(e-2) 14 d

续图 4.5

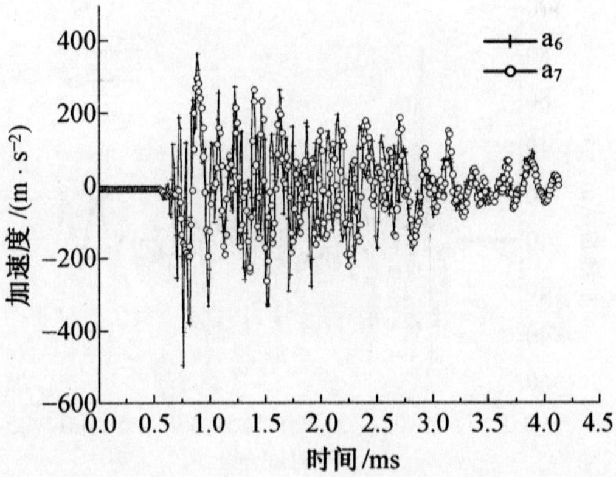

(e-3) 14 d

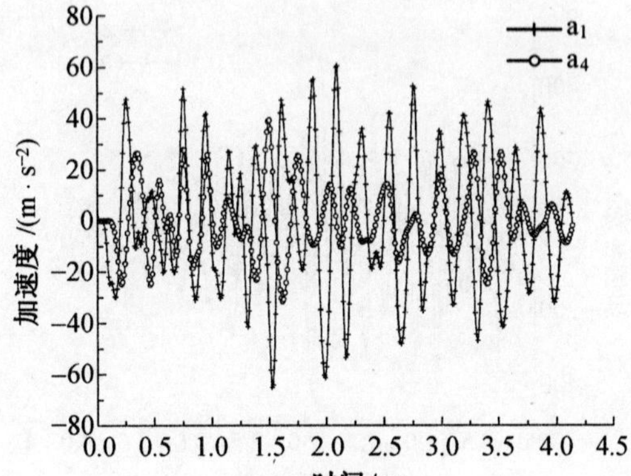

(f-1) 21 d

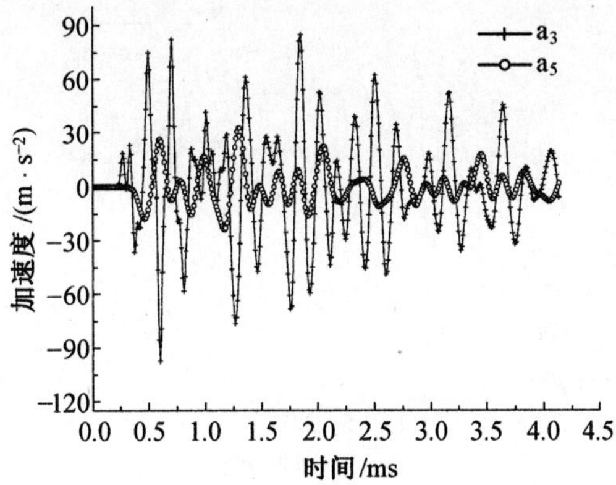

(f-2) 21 d

续图 4.5

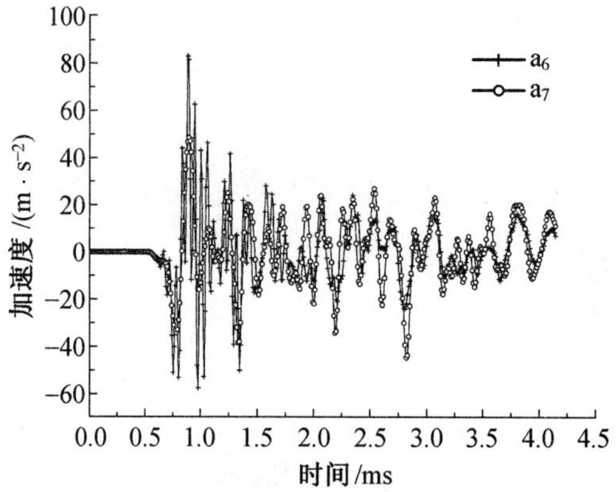

(f-3) 21 d

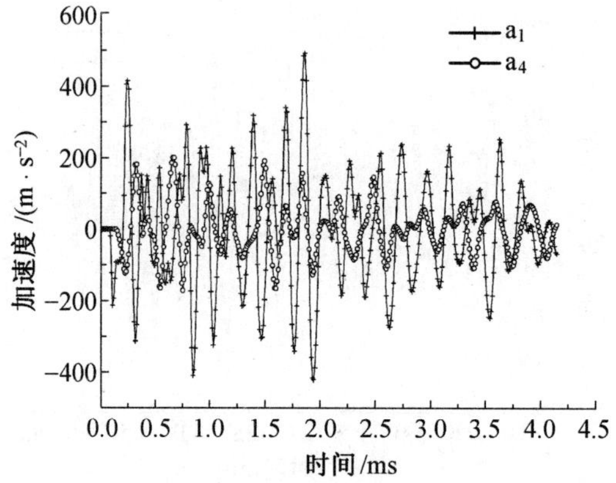

(g-1) 28 d

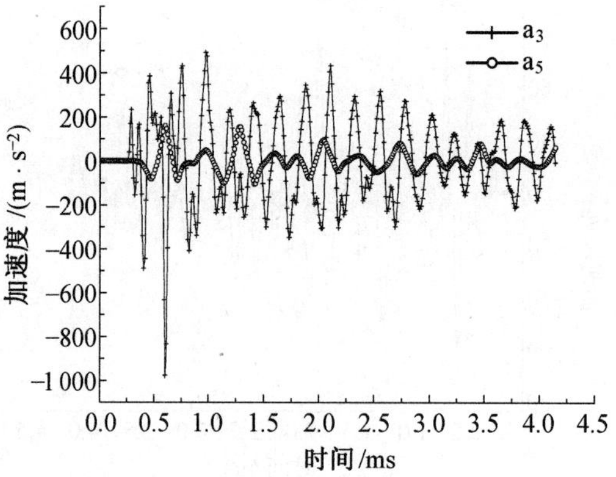

(g-2) 28 d

续图 4.5

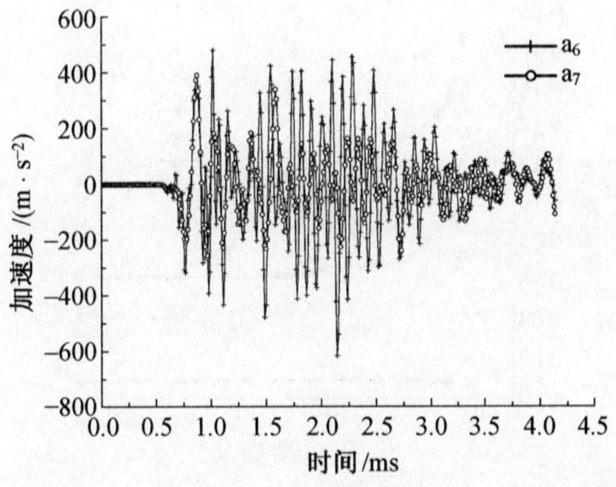

(g-3) 28 d

续图 4.5

4.4.2　应力波的同步性随龄期的变化特征

不同龄期下，根据锚杆 M-1，M-2 加速度响应曲线，统计出锚杆中两个相对位置的传感器所测时间差如表 4.1、表 4.2 及图 4.6、图 4.7 所示。

表 4.1　M-1 不同龄期下两相对传感器时间差　ms

测点	1 d	2 d	3 d	5 d	7 d	21 d	28 d
a_6/a_7	0.042	0.021	0.020	0.011	0.010	0.010	0.011

表 4.2　M-2 不同龄期下两相对传感器时间差　ms

测点	1 d	2 d	3 d	5 d	7 d	14 d	21 d	28 d
a_1/a_4	0.187	0.156	0.145	0.135	0.125	0.115	0.042	0.042
a_3/a_5	0.135	0.094	0.087	0.071	0.069	0.063	0.063	0.063
a_6/a_7	0.021	0.010	0.010	0.010	0.010	0.010	0.010	0.010

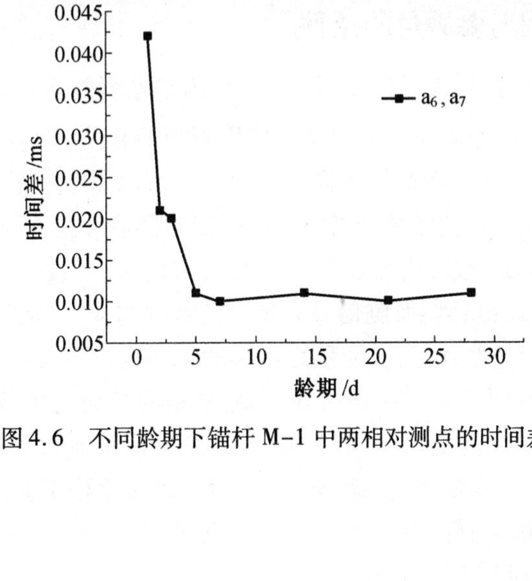

图 4.6　不同龄期下锚杆 M-1 中两相对测点的时间差

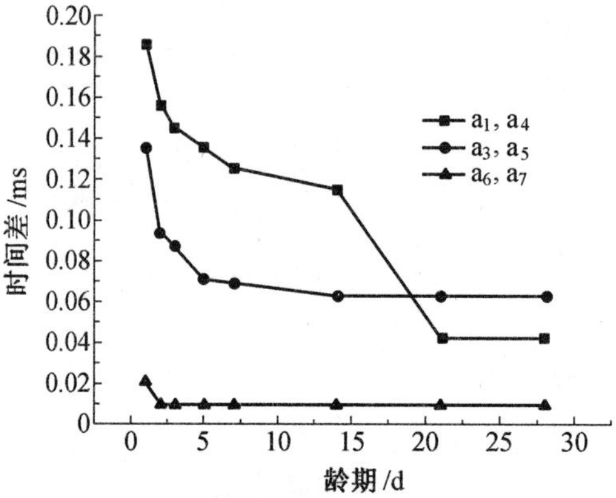

图 4.7　不同龄期下锚杆 M-2 中两相对测点的时间差

上述分析表明,应力波的同步性可以由信号的时间差充分体现。由表 4.1 和表 4.2 及图 4.6、图 4.7 可知,在前 3 d,锚杆 M-1,M-2 中各组相对的两个传感器所测信号的时间差变化相对较快,且差值较大;一周后,相对的时间差变化趋于稳定。锚杆 M-2 中,在前 2 d,在缺陷开始处 a_1,a_4 两个相对的传感器所测信号的时间差与缺陷结束处 a_3,a_5 两个相对的传感器所测信号的时间差存在差异;在砂浆硬化基本完成后,缺陷开始处与缺陷结束处对应传感器所测信号的时间差趋于稳定。在锚杆体与锚固介质组成的锚固系统的长度一定时,随着龄期的增加二者间的黏结强度不断增加,协调性增加,时间差不断缩短而且由不稳定趋于稳定,从而使得二者间相互协调所需要的锚固长度缩短。由此可见,若要发挥黏结界面的协同作用需要一定的长度,且所需长度与黏结强度有关,随着黏结强度的提高,所需协同长度会减小。随着龄期的增加,同一传感器的信号也会出现一定的变化,刚度的增加使得质点振动的单个周期所需时间缩短,频率变高,应力波实测波速也会增大。但由于在各测点处质点的阻尼、刚度等参数的不同,经简化后力学参数有所不同,因此质点振动情况不同,但若为同一波振面,在应力波到达时,不论经过多少次反射,两相对的传感器的时间差均相同。

4.4.3　波形协调需要满足的条件

由图 4.3 ~4.5 可以得出,底端传感器 a_6,a_7 所测信号都能达到反映锚杆锚固质量的目的,但钢筋处传感器所测信号明显优于砂浆处传感器所测信号,后者信号振动幅值大,阻尼相对较小;虽然传感器 a_6,a_7 所测信号在振动特性上表现出了一定差异,但在变化趋势上保持一致。由于缺陷的存在,使锚杆 M-2 中 a_6,a_7 的传感器信号在不同龄期下变化较大,由图 4.4 可知,在前 5 d,信号比较杂乱,无法显示出应力波检测的特性,且两者的变化趋势也不相同;而在 6 d 以后,a_6,a_7 传感器所测信号表现出的特性明显,且波形特征趋于稳定。由图 4.3 可知,锚杆 M-1 的完整性较好,波形稳定所需的时间也相对较短。

由表4.1 和表4.2 及图4.6、图4.7 可知,随着龄期的增加,缺陷起始处相对应的传感器 a_1,a_4 所测时间差不断减少,但与锚杆 M-1,M-2 的底端传感器 a_6,a_7 相比其时间差始终偏大,缺陷起始处最终仍未形成稳定的波阵面,但会越来越接近稳定波阵面即协调所需长度越来越短。随着龄期的增加,锚杆 M-1,M-2 的底端传感器 a_6,a_7 所测时间差始终较接近,而且差值越来越小,最终趋近于同一波阵面。

4.5　本章小结

(1)同步性研究是为了检测锚杆的锚固质量,加快检测周期,及时通过波阵面的变化特征发现锚固系统可能存在的缺陷,采取措施进行补救。

(2)砂浆龄期 7 d 后,可以把锚杆体和砂浆视为复合材料进行锚杆锚固系统的锚固质量检测。

(3)应力波在锚杆体和砂浆传播的同步性不仅和龄期有关,还和锚固长度有关,即锚杆体与砂浆中的应力波要达到统一波振面需要一定的长度,而且随着龄期的增加,协调所需锚固长度越小,但协调所需锚固长度的大小需要深入研究确定。

(4)在进一步的研究中,作者将在本文已经讨论的锚杆体与锚固介质的黏结基础上,进一步考虑以下极限情况下锚杆中应力波传播同步性的理论分析:其一,讨论完全非黏结前提下的结果;其二,不同特定黏结情况下的结果。同时,进行不同极限条件下的模型试验,将理论分析结果与试验结果进行对比研究,为实际工程检测提供可靠的理论基础与技术支持。

第5章　非加载状态下锚杆与基桩中应力波传播速度的变化特征

5.1　引　言

在众多的无损检测方法中，反射波法是应用最为广泛、最具代表性的动测方法，在应用该法对锚杆锚固系统进行检测时，锚杆锚固系统中的应力波传播速度是质量判断的最基本参数，采用波测法检测锚杆锚固质量以及锚杆完整性得到了广泛的应用。一般的做法是在锚杆外露端输入一个纵向冲击波，该波在锚杆锚固系统中以应力波的方式传播，如果在锚固介质中有缺陷或者假锚现象，波将在这些部位发生反射，同时有部分透射波继续在锚杆锚固系统中传播到达锚杆底端发生反射。然后根据缺陷反射信号的时程及锚杆锚固系统中的应力波的传播速度就可以确定该缺陷的位置，同时根据底端反射的时程和波速来计算锚杆的锚固长度及评估锚杆的完整性。由于锚固质量越好则能量散射到锚固体中越多，因此，锚杆锚固质量可以根据底端反射的幅值大小确定。由此可见波速是锚杆锚固系统质量检测中的关键参数。

王富春等[120]对锚杆锚固质量及工作状态无损检测理论及应用的研究，得出只要激发强度适宜，动态响应中底端反射与固端反射显现明显，即可确定锚杆锚固长度和有效锚固长度内的波速，还得出波速与锚杆和锚固剂的黏结强度有关，而受载荷影响甚微，可以反映工作状态下的锚杆锚固质量。王富春[121-122]、王海峰[123-124]、李义[125]、杨维武[126]等也对锚固系统中波速进行了一系列研究，得出波速的大小介于锚杆杆体与锚固剂的波速之间，受二者的黏结强度影响，锚固质量越好，黏结强度越高，波速越低。张世平等[127]基于数值模拟和试验模拟研究了锚杆锚固体系中的波系特征，得出锚杆中传播的波由原来的P波占主导变为界面波占主导，波在锚固段的传播速度也由杆速度变为界面波波速，界面波的波速与锚固介质的力学性质相关，因此可以用界面波的波速来评价锚杆锚固质量以及计算锚杆锚固段长度。从上述研究可以发现，由于多种因素的影响使得锚杆底端反射比较难确定，从而影响波速的准确确定和锚固质量的准确判读，所以不仅要对波速的变化特征进行研究，寻求一种更为简便准确的方法计算波速更具有意义。为此，本章依据基本理论和试验研究分析了波速的变化特征；同时，以锚固介质中的应力波速为参照样本，分析了波速与锚固介质中波速之间的关系，为波速的准确性提供了新思路。

另外，由于锚杆锚固质量检测的动测法借助了基桩原理，这使得二者具有一定的相似性，部分研究和工程技术人员易将它们混淆，这样就可能造成实际工程检测中的误判。实际上二者有着许多不同之处，如受力方式不同、检测对杆件本身质量定位不同，缺陷类型、特点不同、研究深度不同等[128-130]。若对锚杆锚固系统的锚固质量进行准确判断，还要研究其与基桩质量检测之间存在的异同。基桩是许多工程的首选或必选的基础形式，也是一种历史悠久、应用广泛的基础形式。锚杆加固技术在岩土工程中已经普遍使用。但是二者均是地下隐蔽工程,这给施工质量的检测带来很大困难。目前,对基桩完整性的检测,因反射波法具有经济、快速、简便和准确性较高等优点,是应用最为广泛、最具代表性的一种动测方法[131-134]。在反射波法中,波速是检测中用来评价施工质量和计算缺陷的最基本参数,同时从影响因素来说也是一个很复杂的参数。近年来,国内外的学者对两种体系中的波速传播特征进行了一系列的研究[72-74,127,135-137],但往往都是单独研究某一体系中的波速,关于二者的对比研究有待探索。为此,本章以自由锚杆和不同龄期下标准试件中的应力波速为参考,对基桩和锚杆锚固系统中的应力波速进行了对比研究,旨在引起更多学者和工程人员对这一问题的关注,减少实际工程检测中的误判。

5.2　应力波速的计算方法

锚杆被看作一维问题时,其波速可以表示为

$$c=\sqrt{\frac{E}{\rho}} \tag{5.1}$$

式中,c 为锚杆中的波速;E 为锚杆的等效弹性模量;ρ 为锚固介质的等效密度。同样,如果把锚杆和其周围的介质及围岩所形成的锚杆锚固系统看作单一均匀的介质,则波速的大小就由介质本身的基本参数如弹性模量和密度等决定,若横向尺寸远小于轴向尺寸,近似地将其视为一维应力问题,波速也可以近似表示为式(5.1)。但实质上,对锚固系统而言,当锚杆同时承受着锚固介质和围岩的多重影响,整个锚固系统共同工作时,当外界冲击荷载作用在锚杆上时锚杆的振动非常复杂,应力波将沿锚杆和锚固介质的结合面传播,由于二者的相互制约,应力波传播的速度就不会与在其中一种介质中传播时相同,其是指激发应力波通过锚杆锚固系统锚固段的速度,它是评价锚杆锚固质量的重要参数,其大小受锚固强度以及锚固介质和锚杆之间的黏结强度等多种因素的影响,随机性较大。若基桩被看作一维问题,其波速的计算同样适用于式(5.1),但是对基桩而言,应力波在传播过程中不仅存在一维问题,同样存在三维效应。下面分别对锚杆与基桩系统中波速的求解和变化特征进行探讨。

5.2.1　基于等效法计算锚杆锚固系统中的应力波速

为了计算的简便,可以采用等效方法计算锚杆锚固系统中应力波的传播速度,该方法中把锚杆和其周围的介质及围岩所形成的锚杆锚固系统等效为单一介质,则波速近似表示为式(5.1),但此处 c 为锚杆锚固系统中的等效波速,E 和 ρ 分别为锚杆锚固系统的等效弹性模量和密度,锚杆锚固系统的计算模型如图 5.1[138]所示。

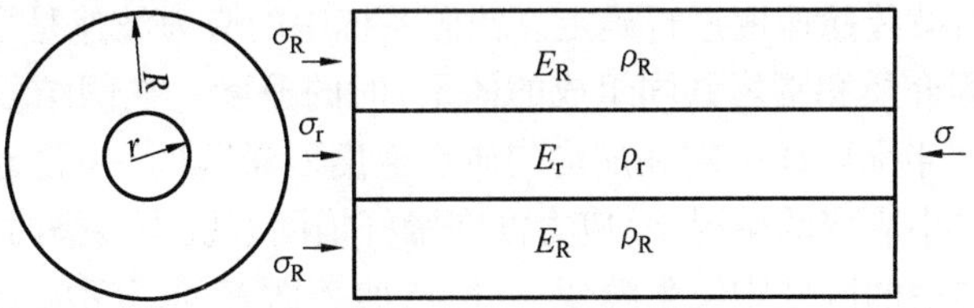

图 5.1　锚杆锚固系统的计算模型

设锚杆的半径为 r,弹性模量为 E_r,密度为 ρ_r;锚固介质外半径为 R,弹性模量为 E_R,密度为ρ_R。假设锚杆和锚固介质均为各向同性的弹性体,二者纵向变形协调。取锚固段单位长度单元体所受应力σ,产生的应变为ε,锚杆所受应力σ_r,产生的应变为ε_r,锚固介质所受应力σ_R,产生的应变为ε_R。由质量守恒定理、力的平衡条件、材料的应力应变关系和变形协调条件:

$$\rho\pi R^2=\rho_r\pi r^2+\rho_R\pi(R^2-r^2) \tag{5.2}$$

$$\rho\pi R^2=\sigma_r\pi r^2+\sigma_R\pi(R^2-r^2) \tag{5.3}$$

$$\varepsilon=\varepsilon_R=\varepsilon_r \tag{5.4}$$

$$\varepsilon=\frac{\sigma}{E},\quad \varepsilon_R=\frac{\sigma_R}{E_R},\quad \varepsilon_r=\frac{\sigma_r}{E_r} \tag{5.5}$$

联立式(5.2)～(5.5)得

$$E=E_R\frac{R^2-r^2}{R^2}+E_r\frac{r^2}{R^2} \tag{5.6}$$

$$\rho=\rho_R\frac{R^2-r^2}{R^2}+\rho_r\frac{r^2}{R^2} \tag{5.7}$$

将E和ρ代入式(5.1)得

$$c=\sqrt{\frac{E_R(R^2-r^2)+E_r r^2}{\rho_R(R^2-r^2)+\rho_r r^2}} \tag{5.8}$$

由式(5.8)可知,锚杆锚固系统中的应力波速完全由体系本身的材料特性和几何尺寸决定。

当$r\to 0$时,由式(5.8)可知

$$c=\sqrt{\frac{E_R}{\rho_R}} \tag{5.9}$$

该波速为锚固介质中的应力波速。

当$r\to R$时,由式(5.8)可知

$$c=\sqrt{\frac{E_r}{\rho_r}} \tag{5.10}$$

该波速为自由锚杆中的应力波速。

当$0<r<R$时,波速介于锚固介质和自由锚杆中的应力波速之间。

5.2.2　基于复合材料理论计算锚固系统中的波速

依据周培基等[118]的材料对强冲荷载的动态响应中的锚固系统波速概念及理论,对锚杆锚固系统中的应力波传播速度进行确定。锚固系统中的应力波速是指激发应力波通过锚杆锚固段(锚杆、锚固介质和围岩共同组成的体系)时的速度。在固结段内取如图5.2所示控制体积[120],波是在半无限体一端施加均匀质点速度所激起的,并假定锚杆与锚固介质有足够的黏结强度。在小应变的情况下,应力波在锚杆锚固系统中传播时,锚杆和锚固介质的界面在紧靠波阵面之后的区域中发生畸变,且沿弯曲表面有动态切应力存在。假定这个复杂应力场的范围是有限的,则波阵面左边一定距离处原则上是准静态区域,在该区域中质点速度是均匀的,而界面切应力等于零。依据锚杆和锚固介质的稳态连续条件,可得如下连续方程:

$$\rho_1 A_1 c=\rho'_1 A'_1(c-v) \tag{5.11}$$

$$\rho_2 A_2 c=\rho'_2 A'_2(c-v) \tag{5.12}$$

式中,ρ_1,ρ_2 分别为锚固介质和锚杆的密度;A_1,A_2分别为锚固介质和锚杆的面积;ρ'_1,ρ'_2 分别为准静态应变状态下锚固介质和锚杆的密度;A'_1,A'_2 分别为准静态应变状态下锚固介质和锚杆的面积;c 为波阵面传播速度;v 为质点运动速度。

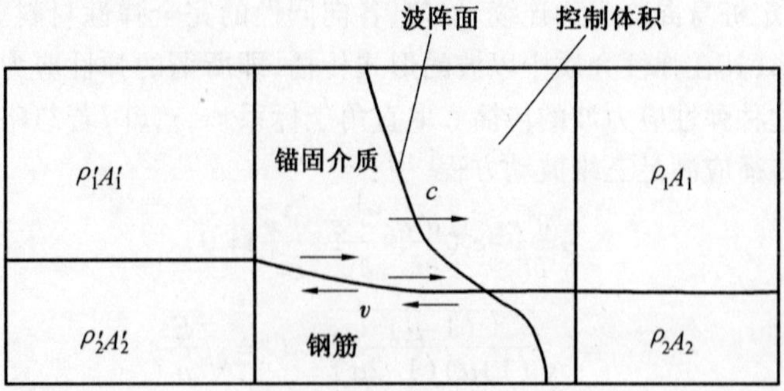

图 5.2　控制体积

由于波阵面的前方未受到扰动,伸长率就等于正应变,而且锚固介质与锚杆由于黏结良好而变形协调,由此依据 Love 运动学条件得

$$\varepsilon_{x1}=\varepsilon_{x2}=\varepsilon=\varepsilon_x=-\frac{v}{c} \tag{5.13}$$

式中,ε_{x1},ε_{x2}分别为锚固介质和锚杆的正应变;ε,ε_x 分别为波阵面前方的伸长率和正应变。

在准静态应变区中,材料的单向物理方程可表示为

$$\sigma_{x1}=k_1\varepsilon_{x1} \tag{5.14}$$

$$\sigma_{x2}=k_2\varepsilon_{x2} \tag{5.15}$$

式中,σ_{x1},σ_{x2}分别为锚固介质和锚杆的单向应力;k_1,k_2分别为锚固介质和锚杆的折算刚度系数。

折算刚度系数由所施加于锚杆锚固系统体系的平衡条件和几何约束条件来确定,而不是由锚固介质和锚杆单独存在时的条件确定。联立式(5.14)和(5.15),可由平均折算刚度求得平均应力为

$$\bar{\sigma}=\sigma_{x1}\frac{A_1}{A}+\sigma_{x2}\frac{A_2}{A}=\left(\frac{A_1}{A}k_1+\frac{A_2}{A}k_2\right)\varepsilon_x \tag{5.16}$$

式中,A 为锚固介质和锚杆的体积之和。

依据动量守恒定理可得动量平衡方程为

$$\sigma_{x1}A'_1+\sigma_{x2}A'_2=cv(\rho_1A_1+\rho_2A_2) \tag{5.17}$$

若取锚固介质和锚杆的面积比为 $a=A_1/A_2$,且锚杆锚固系统处于小变形状态时,满足 $A'_1/A_1=A'_2/A_2=1$,则由式(5.13),(5.15)和(5.16)联立得到波阵面速度为

$$c^2=\frac{A_1k_1+A_2k_2}{A_1\rho_1+A_2\rho_2} \tag{5.18}$$

式中分子代表平均折算刚度,是由锚固介质与锚杆接触界面状态及两种介质的几何尺寸等条件推导出来的,与用混合法则得到的结果不同。分母代表平均密度,与用混合法得到的结果相同。当 $\alpha\to 0$ 时,波速为自由锚杆中的应力波速;当 $\alpha\to\infty$ 时,波速为锚固介质的应力波

速；当 $0<\alpha<\infty$ 时，波速的大小介于两者之间[139-141]。

上述两种方法均表明锚杆锚固系统中的应力波传播速度介于自由锚杆与锚固介质中的应力波传播波速之间。

5.2.3 基桩中应力波速的计算

在基桩中，假定桩身混凝土为连续、均匀、各向同性的完全弹性材料。对弹性介质施加应力产生弹性变形，其在弹性介质中以波的形式传播，即所谓的弹性应力波，在基桩检测中分析研究的正是这种弹性应力波的传播。取直角坐标系 $\{x,y,z\}$，若忽略材料的阻尼，波在无限弹性体中的传播应满足三维波动方程[142]：

$$\rho\frac{\partial^2\varepsilon}{\partial t^2}-c_1^2\left(\frac{\partial^2\varepsilon}{\partial x^2}+\frac{\partial^2\varepsilon}{\partial y^2}+\frac{\partial^2\varepsilon}{\partial z^2}\right)=0 \tag{5.19}$$

$$c_1=c\sqrt{\frac{(1-\mu)}{(1+\mu)(1-2\mu)}}\quad \left(c=\sqrt{\frac{E}{\rho}}\right) \tag{5.20}$$

式中，t 为时间；ε 为应变；c_1 为波速，其与介质密度 ρ、弹性模量 E 和泊松比 μ 有关。

由于桩直径远小于其长度，可近似地将其视为一维应力问题。当桩身在纵向振动时，横截面保持平面，且各截面上应力均匀分布，则根据达朗贝尔原理和胡克定律，桩的波动方程可表示为

$$\frac{\partial^2 u}{\partial t^2}-c_1^2\frac{\partial^2 u}{\partial x^2}=0 \tag{5.21}$$

由于一维问题忽略了横向的影响，则波速不再与泊松比 μ 相关，则波速可以用式(5.1)计算。

在低应变反射波法中，一般采用一维波动方程，由于 ρ 和 E 分别表示介质密度和弹性模量，则应力波速就等于混凝土介质中的波速。而实际工程中，三维效应不可避免，尤其是在桩顶附近传播的应力波三维效应更明显，此波速应为三维纵波波速，按式(5.21)计算，若取泊松比 μ 为 0.2，$c_1=1.05c$，则基桩中的应力波速应大于混凝土介质中的波速。

基桩中的波速仅考虑了混凝土材料的影响，而忽略了钢筋的影响，由于钢筋中的波速大于混凝土材料中的波速，使得基桩中的波速也大于混凝土材料中的波速。

5.3 试验结果的测试与分析

5.3.1 波速的测试与计算

1. 锚杆锚固系统中波速的测试与计算

锚杆的结构示意如图 5.3 所示，锚固段长度为 L_2，锚杆自由段长度为 L_1。根据实测的锚杆动态响应曲线，分别识别出首波信号、固端反射信号与底端反射信号，确定固端反射时间 T 与底端反射时间 t，则可由式(5.22)计算锚杆锚固系统中的激发应力波的传播速度。

$$c=\frac{2L_2}{t-T} \tag{5.22}$$

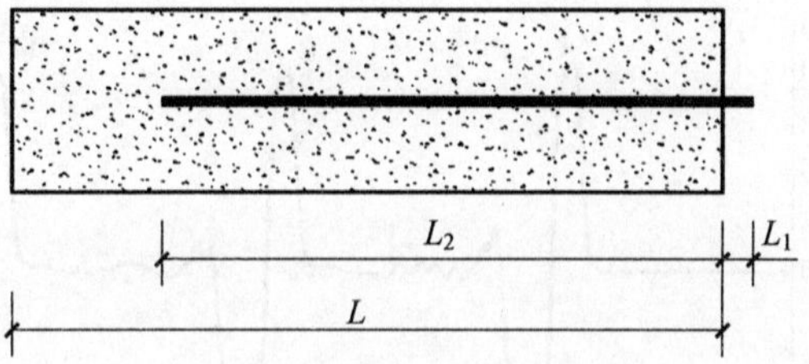

图 5.3　锚杆的结构示意图

2. 锚固介质试块中波速的测试

相对于同配合比同条件养护的试件的每一个检测龄期，将制作好的 150 mm×150 mm×150 mm（混凝土）和 70.7 mm×70.7 mm×70.7 mm（砂浆）的标准试件，每组 3 块，在压力机上做抗压强度试验，以 3 块试件的平均抗压强度作为该组试件的抗压强度。在检测锚杆锚固系统中的应力波速的同时，作为对比，还检测了各个龄期的锚固介质材料试块中的超声波波速，以讨论锚杆锚固系统中的波速和锚固介质试块中波速的关系。超声波测试系统如图 5.4 所示，其测试方式如图 5.5 所示。

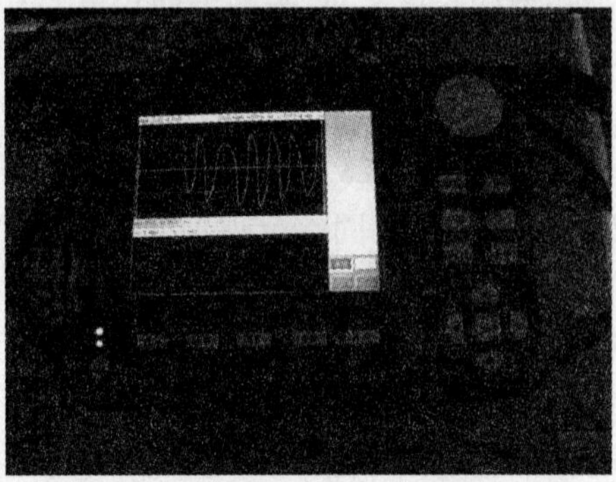

图 5.4　超声检测仪及测试系统

图 5.5　测试方式

3. 基桩中波速的测试

为了消除其他因素的影响，基桩和锚杆锚固系统均采用相同的室内模型进行测试，采用完整锚杆 HM-1 和 SM-1 所对应的室内试验模型进行研究，则基桩和锚杆的构件结构见图 5.3，图中 L 为桩长，L_1 为自由段长度，L_2 为锚固段长度。力锤敲击位置的不同是两种波速不同的重要原因，对基桩而言，力锤敲击在桩顶距钢筋比较近的周围介质上且垂直激振；对锚杆锚固系统而言，力锤敲击在杆端且垂直激振。通过实测信号的时域分析，确定反射时间。若桩底反射时间为 T，则锚杆锚固系统中的波速计算公式采用式(5.22)，基桩中的波速计算公式为

$$c_1 = \frac{2L}{T} \tag{5.23}$$

5.3.2　锚杆中加速度响应曲线及波速变化特征

1. 锚杆加速度响应曲线及变化特征

(1) 自由锚杆的加速度响应曲线特征。

自由锚杆的加速度响应曲线如图 5.6 所示，图中 A，B 分别代表首波信号和杆底反射信号。

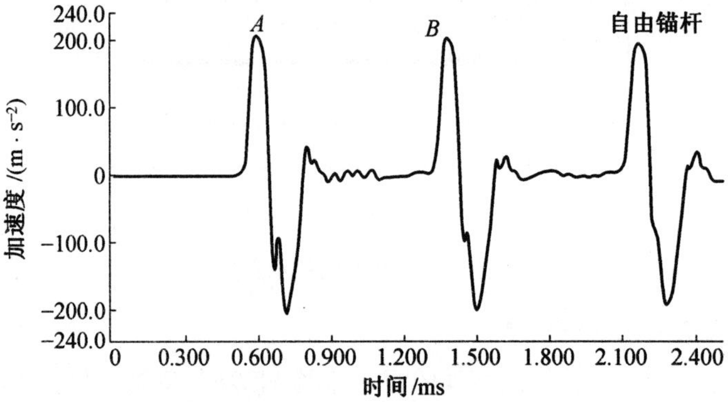

图 5.6　自由锚杆的加速度响应曲线

由图 5.6 可知，自由锚杆的波形十分规则，应力波在自由锚杆的端部有十分明显的反射波，反射波与首波同相位，而在其他部位，波的传播在某一直线上下产生轻微的波动，该波动应该是钢筋的螺纹引起的，若为等截面的圆钢波的传播应为一直线，由于波阻抗不发生改变的构件当其周围为均匀介质时，不产生反射波。实际钢筋长度 2 m，实测钢筋长度 2.01 m，测得激发应力波在自由锚杆中的传播波速为 5 100 m/s。

(2) 不同龄期下锚杆 HM-1 的加速度响应曲线特征。

图 5.7 中分别列出了龄期为 1 d，3 d，5 d，7 d，14 d，21 d 和 28 d 不同龄期下锚杆 HM-1 的加速度响应曲线，由图 5.7 可知，随着龄期的增长，总体来说，固端反射信号非常强烈，而底端反射信号越来越微弱，甚至很难识别。产生上述信号特征的原因可能主要是由于固端反射和应力波的衰减。固端反射的影响可以体现在：其一，固端反射信号非常强烈，导致测试信号曲线发生畸变，掩盖了底端反射信号；其二，应力波到达锚固端时发生反射，削弱透射应力波的能量；透射应力波由底端反射到达固端时，又要发生固端反射，进一步削弱应力波的能量，造成底端反射信号非常微弱。应力波的衰减影响可以体现在：由第 2 章可知，应力波在介质中传播时，发生扩散、散射以及吸收等现象，都要消耗应力波的能量。在锚杆锚固系统中，当激发应力波到达锚固段时，锚杆侧面向周围介质耦合产生体波，一部分能量向周围介质辐射，引起应力波明显衰减，削弱了底端反射信号。综上，测试信号中识别底端反射信号比较困难，底端反射信号的识别影响底端反射时间的确定，从而影响锚固系统中波速的准确计算，就有可能造成实际工程的误判，这也是我们寻找其他途径确定锚固系统中波速的关键原因。

另外，从图 5.7 可知，随着龄期的增加锚杆底端反射时间在初期（约 14 d 前）明显增加，后期底端反射时间变化非常缓慢，甚至略有降低。由于锚杆锚固段长度为定值，底端反射时间的变化直接决定了锚杆锚固系统中波速的变化，但底端反射时间与波速的变化趋势正好相反。

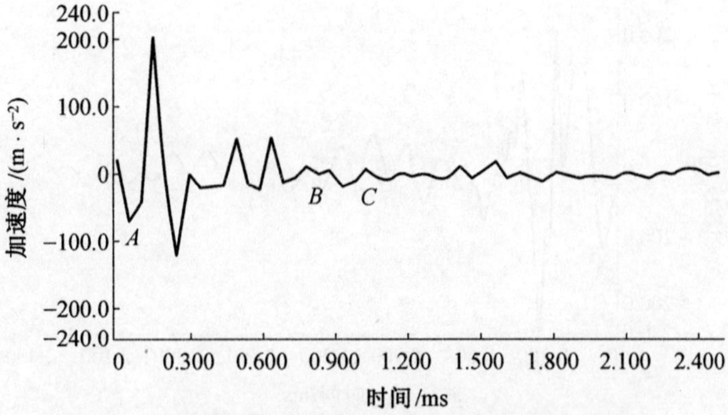

(a) 龄期为 1 d 锚杆 HM−1 的加速度响应曲线特征

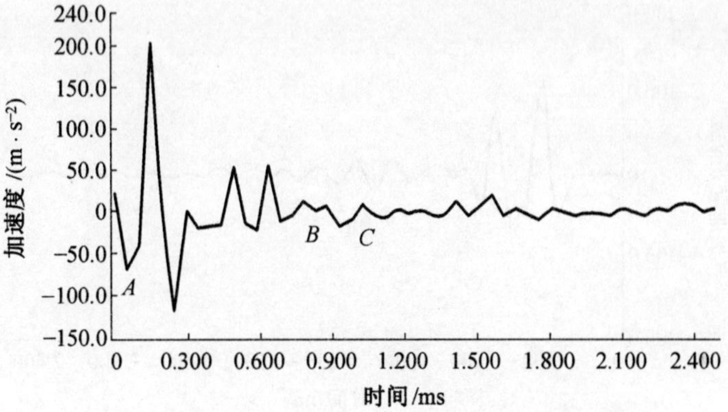

(b) 龄期为 3 d 锚杆 HM−1 的加速度响应曲线特征

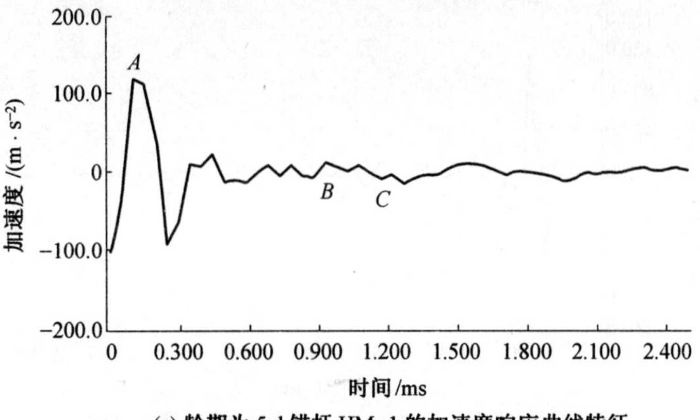

(c) 龄期为 5 d 锚杆 HM−1 的加速度响应曲线特征

图 5.7　不同龄期下锚杆 HM−1 的加速度响应曲线

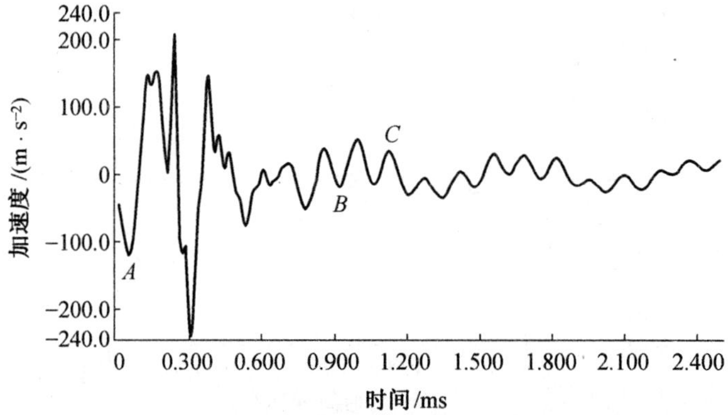

(d) 龄期为 7 d 锚杆 HM-1的加速度响应曲线特征

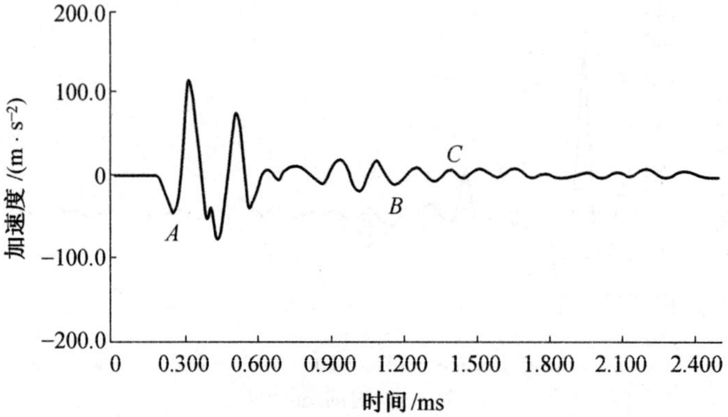

(e) 龄期为14 d锚杆 HM-1的加速度响应曲线特征

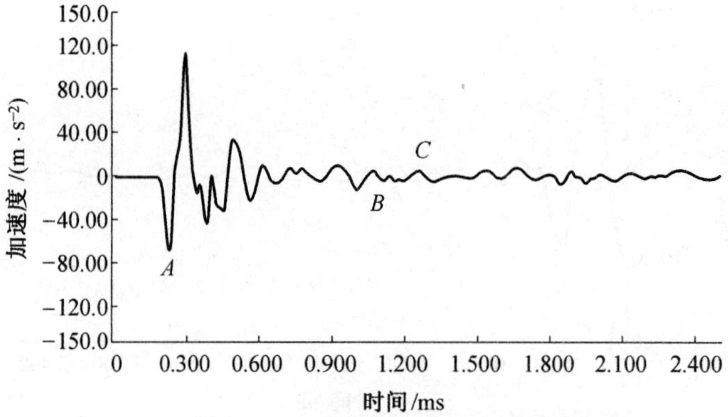

(f) 龄期为21 d锚杆 HM-1的加速度响应曲线特征

续图 5.7

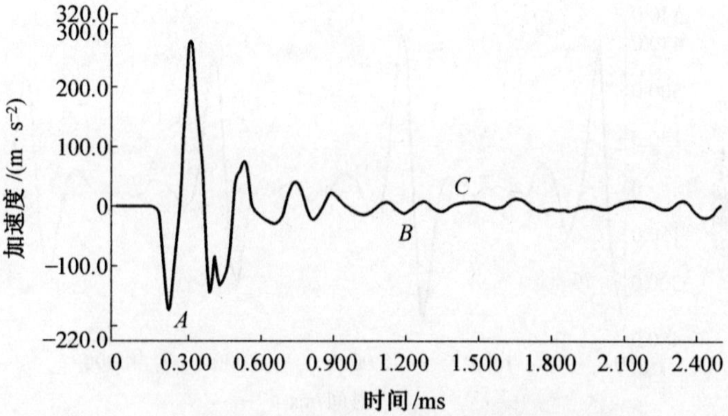

(g) 龄期为28 d锚杆 HM−1的加速度响应曲线特征

续图 5.7

(3)不同龄期下锚杆 SM−1 的加速度响应曲线特征。

图 5.8 中分别列出了龄期为 3 d,7 d,14 d,21 d 和 28 d 不同龄期下锚杆 SM−1 的加速度响应曲线,由图 5.8 可知,锚杆 SM−1 在不同龄期下的信号变化特征类似于 HM−1。但二者也存在一些差别:首先,锚杆 SM−1 锚固段内的速度响应曲线明显要平缓于锚杆 HM−1 锚固段内的速度响应曲线,其可能原因是混凝土的粗骨料为碎石,其尺寸相对来说比较大,混凝土在浇筑的过程中,很有可能出现振捣不均匀的现象,这不但影响混凝土材质的均匀性进而影响信号特征,另外也影响混凝土与钢筋之间的黏结从而影响信号特征;其次,锚杆 SM−1 在不同龄期下的加速度响应曲线中存在多次的固端反射的底端反射及底端反射的固端反射,而 HM−1 加速度响应曲线此类现象不明显,甚至很难识别,可能原因是由于 HM−1 所处的围岩相对截面积较大;再次由于锚杆 SM−1 没测到较早龄期时的加速度响应曲线,整个龄期下曲线随时间的变化特征不明显,尤其是底端反射时间。虽然其变化特征与 HM−1 中的类似,但其变化不如 HM−1 中明显。

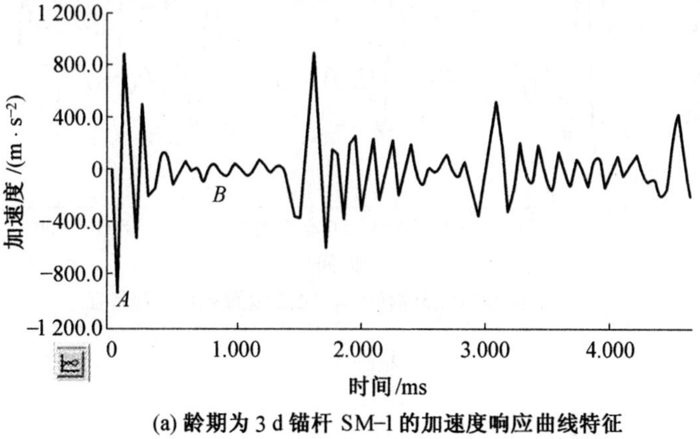

(a) 龄期为 3 d 锚杆 SM−1 的加速度响应曲线特征

图 5.8　不同龄期下锚杆 SM−1 的加速度响应曲线

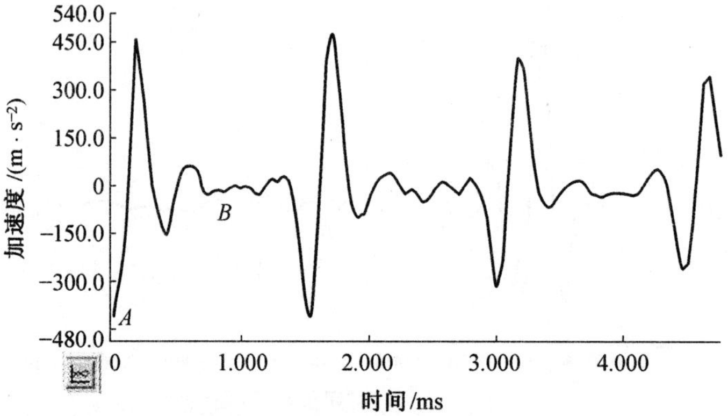

(b) 龄期为 7 d 锚杆 SM–1 的加速度响应曲线特征

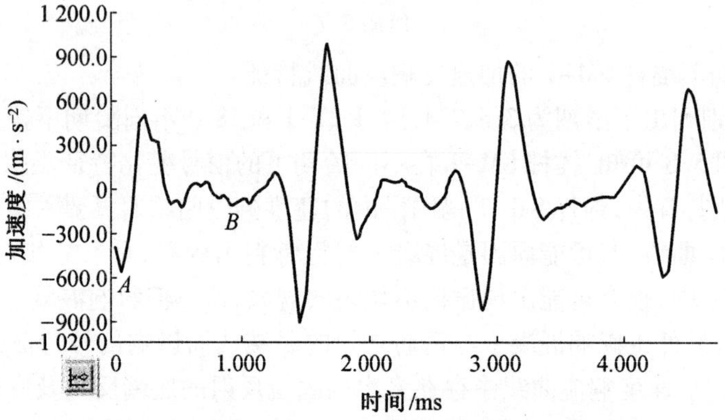

(c) 龄期为14 d锚杆 SM–1 的加速度响应曲线特征

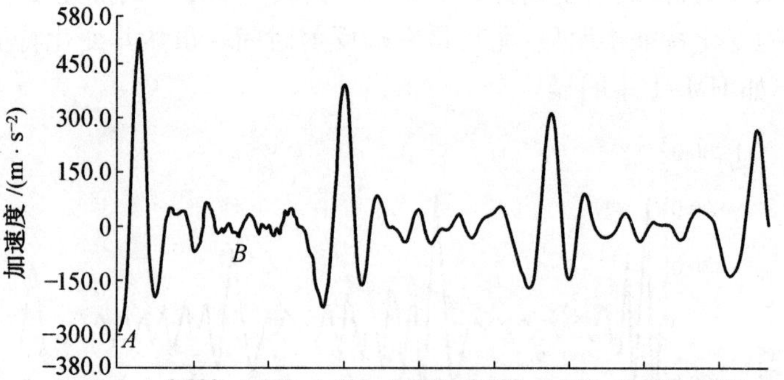

(d) 龄期为21 d锚杆 SM–1 的加速度响应曲线特征

续图 5.8

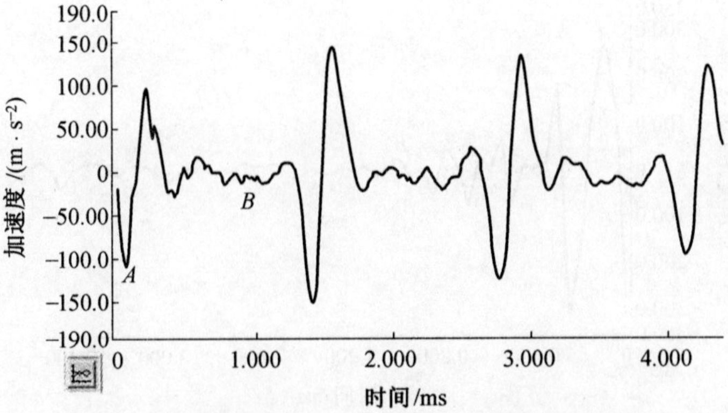

(e) 龄期为28 d锚杆 SM−1的加速度响应曲线特征

续图 5.8

(4)不同龄期下锚杆 HM-4 的加速度响应曲线特征。

图 5.9 中分别列出了龄期为 1 d,3 d,5 d,7 d,21 d 和 28 d 不同龄期下锚杆 HM-4 的加速度响应曲线,由图 5.9 可知,锚杆 HM-4 在不同龄期下的信号变化特征类似于 HM-1 和 SM-1 的,但其和 HM-1 的信号变化特征更为相似,三者的共同特征是固端反射信号比较强烈,而底端反射信号不明显,其原因同图 5.6 下锚杆 HM-1 中的解释,此处不再赘述。HM-4 和 HM-1 与 SM-1 的加速度响应曲线存在比较明显的差别依然是后者中存在比较明显的多次固端反射的底端反射和底端反射的固端反射。由于锚杆 HM-4 的围岩为混凝土,锚固介质为砂浆,其变化特征应该与围岩和锚固介质均为混凝土的 HM-1 更为相似。分析原因有二:其一,由于锚杆直径较大,而锚固介质砂浆的相对净厚度较小;其二,由于室内试验模型构件尺寸较小,围岩对信号产生了影响。

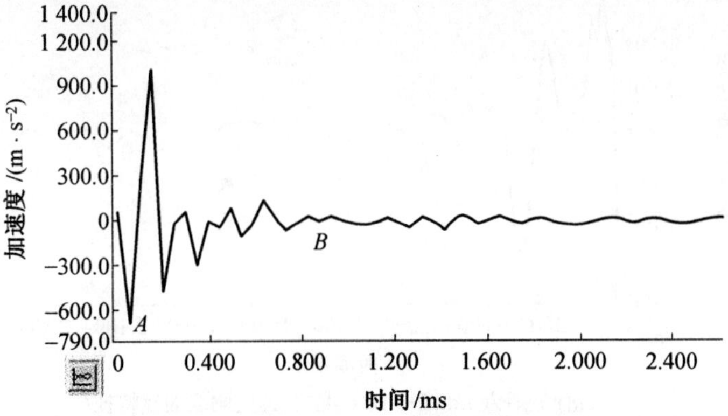

(a) 龄期为 1 d 锚杆 HM−4的加速度响应曲线特征

图 5.9　不同龄期下锚杆 HM-4 的加速度响应曲线

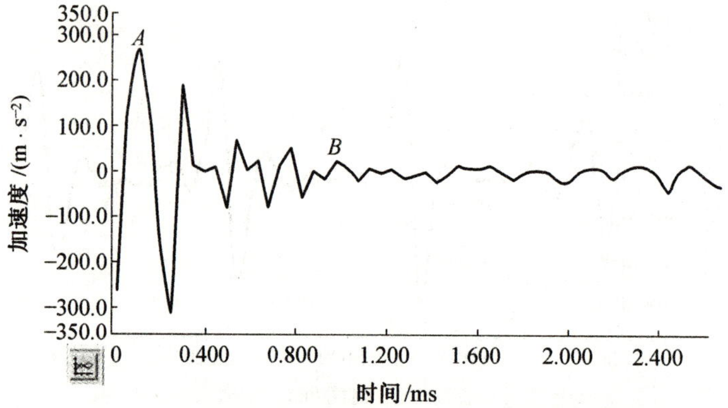

(b) 龄期为 3 d 锚杆 HM-4的加速度响应曲线特征

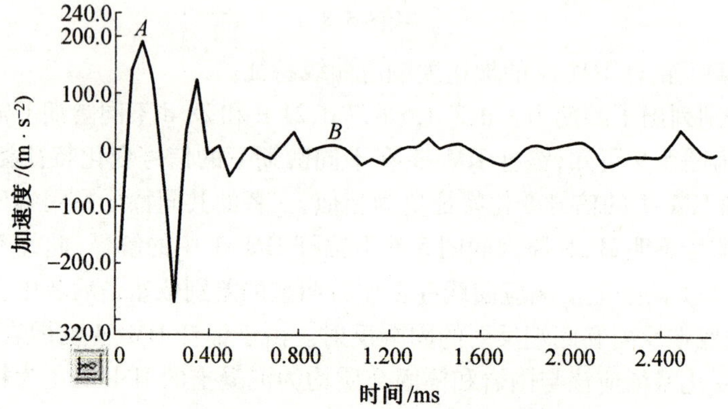

(c) 龄期为 5 d 锚杆 HM-4的加速度响应曲线特征

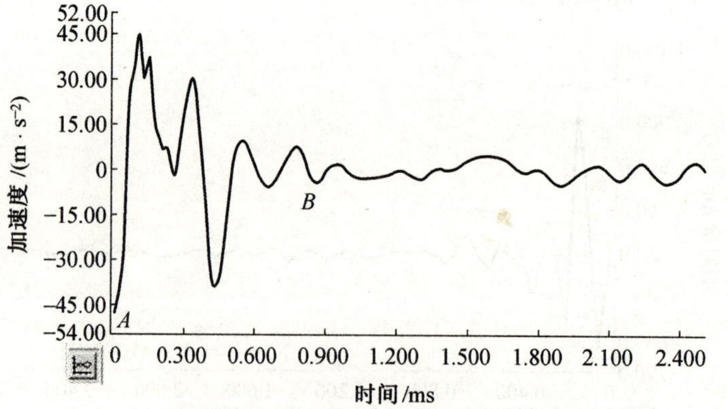

(d) 龄期为 7 d 锚杆 HM-4的加速度响应曲线特征

续图 5.9

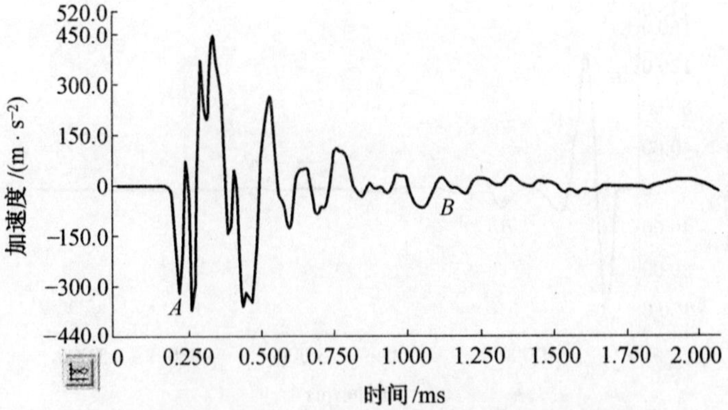

(c) 龄期为21 d锚杆 HM-4的加速度响应曲线特征

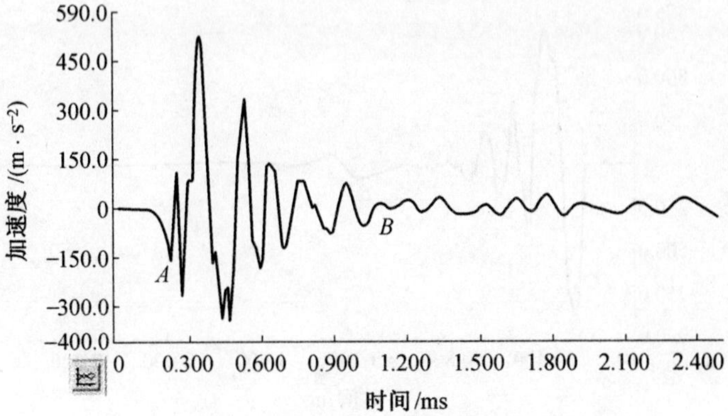

(f) 龄期为28 d锚杆 HM-4的加速度响应曲线特征

续图 5.9

(5)不同龄期下锚杆 TM-4 的加速度响应曲线特征。

图 5.10 中分别列出了龄期为 1 d,3 d,7 d,14 d,21 d 和 28 d 不同龄期下锚杆 TM-4 的加速度响应曲线,由图 5.10 可知,锚杆 HM-4 在不同龄期下的锚杆底部反射信号依然比较微弱,这一点类似于上述锚杆。但是应力波的整个传播过程与上述锚杆存在较大的差别,尤其与 SM-1 的差别更为明显,即从 SM-1 加速度响应曲线可知,其传播过程包含多次的固端反射的底端反射和底端反射的固端反射,而 TM-4 的加速度响应曲线仅包含固端反射的底端反射,衰减非常明显。产生上述现象的主要原因是土层的能量耗散比较大,应力波衰减较快,另外,还有可能是由于锚杆 TM-4 所处的土层下表面与地面接触,由于边界条件的差异,使得部分能量从该边界上耗散出去。

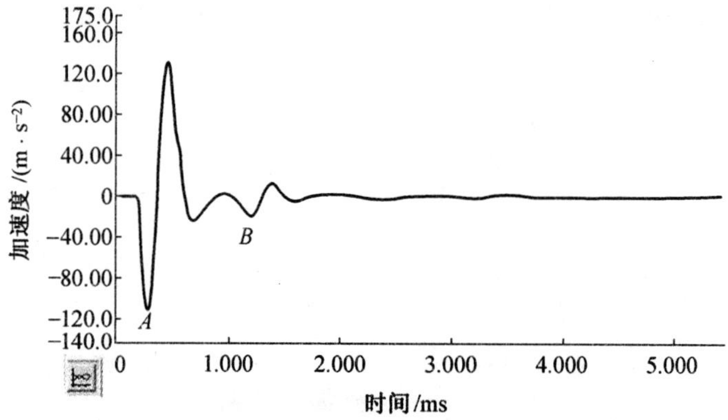

(a) 龄期为 1 d 锚杆 TM-4的加速度响应曲线特征

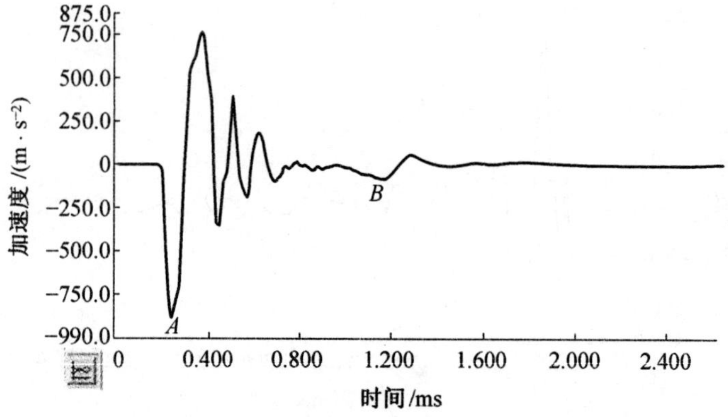

(b) 龄期为 3 d 锚杆 TM-4的加速度响应曲线特征

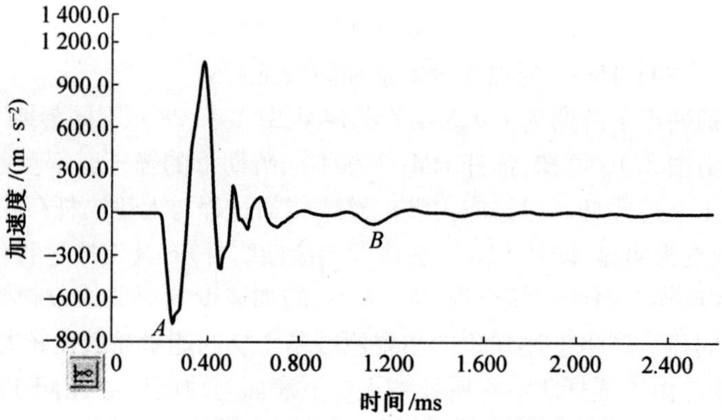

(c) 龄期为 7 d 锚杆 TM-4的加速度响应曲线特征

图 5.10　不同龄期下锚杆 TM-4 的加速度响应曲线

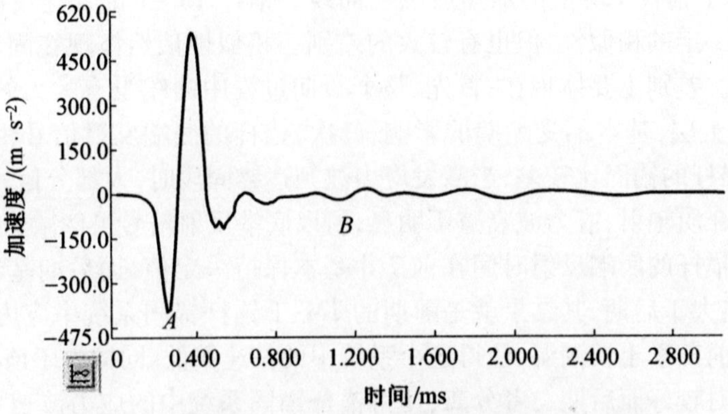

(d) 龄期为14 d锚杆 TM-4的加速度响应曲线特征

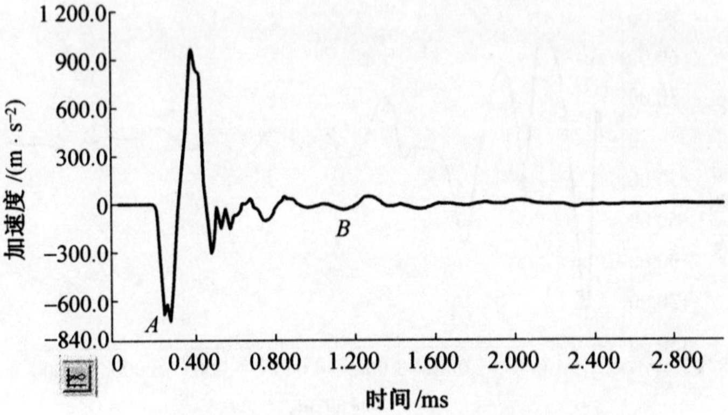

(e) 龄期为21 d锚杆 TM-4的加速度响应曲线特征

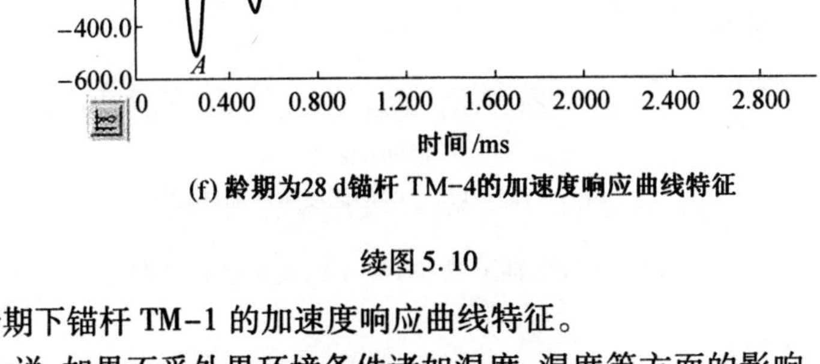

(f) 龄期为28 d锚杆 TM-4的加速度响应曲线特征

续图 5.10

(6)不同龄期下锚杆 TM-1 的加速度响应曲线特征。

严格意义上说，如果不受外界环境条件诸如温度、湿度等方面的影响，黏土的物理力学特性基本不会改变，所以理论上是龄期锚杆 TM-1 没有意义，由于其围岩和锚固介质均为黏土，但本构件主要可以用来对比考察锚杆介质与锚杆之间的黏结强度对固端反射时间或者锚杆锚固系统中应力波速的影响。故在图 5.11 中分别列出了时间为 1 d,3 d,5 d,7 d,14 d

和 28 d 不同时间下锚杆 TM-1 的加速度响应曲线。锚杆 TM-1 的加速度响应曲线与上述四根锚杆均存在一定的相似性,但也有较大的差别。相似性依然体现在固端反射与底端反射信号的强弱上。差别主要体现在:首先,整个龄期过程中曲线没有太大的变化,因其围岩和锚固介质均为土层,基本不受龄期的影响;其次,锚杆的底端反射信号相对较强,原因在于,由于土层与锚杆的锚固比较差,当激发应力波到达锚固段时,大部分信号被反射回来,小部分能量向周围介质辐射,应力波衰减不明显,所以底端反射信号虽然微弱但还是比前几类锚杆的强;再次,锚杆的底端反射时间在前 7 d 基本保持一定值,而后期基本上保持另外一个定值,且前期略大于后期,其结果就是前期的 TM-1 锚杆锚固系统中应力波速小于后期,其可能的原因为前期黏土较潮湿,使得这个系统中的波速偏低,同样由于该原因使得前期锚杆与黏土黏结相对较好而后期二者分离,使得锚杆锚固系统中的应力波速主要表现为锚杆中的波速,这也从另一侧面验证了波速与锚固介质和锚杆黏结强度之间的关系。

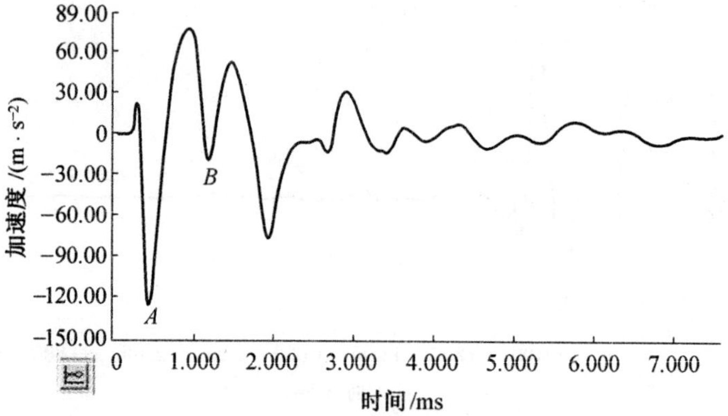

(a) 1 d 锚杆 TM-1的加速度响应曲线特征

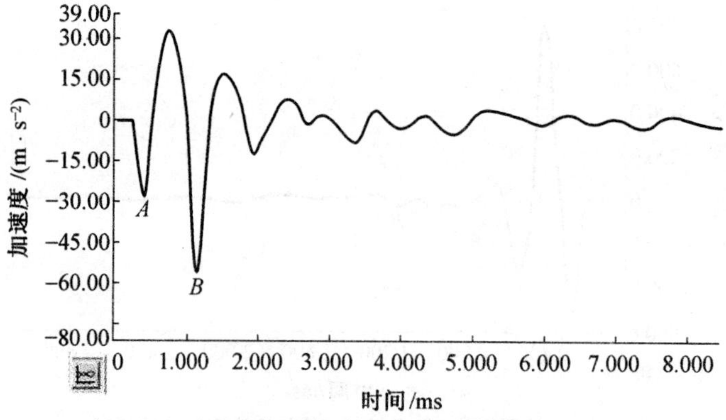

(b) 3 d 锚杆 TM-1的加速度响应曲线特征

图 5.11　不同龄期下锚杆 TM-1 的加速度响应曲线

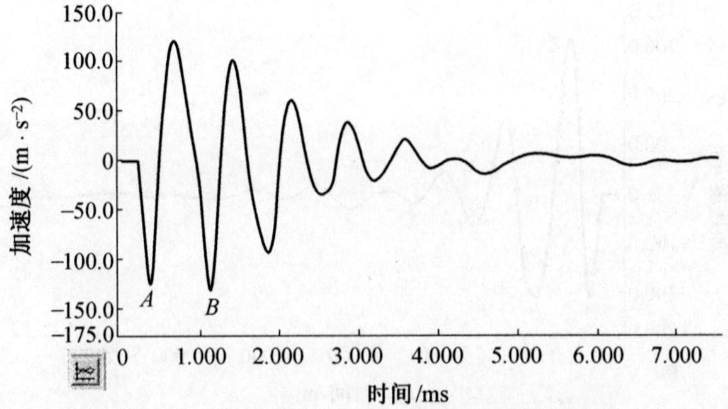

(c) 5 d 锚杆 TM–1 的加速度响应曲线特征

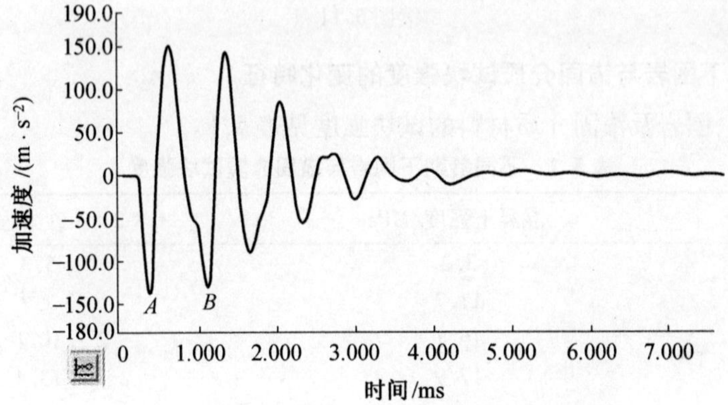

(d) 7 d 锚杆 TM–1 的加速度响应曲线特征

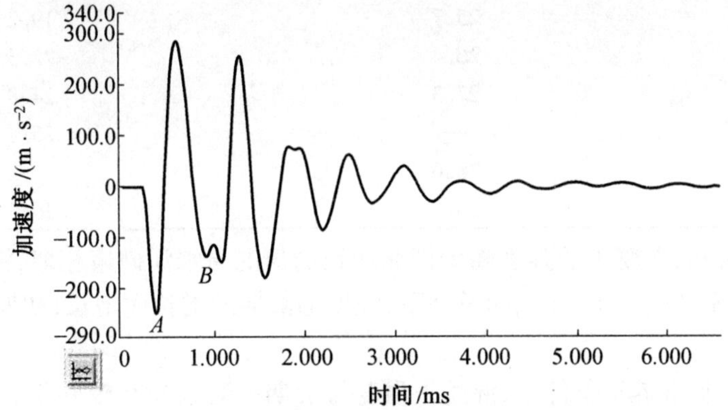

(e)14 d 锚杆 TM–1 的加速度响应曲线特征

续图 5.11

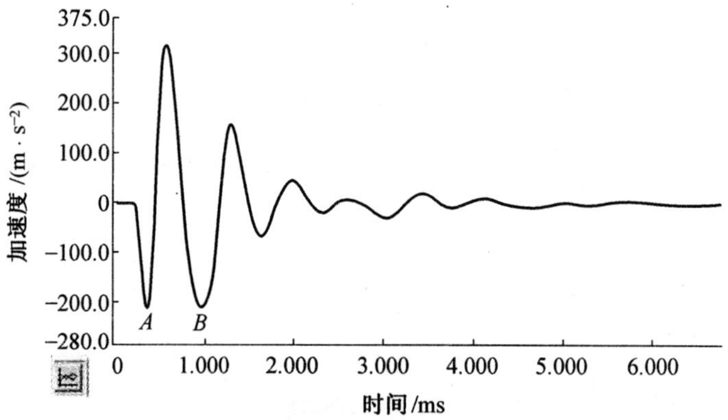

(f)28 d锚杆 TM-1的加速度响应曲线特征

续图 5.11

2. 不同龄期下围岩与锚固介质试块强度的变化特征

不同龄期下,围岩及锚固介质材料的试块强度见表 5.1。

表 5.1　不同龄期下围岩与锚固介质试块强度

龄期/d	混凝土强度/MPa	1∶2∶4 砂浆强度/MPa
1	3.2	5.3
3	11.7	7.9
5	16.1	10.1
7	17.9	13.4
9	19.4	15.6
11	23.1	18.3
14	25.7	19.2
18	26.4	22.5
21	27.3	24.8
24	—	25.4
25	28.6	—
28	30.5	26.3

由图 5.12 可知,混凝土的强度随龄期而增长的情况与水泥砂浆相似,混凝土(砂浆)的强度与龄期有着密切的关系,在相同条件下,强度随龄期的增长而增长,初期强度增长较快,后期逐渐缓慢。

一般认为,在标准养护条件下,混凝土强度与龄期的对数间有较好相关性,一般可表示为

$$R_t = A \cdot \lg t + B \tag{5.24}$$

式中,A,B 为试验常数;R_t表示龄期为 t d 时的强度。

为推算不同龄期的混凝土强度,有各种经验公式,常用的有:

对数公式

$$R_n = R_{28} \cdot \frac{\lg n}{\lg 28} \tag{5.25}$$

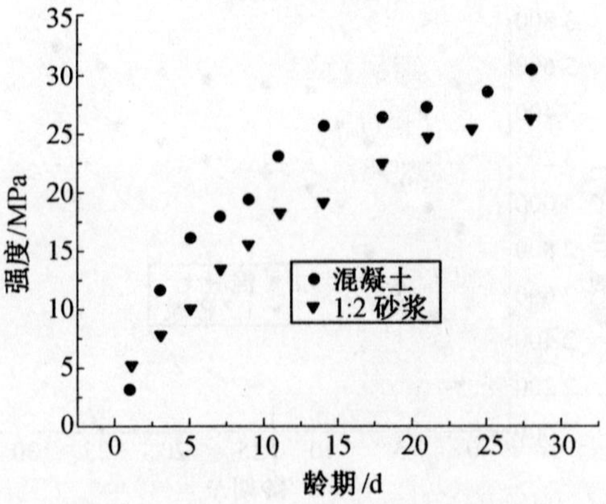

图5.12　混凝土/砂浆强度与龄期的关系

斯拉特公式

$$R_{28}=R_7+k\sqrt{R_7} \tag{5.26}$$

式中，R_n 为 n d 龄期混凝土的抗压强度，MPa；R_{28} 为 28 d 龄期混凝土的抗压强度，MPa；R_7 为 7 d龄期混凝土的抗压强度，MPa；n 为龄期天数，$n \not< 3$；k 为系数，取值范围为 1.9 ~ 2.4，可由平时积累的资料确定。

3. 锚固介质材料试块中波速的变化特征(表5.2)

表5.2　不同龄期下标准试块中的应力波速

龄期/d	混凝土波速/(m·s^{-1})	砂浆波速/(m·s^{-1})
1	2 891	2 215
3	2 979	2 499
5	3 072	2 630
7	3 269	2 778
9	3 339	3 003
11	3 491	3 066
14	3 518	3 132
18	3 545	3 199
21	3 572	3 269
24	—	3 342
25	3 600	—
28	3 686	3 420

一般认为混凝土(砂浆)波速和强度之间没有固定的相关关系，对不同原材料、配合比、制作工艺、养护条件和含水率，其强度和波速均不一样，二者的关系也都不一致。但这并不意味着二者的关系完全不相关，一般情况下龄期越大，强度越高，波速越大。由图5.13可知，混凝土材料中的应力波速随龄期而增长的情况与水泥砂浆材料中的应力波速相似，而且二者中的波速随龄期的增长特征与二者强度随龄期的增长而变化的特征类似，即波速随龄期的增长而增长，在养护初期波速增长较快，后期逐渐缓慢。

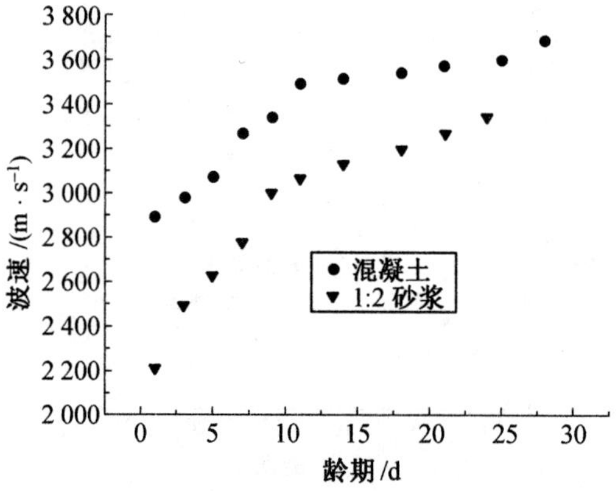

图 5.13　不同龄期下锚固介质试块中波速随龄期的变化曲线

4. 锚杆锚固系统与锚固介质中的应力波速的关系(表 5.3)

表 5.3　不同龄期下锚杆锚固系统中的应力波速

龄期/d	HM-1/($m \cdot s^{-1}$)	SM-1/($m \cdot s^{-1}$)	HM-4/($m \cdot s^{-1}$)	TM-4/($m \cdot s^{-1}$)	TM-1/($m \cdot s^{-1}$)
1	4 864	—	4 689	4 139.920	4 994.794
3	4 691	4 442	4 422	4 187.364	4 994.794
5	4 578	—	4 304	—	4 994.794
7	4 506	4 422	4 298	4 442.407	4 994.794
9	4 343	—	4 286	4 389.044	5 064.019
11	4 145	—	4 236	4 336.453	—
14	4 099	4 235	4 140	4 336.453	5 064.019
18	4 145	—	—	—	—
21	4 180	4 285	4 187	4 285.591	5 064.019
25	4 193	4 336	4 211	—	—
28	4 193	4 389	4 236	4 389.044	5 064.019

(1)锚杆 HM-1 波速变化特征(图 5.14,5.15)。

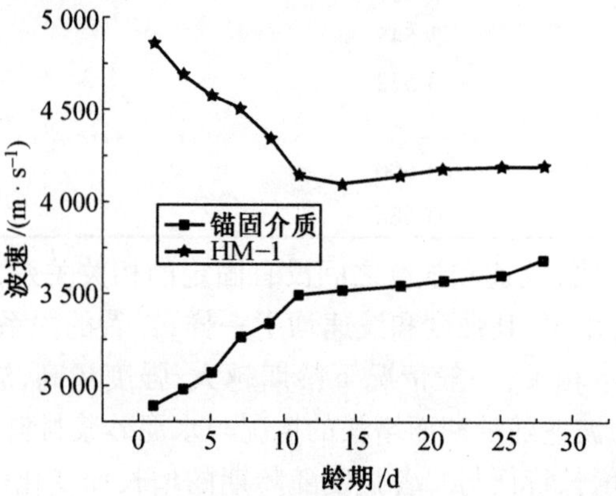

图 5.14　HM-1 锚固系统中波速/锚固介质波速与龄期的关系

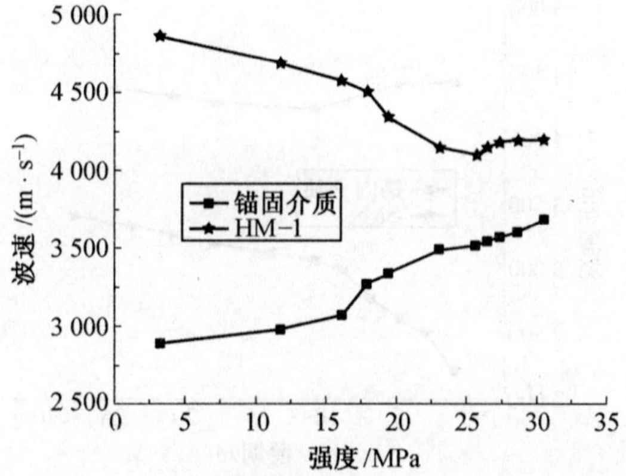

图 5.15　HM-1 锚固系统中波速/锚固介质波速与强度的关系

图 5.14、图 5.15 为锚杆 HM-1 中波速随龄期和强度的变化图，由图 5.14 和 5.15 可知，在试件浇筑初期，混凝土强度较低，固端反射信号不明显，混凝土未对钢筋测杆形成握裹约束作用，钢筋测杆与混凝土未形成一体，二者之间的黏结强度较低，锚固系统中波速接近自由锚杆的波速。随着龄期的增加，混凝土强度增加，固端反射信号越来越强，反射时间不断增大直到 14 d 左右趋于稳定，混凝土对钢筋测杆的握裹约束作用逐渐增大，波在锚固段的传播速度也由接近自由锚杆中的波速而随着龄期的增长在降低。大约在 14 d 左右，固端反射时间开始呈现相反的变化趋势即开始减小，但减小的幅度较小，锚固系统中波速呈现平缓的增加态势但其仍小于自由锚杆中的波速而大于混凝土中的波速，原因在于混凝土与钢筋之间的黏结强度仍在增大。

大约在 14 d 以前，随着龄期和混凝土强度的增加，混凝土波速和锚固系统中波速的变化呈现相反的变化趋势，混凝土波速在不断增加，而锚固系统中波速在不断减小。14 d 以后，随着龄期和强度的增加，二者都略有增加，但是变化趋势都非常平缓。锚固系统中波速和混凝土波速与龄期关系曲线关于某一特定的波速成对称关系，而且二曲线均近似服从指数分布：

$$y = d\mathrm{e}^{\frac{b}{x}} \tag{5.27}$$

式中，对锚固系统中波速而言 $b>0$，而对混凝土介质而言 $b<0$。

锚固系统中波速和混凝土波速与强度的关系曲线也近似服从上述指数函数分布，但是指数分布特征相对而言特征不够明显，也就是说波速随龄期的变化要比随强度的变化要明显，从表 5.3 可说明，7 d 与 14 d 的混凝土波速分别为 28 d 波速的 0.89 倍与 0.95 倍，7 d 与 14 d 的混凝土强度分别为 28 d 强度的 0.57 倍与 0.84 倍。

(2)锚杆 SM-1 波速变化特征(图 5.16,5.17)。

SM-1 锚固系统中波速的应力波速随龄期和强度的变化关系与 HM-1 类似，即在前期随着龄期和砂浆强度的增加，锚固系统中波速的应力波速不断减小，但在 14 d 左右，波速平缓增加，但与 HM-1 相比该波速在整个过程中变换都相对平缓，主要原因之一为：SM-1 中前期数据缺乏，而前期变化相对要剧烈，造成曲线相对平滑；原因之二为：砂浆材质较均一，与钢筋的黏结情况较单一。

SM-1 锚固系统中波速和锚固介质与龄期和强度关系曲线关于某一特定的波速呈对称

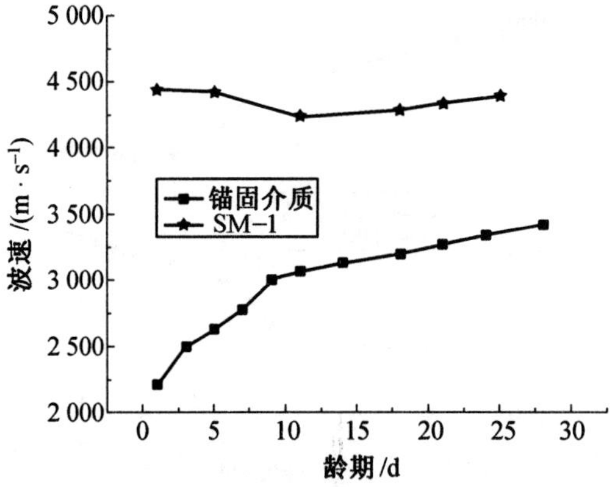

图 5.16　SM-1 锚固系统中波速/锚固介质波速与龄期的关系

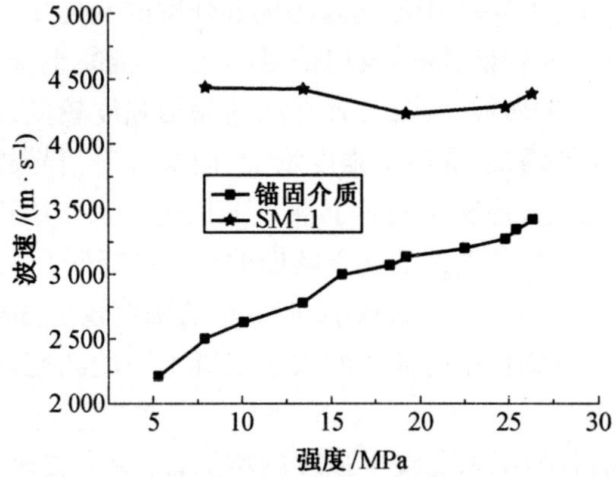

图 5.17　SM-1 锚固系统中波速/锚固介质波速与强度的关系

关系,但其对称特征不如 HM-1 中明显,主要原因也在于 SM-1 中前期数据缺乏。

SM-4 锚固系统中的应力波速介于锚固介质波速和自由锚杆波速之间。

(3)锚杆 HM-4 波速变化特征(图 5.18,5.19)。

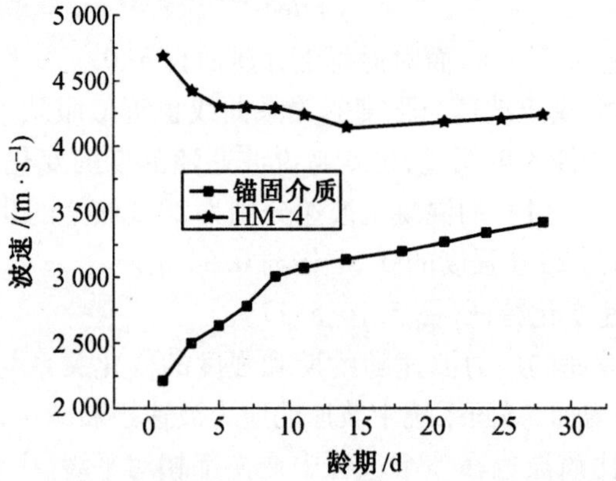

图 5.18　HM-4 锚固系统中波速/锚固介质波速与龄期的关系

HM-4 锚固系统中的应力波速随龄期和强度的变化类似于 HM-1 和 SM-1,而且其变

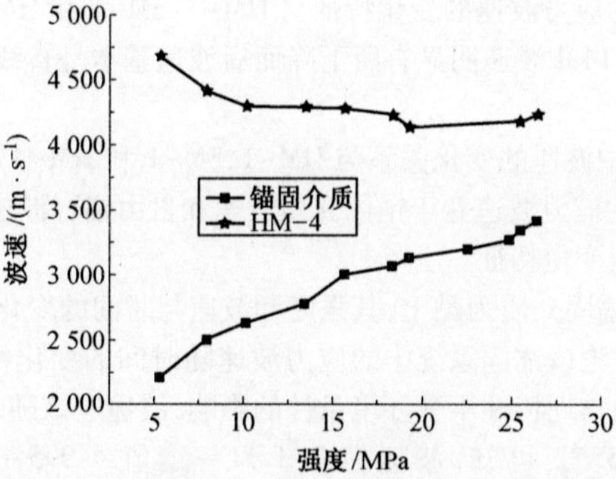

图5.19 HM-4锚固系统中波速/锚固介质波速与强度的关系

换的程度介于二者之间,特征更为明显。HM-4锚固系统中波速和锚固介质与龄期和强度关系曲线明显关于某一特定的波速成对称关系。以混凝土为围岩,砂浆为锚固介质的HM-4锚杆更接近实际的岩层锚杆。

HM-4锚固系统中的应力波速介于锚固介质波速和自由锚杆波速之间。

(4)锚杆TM-4波速变化特征(图5.20,5.21)。

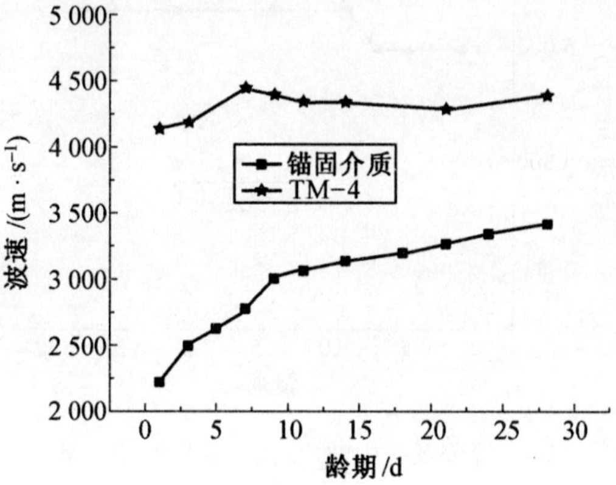

图5.20 TM-4锚固系统中波速/锚固介质波速与龄期的关系

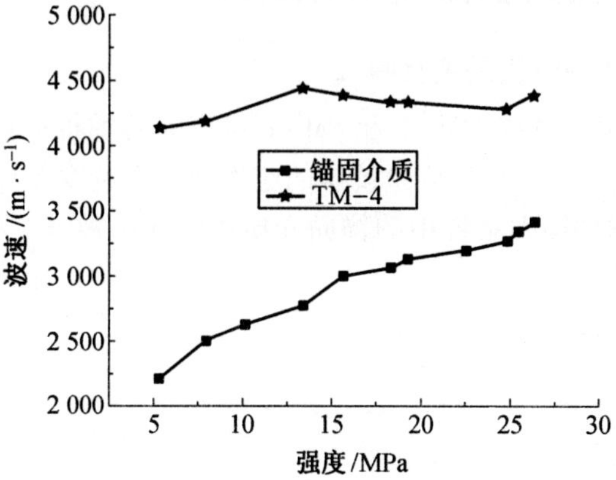

图5.21 TM-4锚固系统中波速/锚固介质波速与强度的关系

TM-4 锚固系统中的应力波速的变化特征与 HM-1,SM-1 和 HM-4 略有差别,即前 7 d 波速略有增加,而 7 d 到 14 d 波速明显有所下降而后波速基本呈直线变化,后期波速又有所增加。

锚固介质材料试块中波速的变化关系与 HM-1,SM-1 和 HM-4 类似,不再赘述。

TM-4 锚固系统中的应力波速介于锚固介质波速和自由锚杆波速之间。

(5)锚杆 TM-1 波速变化特征。

由于锚杆 TM-1 的锚固介质为黏土,其强度和波速与时间的变化不明显,但为了和其他完整锚杆做比较,简单讨论该锚固系统中的应力波速随时间的变化特征。理论上讲由于锚固介质为黏土,若黏土的物理特性不受环境条件的影响,波速应该随时间的增长呈一水平直线。但从表 5.3 和图 5.22 可知,波速在 7 d 为一定值 4 995 m/s,而后期为一定值 5 064 m/s。主要原因在于,前期黏土的含水率较高且黏性较好、阻尼较大,和钢筋之间有一定的黏结,所以波速较小,而随着时间增长黏土失水而黏性和阻尼降低,黏土和钢筋之间几乎脱离,黏结很差,从而波速增加,且接近自由钢筋中的波速 5 100 m/s。该锚固系统中应力波速的变化也说明了锚固系统中波速越慢,则锚固质量越好,锚固系统中波速越快,则锚固质量越差。

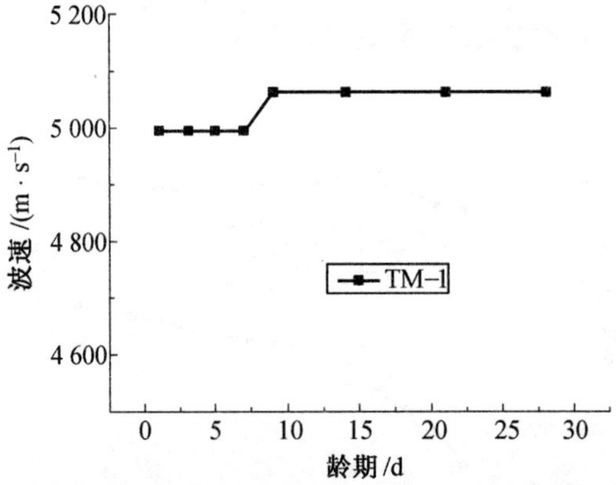

图 5.22　TM-1 锚固系统中波速/锚固介质波速与龄期的关系

5.3.3　锚杆与基桩中应力波速的对比分析

1. 基桩中的应力波传播速度的变化特征

不同龄期下与锚杆锚固系统 HM-1 和 SM-1 对应的两种桩中的应力波传播速度见表 5.4。为了进一步比较基桩与锚杆锚固系统中的应力波传播速度差异,本文以与构件相关的介质中的应力波速(及锚杆锚固系统中的锚固介质中的应力波速)为参考对象进行了二者之间变化特征的比较分析。

表 5.4　不同龄期下基桩中的应力波传播速度

龄期/d	HM-1 基桩中的波速/(m·s^{-1})	SM-1 基桩中的波速/(m·s^{-1})
1	2 892	—
3	3 070	3 113
5	3 288	3 171
7	3 357	3 288
9	3 529	—
11	3 582	—
14	3 636	3 390
21	3 692	3 438
25		3 490
28	3 746	3 518

在锚杆锚固系统中，由图 5.23 ~ 5.26 可知，在试件浇筑初期，锚固介质强度较低，锚固介质未对钢筋测杆形成握裹约束作用，钢筋测杆与锚固介质未形成一体，二者之间的黏结强度较低，所以波速接近自由锚杆的波速；随着龄期的增加，锚固介质强度增加，反射时间不断增大直到 14 d 左右趋于稳定，锚固介质对钢筋测杆的握裹约束作用逐渐增大，因此波速随着龄期的增长而降低。大约在 14 d 左右，固端反射时间开始呈现相反的变化趋势即开始减小，但减小的幅度较小，波速开始缓慢增长，但其始终小于自由锚杆中的波速而大于锚固介质试块中的波速。由上述变化特征可知锚杆锚固系统中的应力波速随着龄期和强度的增加呈现下降的指数关系。

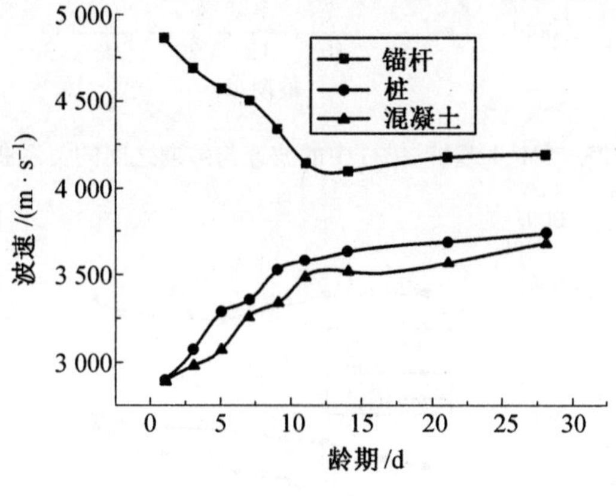

图 5.23　HM-1 基桩/锚杆中的波速与龄期之间的关系曲线

在基桩中，由于基桩检测所关心的是钢筋周围介质和钢筋所形成的基桩体系中周围介质中的波速，其不同于锚杆锚固系统中的结合面波速，也不同于标准介质试块中的波速。由图 5.23 ~ 5.26 可知，基桩中的波速与标准介质试块中波速的变化特征非常相似，在 14 d 以前，随着龄期的增加，介质强度不断增加，两种波速不断增加而且增加的幅度比较大，14 d 以后，强度缓慢增加，波速的增加幅度也开始减小。由上述变化特征，基桩中的应力波速随着龄期和强度的增加呈现上升的指数关系。

基桩中的波速与介质试块中波速的变化特征非常相似，但基桩中的波速略大于试块中波速，主要由于三维效用和应力波在钢材中的传播速度高于介质中的传播速度，使得基桩中

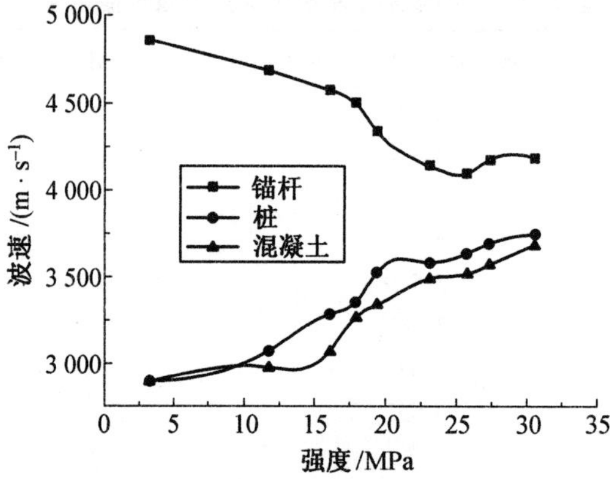

图 5.24　HM-1 基桩/锚杆中的波速与强度之间的关系曲线

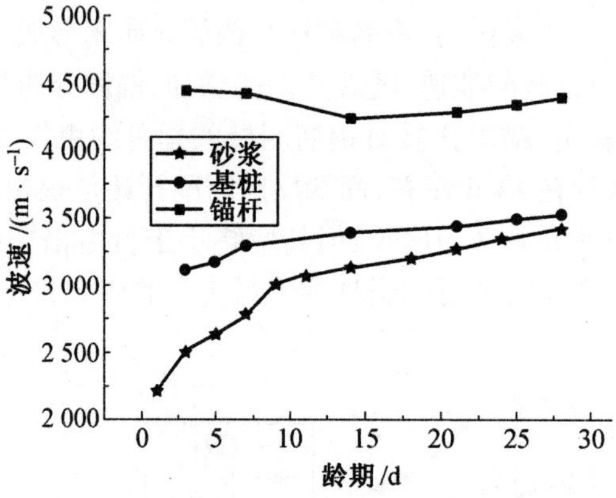

图 5.25　SM-1 基桩/锚杆中的波速与龄期之间的关系曲线

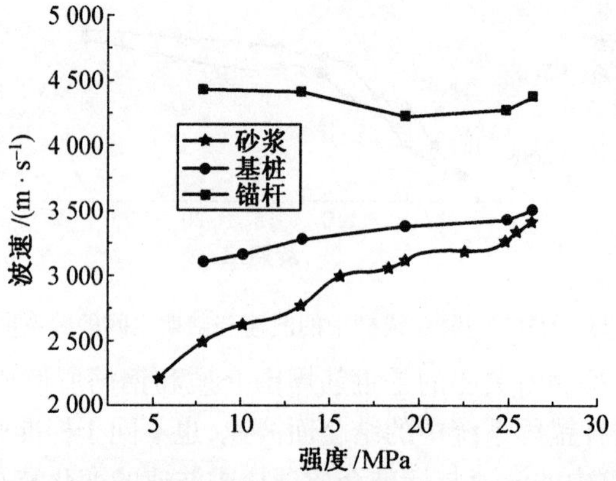

图 5.26　SM-1 基桩/锚杆中的波速与强度之间的关系曲线

的波速略偏大。但这两种波速随龄期和强度的增加呈现上升的指数关系。

基桩中的应力波速和锚固介质中的应力波速与锚杆锚固系统中波速的变化关系差别较大，大约在 14 d 以前，随着龄期和锚固介质强度的增加，呈现相反的变化趋势，前者在不断增加，而后者在不断减小。14 d 以后，随着龄期和强度的增加，二者都略有增加，但是变化趋势都非常平缓。但锚杆锚固系统中的波速始终大于基桩和锚固介质中的波速而小于钢筋中的波速。

2. 试验例证

为了验证上述波速的正确性,本文取与上述波速对应的 HM-2 和 SM-2 两个构件进行验证,构件均在距固端 700 mm 与 1 300 mm 之间设置以钢筋为中心,直径为 50 mm 的缺陷,其参数设计见表 5.5。篇幅所限,本例证中仅以龄期 28 d 为例进行基桩和锚杆的质量检测。

表 5.5　构件参数设计

构件类别	长度/m	外露长度/m	施工工艺
HM-2	2.00	0.10	先用直径为 50 mm 的 PVC 管设置空浆位置,再插杆,最后浇混凝土
SM-2	2.00	0.10	先用直径为 50 mm 的 PVC 管设置空浆位置,再插杆,最后用 1∶2 砂浆

(1)基于 HM-2 对 HM-1 类锚杆与基桩中应力波速的验证(图 5.27)。

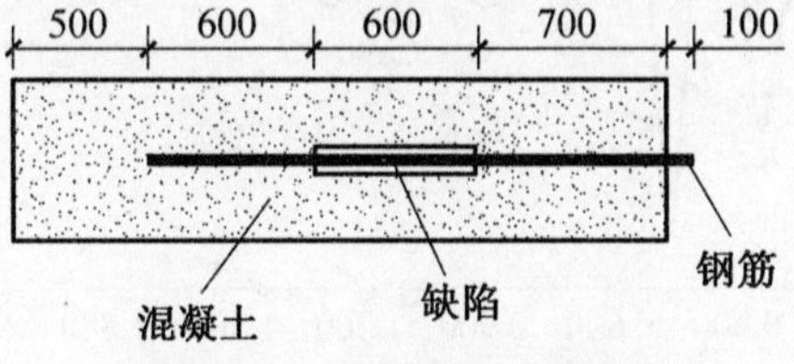

图 5.27　例证构件 1 结构图

图 5.28 为龄期为 28 d 时与 HM-2 锚杆对应的基桩加速度响应曲线,图中 A_0 表示首波信号,假定其所对应时刻为 0。A_1 处出现与入射波同相的反射波信号表明该处波阻抗减小,该处所对应的时刻 t_1=0.39 ms,28 d 的波速为 3 746 m/s,则所对应的位置为 730 mm,与实际设计值 700 mm 差 4.3%。A_2 处出现与入射波反相的反射波信号表明该处波阻抗增加,与实际设计缺陷终止处相符合,该处所对应的时刻 t_2=0.72 ms,则所对应的位置为 1 348 mm,A_1 与 A_2 所对应的位置差为 618 mm,即缺陷长度为 618 mm,与实际设计值 600 mm 相差 3.0%。A_3 处出现与入射波同相的反射波信号表明该处波阻抗减小,即为桩底反射信号,该处所对应的时刻 t_3=1.29 ms,则所对应的位置为 2 416 mm,与实际设计值 2 400 mm 差 0.6%。

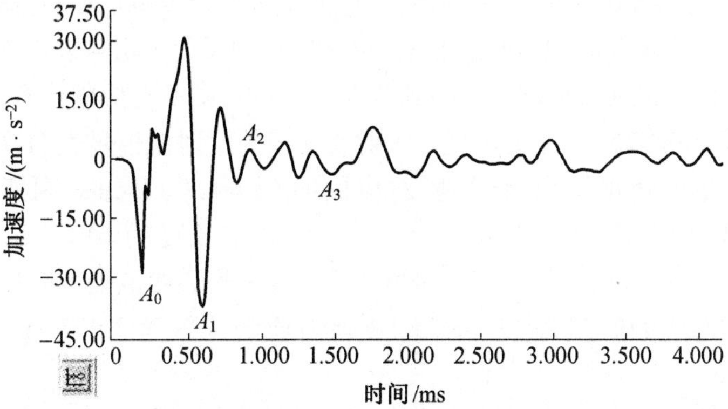

图 5.28　龄期为 28 d 时与 HM-2 锚杆对应的基桩加速度响应曲线

图 5.29 为龄期为 28 d 时 HM-2 锚杆的加速度响应曲线,图中 B_0 表示首波信号,假定其所对应时刻为 0。B_1 处出现与入射波同相的反射波信号表明该处波阻抗减小,与实际设计缺陷出现处相符合,该处所对应的时刻 t_1 = 0.34 ms,28 d 波速为 4 193 m/s,则所对应的位置为 713 mm,与实际设计值 700 mm 差 1.9%。B_2 处出现与入射波反相的反射波信号表明该处波阻抗增加,与实际设计缺陷终止处相符合,该处所对应的时刻 t_2 = 0.62 ms,则所对应的位置为 1 300 mm,B_1 与 B_2 所对应的位置差为 587 mm,即缺陷长度为587 mm,与实际设计值 600 mm 相差 2.2%。B_3 处出现与入射波同相的反射波信号表明该处波阻抗减小,即为杆底反射信号,该处所对应的时刻 t_3 = 0.90 ms,所对应的位置为 1 887 mm,与实际设计值 1 900 mm 差 0.7%。

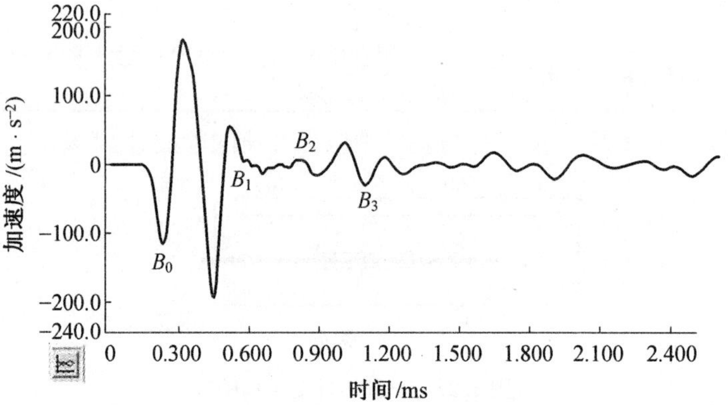

图 5.29　龄期为 28 d 时 HM-2 锚杆的加速度响应曲线

(2)基于 SM-2 对 SM-1 类锚杆与基桩中应力波速的验证(图 5.30)。

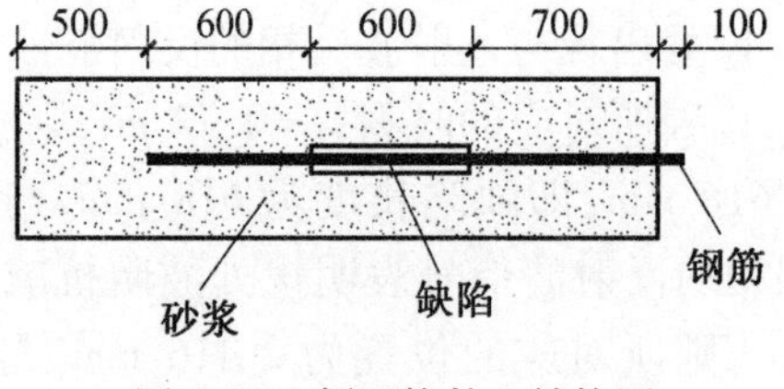

图 5.30　例证构件 2 结构图

图 5.31 为龄期为 28 d 时与 SM-2 锚杆对应的基桩加速度响应曲线,图中 A_0 表示首波信号,假定其所对应时刻为 0。A_1 处出现与入射波同相的反射波信号表明该处波阻抗减小,该处所对应的时刻 t_1 = 0.40 ms,28 d 的波速为 3 518 m/s,则所对应的位置为 704 mm,与实际设计值 700 mm 差 0.57%。A_2 处出现与入射波反相的反射波信号表明该处波阻抗增加,与实际设计缺陷终止处相符合,该处所对应的时刻 t_2 = 0.73 ms,则所对应的位置为 1 284 mm,A_1 与 A_2 所对应的位置差为 580 mm,即缺陷长度为 618 mm,与实际设计值 600 mm相差 3.3%。A_3 处出现与入射波同相的反射波信号表明该处波阻抗减小,即为桩底反射信号,该处所对应的时刻 t_3 = 1.38 ms,则所对应的位置为 2 427 mm,与实际设计值 2 400 mm 差 1.1%。

图 5.32 为龄期为 28 d 时 SM-2 锚杆的加速度响应曲线,图中 B_0 表示首波信号,假定其所对应时刻为 0。B_1 处出现与入射波同相的反射波信号表明该处波阻抗减小,与实际设计

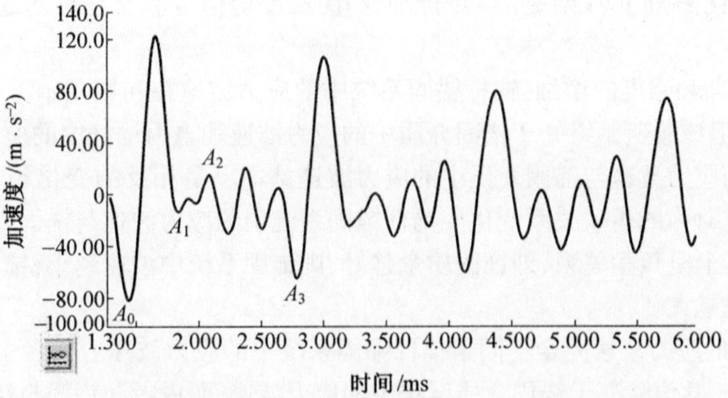

图 5.31　龄期为 28 d 时与 SM-2 锚杆对应的基桩加速度响应曲线

缺陷出现处相符合，该处所对应的时刻 t_1 = 0.33 ms，28 d 的波速为 4 389 m/s，则所对应的位置为 724 mm，与实际设计值 700 mm 差 3.4%。B_2 处出现与入射波反相的反射波信号表明该处波阻抗增加，与实际设计缺陷终止处相符合，该处所对应的时刻 t_2 = 0.60 ms，则所对应的位置为 1 317 mm，B_1 与 B_2 所对应的位置差为 593 mm，即缺陷长度为 593 mm，与实际设计值 600 mm 相差 2.2%。B_3 处出现与入射波同相的反射波信号表明该处波阻抗减小，即为杆底反射信号，该处所对应的时刻 t_3 = 0.88 ms，所对应的位置为 1 931 mm，与实际设计值 1 900 mm 差 1.6%。

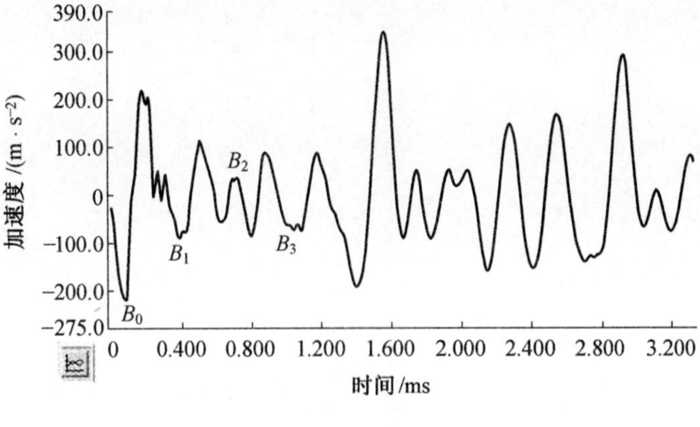

图 5.32　龄期为 28 d 时 SM-2 锚杆的加速度响应曲线

上述分析证明，用所得到的锚杆锚固系统和基桩中的应力波传播速度比较准确地判断出了构件的长度、缺陷位置和缺陷长度，表明本文所确定的波速是准确可靠的。

5.4　本章小结

(1) 通过加速度响应曲线信号特征分析得知，由于围岩、锚固介质、模型构件尺寸的不同，锚杆的信号特征存在一些差别，主要差别除了信号是否规则与强弱等方面外，最为明显的差别是以砂浆为围岩的锚杆锚固系统的加速度曲线存在明显的多次固端反射的底端反射和底端反射的固端反射，而以混凝土和土层为围岩的锚杆此类特征非常微弱甚至很难识别。

但各类锚杆锚固系统也具有明显的共同特征即固端反射信号非常强烈而底端反射信号很弱。

(2)随着龄期和强度的增加,锚杆锚固系统中的应力波速在初期基本上呈现下降趋势,后期平缓增加,但该波速始终介于锚固介质中的应力波速和自由锚杆中的应力波速之间;锚杆锚固系统中的应力波速与锚固介质中的应力波速基本上呈相反的变化趋势,且两种波速关于某一波速呈对称的指数关系变化。锚杆锚固系统中的应力波速与锚固介质和锚杆之间的黏结强度基本上呈负相关系,即锚固质量越好,则锚固系统中波速越小;锚固质量越差,则锚固系统中波速越大。

(3)基桩中的应力波速完全不同于锚杆锚固系统中的应力波速。前者主要和锚固介质的强度密切相关,其值略高于锚固介质试块中的应力波速;而后者和钢筋与锚固介质之间的黏结强度关系更为密切,在初期其值接近于自由锚杆中的波速,在后期变小但仍大于基桩和锚固介质试块中的应力波速。基桩中的应力波速随着龄期和锚固介质强度的增加呈现上升的指数关系,而锚杆锚固系统中的应力波速随着龄期和锚固介质强度的增加呈现下降的指数关系。

第6章　非加载状态下锚杆的锚固质量检测及频谱分析

6.1 引　　言

在第5章中，从不同的角度分析了判断锚杆锚固质量最关键的参数即应力波速，主要探讨了锚杆锚固系统中的应力波传播速度的变化特征及和其相关的一些力学参数之间的相互关系，同时从应力波速的角度对比分析了锚杆与基桩的无损检测技术差异。本章主要依据第5章所得到的不同围岩及锚固介质下完整锚杆锚固系统中的应力波传播速度，采用低应变应力波反射法对不同围岩及锚固介质中具有不同缺陷的锚杆锚固系统进行锚固质量检测，探讨在围岩和介质改变的情况下锚杆锚固系统瞬态响应特性变化，进一步通过锚固状态的准确判断验证所得波速的正确性，为波速的一些变化规律提供重要的依据，同时也为环境条件多变的实际工程中的锚杆锚固系统的质量检测提供参考。

通过不同围岩和锚固介质下完整及不同缺陷锚杆的加速度响应曲线特征分析可知，由于固端反射和应力波衰减的影响，使得锚杆的底端反射信号比较难确定，这直接影响到波速的准确确定，从而影响锚杆锚固质量的准确判断。所以需要先进的信号处理技术对信号进行有效的处理，以便找到明显的底端反射信号，对锚固状态做出更为准确的判断。时间和频率是描述信号的两个极为重要的参数，信号处理和分析的传统方法是利用 Fourier 变换(FT)将测量得到的时域信号转换为频域信号，从中提取有用的频域成分，这种方法也称为广义的频域滤波，是信号分析和处理的有力工具。但它是一种全局变换，要么完全在时域，要么完全在频域，因此仅适合平稳信号的研究，而无法表述信号的时频局域性质，不能提供有关谱分量的时间局域化的信息，即只适用于稳态信号分析，稳态信号是指频域特性不随时间变化的信号，也即当它处理非平稳信号时，不能有效、不能提供完全的信息尤其是故障信号的时频特征。而实际的诊断信号通常包含非平稳成分，因此，需采用更先进的频谱分析方法，即时频分析方法，对信号进行分析和处理以便有效地对故障信号进行判断。一般的时频分析是指 Randon-Wigner 变换、循环统计量理论、Wigner-Ville 分布、短时傅里叶变换、分数傅里叶变换、Gabor 变换和调幅调频信号分析等[143-145]。在试验和实际工程检测过程中，对锚杆系统动测信号进行频谱分析或时域分析时，虽然可以对锚杆的锚固状态做定性的评价，但不能进行定量的评价，而且不能确定损伤的范围和锚固损伤的准确位置，不能达到检测的最终目的。要实现对锚固状态的准确定位，就必须借助更精确的分析方法，把频域分析和时域分析结合起来，即采用时频分析手段对锚固系统的锚固质量进行分析。动测信号的时频分析是指使用时间和频率的联合函数来表示信号特征，主要任务是描述信号的频谱含量是如何随时间改变的，掌握时变频谱在物理和数学上的概念和含义，从而建立一种合理分布，为了能在时频上同时表示信号的强度或能量且对各种各样的信号进行分析处理，获得所包含的特征信息或综合得到具有期望的时频分布特征的信号[146]。本章旨在解决底端反射比较难确定的问题，以便由准确的底端反射确定较准确的波速，为准确的锚杆锚固状态判断提供依据，故分别采用快速傅里叶变换和短时傅里叶变换对完整锚杆的实测信号进行分析处理。

6.2 非加载状态下缺陷锚杆的锚固分析

6.2.1 材料的力学特性

1. 混凝土的本构关系与变形机理

混凝土是土木工程结构中应用极为广泛的材料，但由于其组成的复杂性和多样性，其本构关系也是很复杂的。混凝土应力-应变关系曲线研究由来已久，影响应力-应变关系曲线形状的因素很多，主要有混凝土的强度、加载速度及横向的约束条件等。在刚性压力机上可以得到受压状态下混凝土的典型应力-应变全过程曲线，如图 6.1 所示。

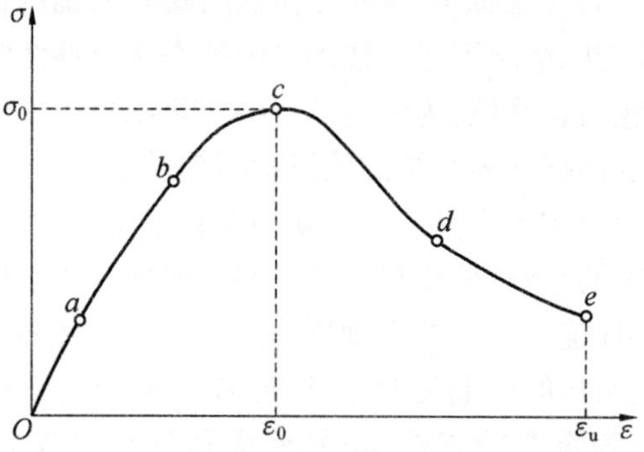

图 6.1　混凝土的全过程应力-应变关系曲线

国内外许多学者对混凝土的本构关系给出了不同的数学表达式，实质上大同小异，本文仅对国内比较权威的表达式进行简单的介绍。

(1)清华大学表达式。

清华大学的混凝土全过程应力-应变试验研究表明，若取 $x=\varepsilon/\varepsilon_0, y=\sigma/\sigma_0$ 应有：

①$x=0$ 时，$y=0$。

②$0\leqslant x\leqslant 1$ 时，dy/dx 单调下降，曲线无拐点，及 $d^2y/d^2x<0$，但曲线单调上升。

③曲线为单峰值，$x=1$ 时，$y=1$，且 $dy/dx=0$。

④在 $x\geqslant 1$ 以后有一反弯点，使 $d^2y/d^2x=0$。

⑤当 $x\to\infty$ 时，$y=0$，且 $dy/dx\to\infty$。

对上升段和下降段，采用了两个不同的表达式。

上升段：

$$y=a_0+a_1+a_2x^2+a_3x^3 \tag{6.1}$$

由条件①②和③可求得 $a_0=0, a_2=3-2a_1, a_3=a_1-2$，即

$$y=a_1x+(3-2a_1)x^2+(a_1-2)x^3 \tag{6.2}$$

由试验确定 a_1 值，普通混凝土的 a_1 值在 1.7～2.2 范围内，标号高的值偏小。

下降段：

$$y=\frac{x}{a_1x^2+\beta x+\gamma} \tag{6.3}$$

由条件③可得

$$y=\frac{x}{a_1(x-1)^2+x} \tag{6.4}$$

由试验得出 a_1 值在 0.4 ~ 0.8(C20 ~ C30 混凝土)之间或为 2.0(C40 混凝土)。

(2)我国混凝土规范规定的表达式。

我国规范采用简化的应力-应变关系曲线,其由上升段和水平段组成,如图 6.2 所示,其表达式为

上升段:

$$\sigma=\sigma_0\left[2\left(\frac{\varepsilon}{\varepsilon_0}\right)-\left(\frac{\varepsilon}{\varepsilon_0}\right)^2\right]\quad(\varepsilon<\varepsilon_0) \tag{6.5}$$

水平段:

$$\sigma=\sigma_0\quad(\varepsilon_0<\varepsilon<\varepsilon_u) \tag{6.6}$$

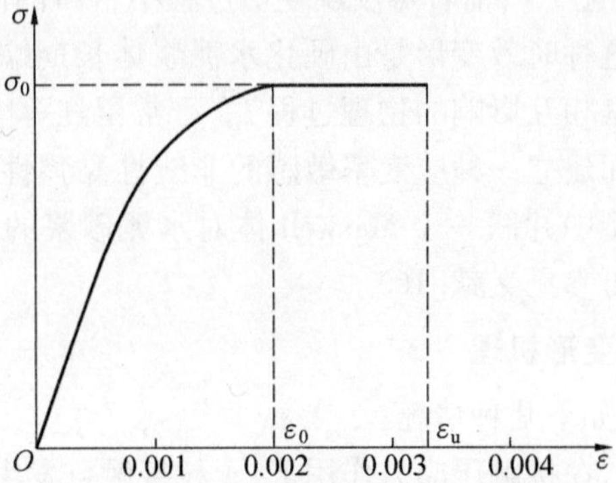

图 6.2　我国规范采用的混凝土本构关系

通常可取 $\varepsilon_0=0.002$,$\varepsilon_u=0.0033$。在上述基础上可将水平段改为下降段,其表达式为

$$\sigma=\sigma_0\left[1-0.15\left(\frac{\varepsilon-\varepsilon_0}{\varepsilon_u-\varepsilon_0}\right)\right] \tag{6.7}$$

相应 $\varepsilon_u=0.0038$,在设计中则取 $\varepsilon_u=0.003$,$\varepsilon_0=2\sigma_0/E_0$,其中 E_0 为初始弹性模量,美国 ACI 规范目前采用该公式。本文基于低应变反射波法对锚杆锚固系统和基桩进行检测,这一检测过程是瞬态的小扰动过程,其最大应变一般仅为微应变量级,因而对于我国规范中所采用的式(6.7)完全有理由忽略二次项,从而将应力-应变关系简化为简单的线弹性关系,即

$$\sigma=E\varepsilon \tag{6.8}$$

式(6.8)所描述的线弹性本构关系正是应力波反射法的理论基础。

2. 砂浆的本构关系与变形机理

从细观角度看,水泥砂浆与金属等均质材料有着截然不同的内在结构,对于水泥砂浆来说,最大的特点在于其组成是由水泥水化物、未水化水泥颗粒、沙粒孔隙及裂纹等构成的复合材料,这一特点决定了水泥砂浆材料的非均质性和多相多孔性。这种非均质的多相复合结构使得水泥砂浆在承受外载前,由于干缩、泌水等原因,已存在大量微空隙和界面裂缝,从而导致了材料的宏观力学指标有很大的离散性。对于水泥砂浆材料要建立一个能适应各种

加载条件并充分考虑各种内、外部作用的完善的本构模型显然是很困难的。因此,需要研究待定参数少、形式简单、能够反映水泥砂浆材料主要力学特性的本构关系。

锚固段注浆材料对提高锚固段的锚固力起着重要的作用,事实证明,受锚索灌浆管尺度和灌浆深度等工艺影响和材料抗压性的限制,单纯通过提高水泥浆或砂浆的标号并不能很好地改善锚索的锚固性能[147-151]。就浆体材料而言,国外 Yazici 和 Hyett A. J 等[152-153]对纯水泥浆进行了理论和试验研究,得出了很多有价值的结论。相对而言,对于砂浆的研究还不多,而相关行业中现有的预应力锚杆(锚索)规范仅对锚固用注浆体的水泥标号和抗压强度做了相应规定,对于配比并不做要求[154-158]。锚固用注浆体,既要保证强度,又要保证其具有良好的和易性,以便于施工。不同的配合比,对注浆体的力学性能会产生较大的影响。增加水灰比,可以增加和易性,但这样的注浆体容易产生离析,在凝结后可能形成细小的孔洞致使注浆体的内部结构不均匀,在拉拔荷载的作用下将产生不规则的应力分布[159]。减小水灰比,可提高砂浆的强度,但是注浆体的和易性降低,给施工造成困难。

事实上,由于细观结构的复杂性和多相性,水泥砂浆材料在变形过程中,不仅具有损伤演化[160],而且也具有流变性[161],前者可反映变形过程中材料的内部各种缺陷的发展,后者可反映变形的时间效应,这种时效变形是由硬化水泥浆体长期蠕变造成的。两种变形既是相互不同的物理状态,又是相互影响的物理过程[162]。常留红等[163]认为水泥砂浆的本构模型应将二者结合起来,从而建立一种应变率敏感的非线性黏弹性和计及损伤的本构关系的力学模型,他们通过在模型中并联一个 Maxwell 体对水泥砂浆的强度和模量进行拟合[164]。具体本构模型不再赘述,可参见文献[163]。

3. 土体的本构关系与变形机理

土的变形主要来源于如下几种情况:

(1)如图6.3(a)所示,在接触压应力作用下,土粒接触点发生弹塑性变形。该种形式的变形将导致土粒间相互接触面积的增大,而土粒间中心至另一土粒中心的距离缩小,从而使土粒靠得更近,进而使得土的体积缩小,值得注意的是,由于土粒间相互的相互接触面积只占土体横截面积中相当小的比例,从而使得接触应力可达很大数值,当接触应力很大时,若超过土粒的极限抗压强度,就有可能使土体局部压碎。

(2)如图6.3(b)所示,如果有土体中有片状颗粒时,片状颗粒可能受弯挠曲,使相邻土粒相对产生位移,从而使土体产生变形。

(3)如图6.3(c)所示,作用于土粒接触处的剪应力如果超过接触面上潜在的抗剪强度,土粒间将发生相互滑移。此时,除了剪切变形之外,还有可能使体积缩小或增大,从而使土体产生变形。

(4)如图6.3(d)所示,结合水膜在接触压力下产生变形,使土粒之间的距离发生变化,从而使土体产生变形。

(5)如图6.3(e)所示,当由黏性土构成的不稳定结构受剪后引起结构改变,使土体产生变形。

土的变形十分复杂,它不仅是非线性的而且是不完全可逆的。也就是说土的应力-应变关系曲线或本构关系曲线通常不是直线,并且卸载和加载的本构关系曲线无法重合,具体情况如图6.4所示。

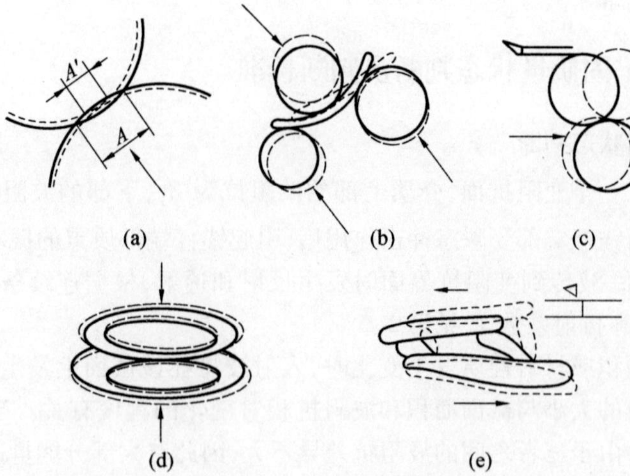

图 6.3　土粒间的相互移动

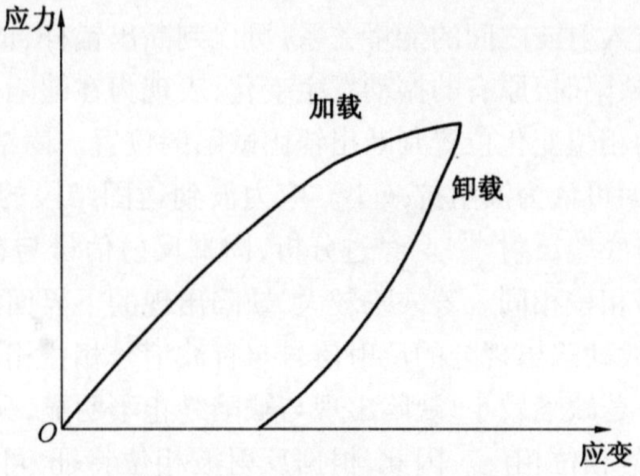

图 6.4　土的应力-应变关系曲线

4. 钢筋的本构关系与变形机理

钢材的物理力学性能比较清楚，其最常用的本构模型如图 6.5 所示。其中(a)为理想弹塑性模型，(b)为双折线弹塑性模型；(c)为硬化弹塑性模型；(d)为弹性—理想塑性—硬化塑性模型。以(a)，(c)被采用得更多一些，其具体的应用情况可参考文献[60]。

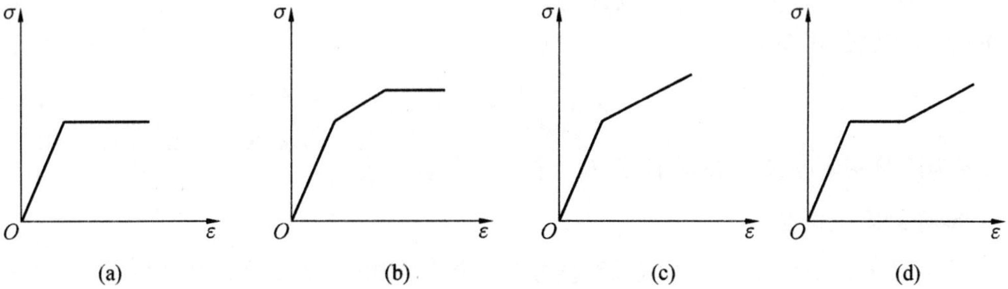

图 6.5　钢筋的应力-应变关系

对于锚杆锚固系统的低应变动力响应问题，钢筋的本构关系采用理想弹塑性模型的直线段即线弹性阶段即可。

6.2.2 锚杆锚固质量状态判断及判断标准

1. 锚杆锚固质量状态判断

假设锚杆中存在一个变阻抗面，介质上部的波阻抗为 Z_1，下部的波阻抗为 Z_2，Z_1 和 Z_2 的表示见第 2 章。当锚杆端部受瞬态冲击作用后，引起锚杆端部质点的振动，并以应力波的形式向锚杆底部传播，波传到变阻抗界面时发生反射和透射，根据连续条件和动量守恒定理，可得反射系数 F 和折射系数 T，见第 2 章。

在锚杆中截面面积或材料性质发生变化时，入射波将在该截面上发生反射和透射。其反射波和透射波幅值的大小与截面面积和波阻抗相对变化的程度有关。当锚杆、砂浆和围岩浇灌均匀、密实时，由于三者之间的波阻抗差异不大，因此有大部分能量透射出去，只有小部分能量反射回来。当砂浆浇灌不均匀、不密实时，则在砂浆中出现空隙，在空隙处呈现出强的波阻抗差异，表现为在原有的信号波形上叠加了一个反射波信号，反射波能量大大增强。通过分析反射波与入射波之间的能量关系，可以判断出锚杆、锚固体系的密实程度。同时，当应力波遇到锚固缺陷时，原有的振动发生变化，表现为在缺陷处产生了相位突变，因此可以通过分析反射波的相位变化位置判断出锚固缺陷的位置。固结段的上界面可认为波阻抗增大，固结段的下界面可认为波阻抗减小。应力波到达固结段的上、下界面发生的反射，分别称之为固端反射与底端反射[115]。经过分析，固端反射信号与首波信号相位相反，而底端反射信号与首波信号相位相同。若缺陷较大，缺陷出现的下界面波阻抗减小，缺陷终止处的上界面波阻抗增大，故缺陷出现处的反射信号与首波信号相位相反，而终止处的反射信号与首波信号相位相同。若缺陷较小，缺陷出现与缺陷终止不明显，一般反映为缺陷出现处的反射信号，其与首波信号相位相反。因此，根据反射波相位特征，可以分析反射部位阻抗变化的特征及锚杆实际锚固情况。

2. 锚杆质量判别标准

在现场检测中，依据无损检测结果进行岩石砂浆锚杆施工的注浆密实度质量评价，将注浆密实度按下述 A，B，C，D 4 个等级进行划分：A 级，注浆密实度大于 90%，合格（优良）；B 级，注浆密实度大于 75% 小于 90%，合格；C 级，注浆密实度大于 50% 小于 75%，不合格；D 级，注浆密实度小于 50%，不合格（废杆）。

灌浆密实度公式如下：

$$m=\frac{L_2-L'}{L_2}\times 100\% \tag{6.9}$$

式中，m 为灌浆密实度；L' 为缺陷长度；L_2 为锚杆的锚固长度。

3. 锚杆锚固段长度

由应力波的反射规律可知固端反射信号与首波信号相位相反，底端反射信号与首波反射信号相位相同。通过对测得加速度响应曲线进行分析，确定出锚杆的固端反射时间 T_1 和底端反射时间 T_2，并预先测得自由锚杆杆体内弹性应力波波速 v_p，若锚杆自由段长度为 L_1，锚固段长度为 L_2，锚杆长度为 $l=L_1+L_2$，基桩长度为 L，则

$$L_1 = \frac{1}{2} v_p T_1 \tag{6.10}$$

$$L_2 = l - L_1 \tag{6.11}$$

6.2.3　试验结果及分析

本文对各类不同缺陷锚杆的锚固状态的判断均以龄期为 28 d 为例。

1. 第 1 类不同缺陷锚固的质量判断

在第 1 类锚杆中，HM-2 已在第 5 章基于 28 d 的加速度响应曲线比较准确地验证了锚杆的锚固状态，所以本章仅对 HM-3，HM-5 和 HM-6 进行验证。

图 6.6 中 B_0 表示首波信号，假定其所对应时刻为 0；B_1 处出现与入射波同相的反射波信号表明该处波阻抗减小，与实际设计缺陷出现处相符合，该处所对应的时刻 t_1 = 0.333 3 ms（B_0 与 B_1 间的时间间隔为 0.333 3 ms），若 28 d 的波速均按 4 193 m/s 计算，则所对应的位置为 699 mm，与实际设计值 700 mm 差 0.1%；B_2 处出现与入射波反相的反射波信号表明该处波阻抗增加，与实际设计缺陷终止处相符合，该处所对应的时刻 t_2 = 0.604 1 ms（B_1 与 B_2 间的时间间隔为 0.270 8 ms），则所对应的位置为 1 267 mm，B_1 与 B_2 所对应的位置差为 568 mm，即缺陷长度为 568 mm，与实际设计值 600 mm 相差 5.3%，实际上由于该段为空浆波速应大于 4 236 m/s，接近自由锚杆中的波速 5 100 m/s，若按5 100 m/s 计算，该段长度为 663 mm，则该段的计算值应在 551 mm 与 690 mm 之间；B_3 处出现与入射波同相的反射波信号表明该处波阻抗减小，即为杆底反射信号，该处所对应的时刻 t_3 = 0.885 4 ms（B_2 与 B_3 间的时间间隔为 0.281 3 ms，对应的锚固段长度为 590 mm），所对应的位置为 1 857 mm，与实际设计值 1 900 mm 差 2.3%。

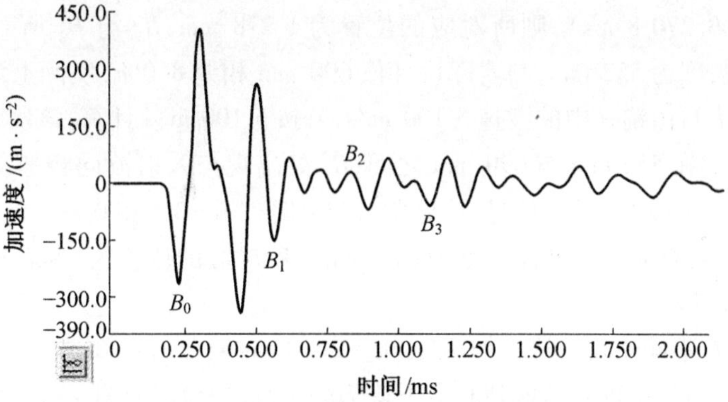

图 6.6　龄期为 28 d 时锚杆 HM-3 的加速度响应曲线

图 6.7 中 B_0 表示首波信号，假定其所对应时刻为 0；B_1 处出现与入射波同相的反射波信号表明该处波阻抗减小，与实际设计缺陷出现处相符合，该处所对应的时刻 t_1 =0.329 9 ms（B_0 与 B_1 间的时间间隔为 0.329 9 ms），若 28 d 的波速均按 423 6 m/s 计算，则所对应的位置为 699 mm，与实际设计值 700 mm 差 0.1%；B_2 处出现与入射波反相的反射波信号表明该处波阻抗增加，与实际设计缺陷终止处相符合，该处所对应的时刻 t_2 = 0.590 3 ms（B_1 与 B_2 间的时间间隔为 0.260 4 ms），则所对应的位置为 1 251 mm，B_1 与 B_2 所对应的位置差为 552 mm，即缺陷长度为 552 mm，与实际设计值 600 mm 相差 8.0%，实际上该处波速应大于

4 236 m/s,接近自由锚杆中的波速 5 100 m/s,若按 5 100 m/s 计算,该段长度为 663 mm,则该段的计算值应在 552 mm 与 663 mm 之间;B_3 处出现与入射波同相的反射波信号表明该处波阻抗减小,即为杆底反射信号,该处所对应的时刻 t_3=0.861 1 ms(B_2 与 B_3 间的时间间隔为 0.270 8 ms,对应的锚固段长度为 574 mm),所对应的位置为 1 823 mm,与实际设计值 1 900 mm 差 4.0%。

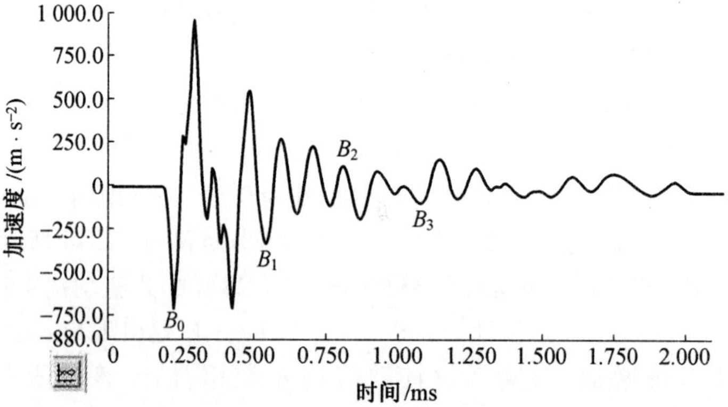

图 6.7　龄期为 28 d 时锚杆 HM-5 的加速度响应曲线

图 6.8 中 B_0 表示首波信号,假定其所对应时刻为 0;B_1 处出现与入射波同相的反射波信号表明该处波阻抗减小,与实际设计缺陷出现处相符合,该处所对应的时刻 t_1=0.329 9 ms(B_0 与 B_1 间的时间间隔为 0.329 9 ms),若 28 d 的波速均按 423 6 m/s 计算,则所对应的位置为 699 mm,与实际设计值 700 mm 差 0.1%;B_2 处出现与入射波反相的反射波信号表明该处波阻抗增加,与实际设计缺陷终止处相符合,该处所对应的时刻 t_2=0.600 7 ms(B_1 与 B_2 间的时间间隔为 0.270 8 ms),则所对应的位置为 1 278 mm,B_1 与 B_2 所对应的位置差为 552 mm,即缺陷长度为 552 mm,与实际设计值 600 mm 相差 8.0%,实际上该处波速应大于 4 236 m/s,近似为自由锚杆中的波速 5 100 m/s,若按 5 100 m/s 计算,该段长度为 663 mm,则该段的计算值应在 552 mm 与 690 mm 之间;B_3 处出现与入射波同相的反射波信号表明该处波阻抗减小,即为杆底反射信号,该处所对应的时刻 t_3=0.882 0 ms(B_2 与 B_3 间的时间间隔为 0.281 3 ms,对应的锚固段长度为 617 mm),所对应的位置为1 868 mm,与实际设计值 1 900 mm 差 1.7%。

从第 1 类具有不同缺陷的锚杆加速度响应曲线的时域分析可知,整体上来说曲线的信号特征比较相似,而且均较准确地判断出了缺陷的位置。从反射时间上来看各锚杆之间还是存在差别,HM-3 的 B_0 与 B_1 之间的时间间隔略大于 HM-5 和 HM-6 的 B_0 与 B_1 之间的时间间隔,由于对应的锚杆锚固长度相等,说明 HM-3 中的应力波传播速度大于后二者中的应力波传播速度,这与试验测得值相符合;HM-3,HM-5 和 HM-6 的 B_1 与 B_2 之间的时间间隔非常接近,由于该段为空浆段,受锚固介质和围岩的影响较小,也反映了实际设计情况;HM-3 和 HM-6 的 B_2 与 B_3 之间的时间间隔略大于 HM-5 的,而实际设计该段锚固长度相等,说明二者中前者的波速小于后者,说明前二者中的锚固介质密实度较差,而实际设计前二者中该段为 1 : 3 的水泥砂浆,后者中该段为 1 : 2 的水泥砂浆,1 : 3 的水泥砂浆的密实度不如 1 : 2 的水泥砂浆,与实际设计相符。

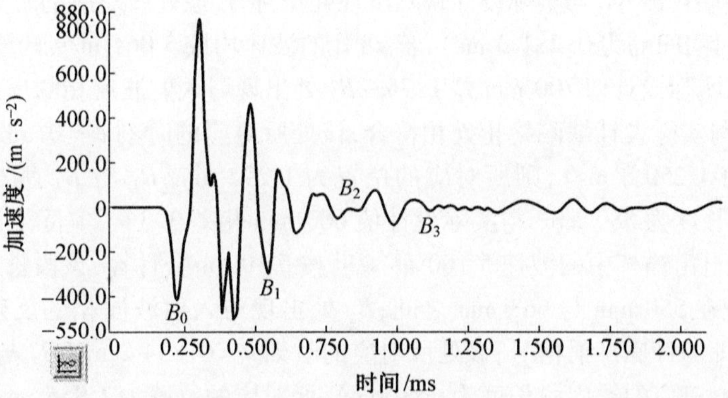

图6.8　龄期为28 d时锚杆HM-6的加速度响应曲线

2. 第2类不同缺陷锚固的质量判断

图6.9中B_0表示首波信号，假定其所对应时刻为0；B_1处出现与入射波同相的反射波信号表明该处波阻抗减小，与实际设计缺陷出现处相符合，该处所对应的时刻t_1=0.312 5 ms（B_0与B_1间的时间间隔为0.312 5 ms），若28 d的波速均按4 389 m/s计算，则所对应的位置为686 mm，与实际设计值700 mm差3.4%；B_2处出现与入射波反相的反射波信号表明该处波阻抗增加，与实际设计缺陷终止处相符合，该处所对应的时刻t_2=0.572 9 ms（B_1与B_2间的时间间隔为0.260 4 ms），则所对应的位置为1 257 mm，B_1与B_2所对应的位置差为571 mm，即缺陷长度为571 mm，与实际设计值600 mm相差4.8%，实际上该处波速应大于4 389 m/s，接近自由锚杆中的波速5 100 m/s，若按5 100 m/s计算，该段长度为663 mm，则该段的计算值应在571 mm与663 mm之间；B_3处出现与入射波同相的反射波信号表明该处波阻抗减小，即为杆底反射信号，该处所对应的时刻t_3=0.864 6 ms（B_2与B_3间的时间间隔为0.291 7 ms，对应的锚固段长度为639 mm），所对应的位置为1 897 mm，与实际设计值1 900 mm差0.2%。

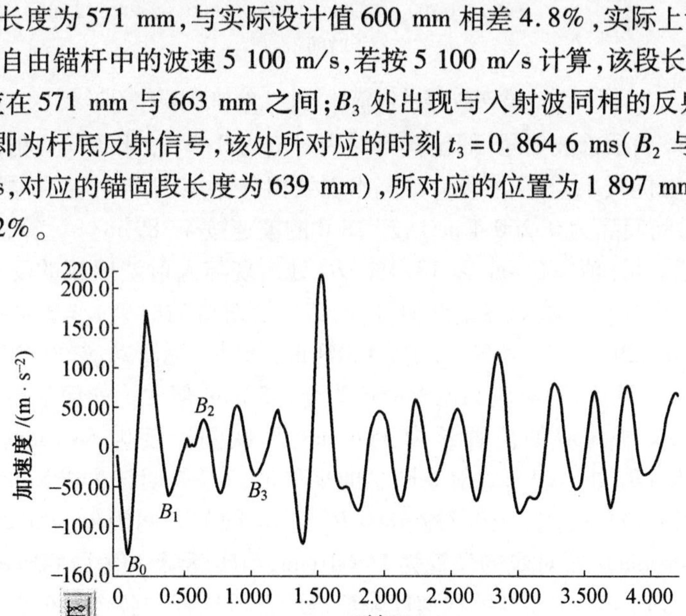

图6.9　龄期为28 d时锚杆SM-3的加速度响应曲线

3. 第3类不同缺陷锚固的质量判断

图6.10中B_0表示首波信号，假定其所对应时刻为0；B_1处出现与入射波同相的反射波

信号表明该处波阻抗减小，与实际设计缺陷出现处相符合，该处所对应的时刻 t_1 = 0.281 3 ms（B_0 与 B_1 间的时间间隔为 0.281 3 ms），若 28 d 的波速均按 5 064 m/s 计算，则所对应的位置为 712 mm，与实际设计值 700 mm 差 1.7%；B_2 处出现与入射波反相的反射波信号表明该处波阻抗增加，与实际设计缺陷终止处相符合，该处所对应的时刻 t_2 = 0.532 1 ms（B_1 与 B_2 间的时间间隔为 0.250 8 ms），则所对应的位置为 1 292 mm，B_1 与 B_2 所对应的位置差为 580 mm，即缺陷长度为 580 mm，与实际设计值 600 mm 相差 3.3%，实际上该处波速应大于 4 389 m/s，接近自由锚杆中的波速 5 100 m/s，若按 5 100 m/s 计算，该段长度为 640 mm，则该段的计算值应在 550 mm 与 663 mm 之间；B_3 处出现与入射波同相的反射波信号表明该处波阻抗减小，即为杆底反射信号，该处所对应的时刻 t_3 = 0.834 2 ms（B_2 与 B_3 间的时间间隔为 0.302 1 ms，对应的锚固段长度为 663 mm），所对应的位置为 1 955 mm，与实际设计值 1 900 mm 差 2.9%。

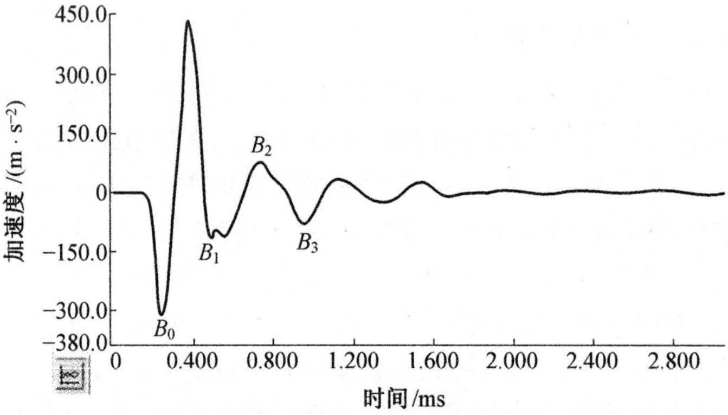

图 6.10　龄期为 28 d 时锚杆 TM-3 的加速度响应曲线

图 6.11 中 B_0 表示首波信号，假定其所对应时刻为 0；B_1 处出现与入射波同相的反射波信号表明该处波阻抗减小，与实际设计缺陷出现处相符合，该处所对应的时刻 t_1 = 0.260 4 ms（B_0 与 B_1 间的时间间隔为 0.260 4 ms），若 28 d 的波速按 4 389 m/s 计算，则所对应的位置为 571 mm，与实际设计值 700 mm 差 18.4%；B_2 处出现与入射波反相的反射波信号表明该处波阻抗增加，与实际设计缺陷终止处相符合，该处所对应的时刻 t_2 = 0.489 6 ms（B_1 与 B_2 间的时间间隔为 0.229 2 ms），若波速均按 4 389 m/s 计算，则所对应的位置为 1 074 mm，若空浆段按 5 100 m/s 计算，则对应的位置应该为 1 155 mm，但无论如何都与实际设计值有一定的差别，B_1 与 B_2 所对应的位置差为 584 mm，即缺陷长度为 584 mm，与实际设计值 600 mm相差 2.7%；B_3 处出现与入射波同相的反射波信号表明该处波阻抗减小，即为杆底反射信号，该处所对应的时刻 t_3 = 0.739 6ms（B_2 与 B_3 间的时间间隔为 0.250 0 ms，对应的锚固段长度为 549 mm），所对应的位置为 1 704 mm，与实际设计值 1 900 mm 差 10.3%。

从上述分析可知 TM-5 锚杆的加速度响应曲线把该锚杆中各个特征点的信号特征都反映出来了，但是从不同特征点的反射时间均超前和对应的位置普遍偏小，没有准确地反映出锚杆的实际设计状态。原因有待进一步的探讨。

图 6.12 中 B_0 表示首波信号，假定其所对应时刻为 0；B_1 处出现与入射波同相的反射波信号表明该处波阻抗减小，与实际设计缺陷出现处相符合，该处所对应的时刻 t_1 = 0.322 9 ms（B_0 与 B_1 间的时间间隔为 0.322 9 ms），若 28 d 的波速按 4 389 m/s 计算，则所对应的位置

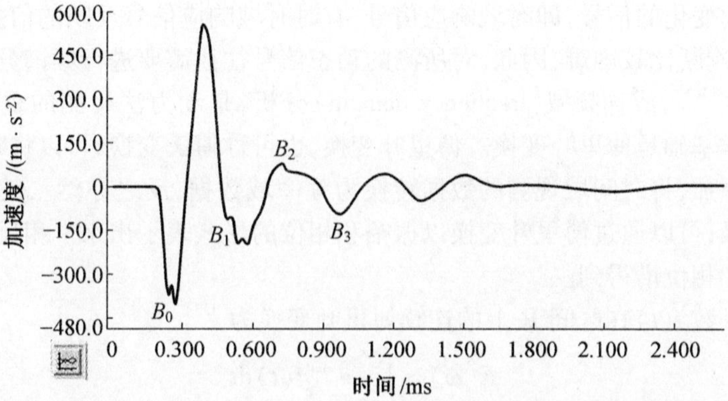

图 6.11　龄期为 28 d 时锚杆 TM-5 的加速度响应曲线

为 709 mm，与实际设计值 700 mm 差 1.3%；B_2 处出现与入射波反相的反射波信号表明该处波阻抗增加，与实际设计缺陷终止处相符合，该处所对应的时刻 t_2=0.593 7 ms（B_1 与 B_2 间的时间间隔为 0.270 8 ms），则所对应的位置为 1 292 mm，B_1 与 B_2 所对应的位置差为 594 mm，即缺陷长度为 594 mm，与实际设计值 600 mm 相差 1%；B_3 处出现与入射波同相的反射波信号表明该处波阻抗减小，即为杆底反射信号，该处所对应的时刻 t_3=0.885 4 ms（B_2 与 B_3 间的时间间隔为 0.291 7 ms，对应的锚固段长度为 640 mm），所对应的位置为 1 943 mm，与实际设计值 1 900 mm 差 2.3%。

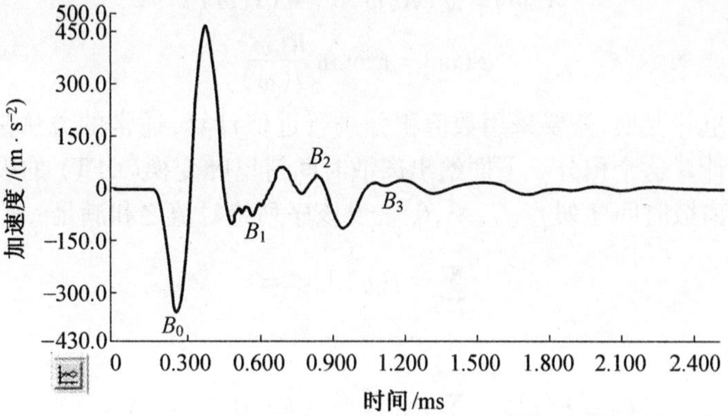

图 6.12　龄期为 28 d 时锚杆 TM-6 的加速度响应曲线

6.3　非加载状态下锚杆的信号处理与分析

6.3.1　基于 FFT 的锚杆动测信号频谱分析

动测信号一般可以分为确定性和非确定性两大类。确定性信号是指能够用明确的数字关系式描述的信号，反之则为非确定性信号。确定性信号又可以分为周期性信号和非周期性信号两类。周期性信号的特例是可以用三角函数描述的简谐信号，而锚杆测试中的瞬态动力响应信号则是典型的非周期性信号。周期信号可以由傅里叶级数变成离散的频谱，非周期信号则可由傅里叶变换变成连续的频谱。在进行锚杆测试时，传感器接收到的是速度或加速度随时间变化的信号,即时域响应信号,有时时域响应信号反映的信息太少或得到的波形较为复杂,判断比较困难,因此,对所测的动态信号往往需要进行频谱分析[165]。

频谱分析[166-168],或称频域(frequency domain)分析,是动力法检测的重要手段和内容。频谱分析的数学基础是傅里叶变换。傅里叶变换,也可称傅氏变换,可以将瞬态波转换为一系列简谐波的叠加,将时间域观测的数据转换为频率域数据,反之亦然。任意的时间函效,如超声检测记录,可以通过傅里叶变换以振幅和相位的形式表示出来。相反,时间域内的信号可以从振幅和相位谱得到。

对于连续函数 $f(t)$ 在区间 $\mathbf{R}$ 上的连续傅里叶变换为[153]

$$F(\omega) = \int_{-\infty}^{+\infty} e^{-i\omega t} f(t)\,dt \tag{6.12}$$

$F(\omega)$ 的傅里叶逆变换定义为

$$f(t) = \frac{1}{2\pi}\int_{-\infty}^{+\infty} e^{i\omega t} F(\omega)\,d\omega \tag{6.13}$$

$F(\omega)$ 为频域函数,$f(t)$ 为时域函数,$F(\omega)$ 称为 $f(t)$ 的频谱。

如果

$$F(\omega) = R(\omega) + iI(\omega) = | A(\omega) e^{i\varphi(\omega)} | \tag{6.14}$$

式中,$R(\omega)$ 和 $I(\omega)$ 分别是 $F(\omega)$ 的实部和虚部;$A(\omega)$ 和 $\varphi(\omega)$ 分别为 $F(\omega)$ 的振幅谱和相位谱且二者均为实函数:

$$A(\omega) = \sqrt{(R(\omega))^2 + (I(\omega))^2} \tag{6.15}$$

$$\varphi(\omega) = \arctan \frac{R(\omega)}{I(\omega)} \tag{6.16}$$

为了计算傅里叶变换,需要采用数值积分进行近似计算,通常的方法是取 $f(t)$ 在 $\mathbf{R}$ 上的离散点的值来计算这个积分。下面给出离散时间傅里叶变换(DFT)的表达形式[169]。

对于给定的离散时间序列 $f_0, f_1, \cdots, f_{N-1}$,设该序列绝对值之和满足

$$\sum_{n=0}^{N-1} | f(n) | < \infty \tag{6.17}$$

则

$$X(k) = F(f_n) = \sum_{n=0}^{N-1} f_n e^{-i\frac{2\pi k}{N}n} \quad (k = 0,1,\cdots,N-1) \tag{6.18}$$

为序列 $\{f_n\}$ 的离散傅里叶变换。则

$$f_n = \frac{1}{N}\sum_{k=0}^{N-1} X(k) e^{i\frac{2\pi k}{N}n} \quad (k = 0,1,\cdots,N-1) \tag{6.19}$$

为序列 $\{X(k)\}$ 的离散傅里叶变换。

在傅氏变换基础上,柯勒—杜克(Colley - Tukey)提出以 2 为基(在时间域的时序数据长度为 2 的整数次方),形成了快速傅里叶变换(Fast Fourier Transform, FFT)。运用 FFT 计算变换,速度大大提高了,如一个 1 024 点的 FFT 比 FT 要快 100 倍。FFT 的做法是,将时间序列数据分割为若干个较短的时间序列,然后进行 FT 变换,再合并在一起[170]。

将时间序列数据 $\{f_j\}$ $(j = 0,1,2,\cdots,N/2 - 1$,时间序列采样长度 N 必须为偶数),按奇偶分成两个子序列:

$$y_j = f_{2j} \tag{6.20}$$

$$z_j = f_{2j+1} \tag{6.21}$$

假设这两个时间子序列的 FT 变换分别是 $Y_k, Z_k, k = 0,1,2,\cdots,N/2-1$。

$$X(k) = F(f_n) = \sum_{n=0}^{N-1} f_n \mathrm{e}^{-\mathrm{i}\frac{2\pi k}{N}n} \tag{6.22}$$

$$Y_k = \frac{1}{N/2}\sum_{i=0}^{N/2-1} y_i \mathrm{e}^{-\mathrm{i}2\pi kj/(n/2)} \tag{6.23}$$

$$Z_k = \frac{1}{N/2}\sum_{i=0}^{N/2-1} y_i \mathrm{e}^{-\mathrm{i}2\pi kj/(n/2)} \tag{6.24}$$

则原始时间序列可以写成

$$X(k) = \frac{1}{2}\{Y_k + Z_k \mathrm{e}^{-\mathrm{i}2\pi k/N}\} \tag{6.25}$$

上述分析过程表明，如果把时间序列 $\{f_j\}$ 按奇偶分成两个子序列，原时间序列的傅里叶变换可以由这两个子序列的傅里叶变换得出。假定时间数据序列为 2^m 且 m 为正整数，则可以对分出的子序列继续以同样方式进行分割，直至最后序列只有一项为止。而单项序列的傅里叶变换就等于它本身。然后，按“蝶形路线”计算公式合成，即

$$X(k) = \frac{1}{2}(Y_k + Z_k \mathrm{e}^{-\mathrm{i}2\pi/N}) \tag{6.26}$$

$$X(k+N/2) = \frac{1}{2}(Y_k - Z_k \mathrm{e}^{-\mathrm{i}2\pi/N}) \tag{6.27}$$

式(6.12)和(6.13)说明，在时间序列的傅里叶变换结果中，前 $N/2$ 个数据和后 $N/2$ 个数据是自共轭的。所以，在实际的傅氏变换过程中，只需计算一半的 Y_k 和 Z_k。

从上述傅里叶变换和快速傅里叶变换定义可知，傅里叶变换能将信号的时域特征和频域特征联系起来，可分别从时域和频域两方面对信号进行观察，但是其不能把二者有机地结合起来，不能有效地进行信号的时频分析。这是因为实测信号的时域波形中不包含任何频域信息，而傅里叶频谱表达的是信号的统计特性，它是在整个时间域内进行积分，没有局部化分析信号的功能，完全不具备时域信息，也就是说，对于傅里叶频谱中的任一频率，不知道这个频率是什么时候产生的。这样在信号分析中就面临一对最基本的矛盾即时域和频域的局部化矛盾。实际上，实测的锚杆瞬态动力响应信号是非平稳信号，在对信号进行分析处理时，信号在任一时刻附近的频域特征都很重要，仅从时域或频域上分析是不够的。这就需要寻找一种新的方法，能将时域和频域结合起来描述观察信号的时频联合特征。

由第 3 章可知，HM-1，HM-4，SM-1，TM-1 和 TM-4 为完整锚杆，其余锚杆为不同围岩和锚固介质下具有不同密实度和一处缺陷的锚杆。本文以在实验室的锚杆模型的实测数据为例，分别对完整锚杆和一处缺陷锚杆锚固系统的加速度响应曲线进行 FFT 变换以抽取其特征参数，变换结果如图 6.13～6.22 所示。由图 6.13～6.22 可知，用 FFT 分析只在整体上分析锚杆动测信号所包含的各频率成分，完整锚杆和缺陷锚杆的频域曲线是不同的，缺陷锚杆的 FFT 幅值曲线存在明显的多峰现象，频带上能量分散，部分完整锚杆也存在多峰现象但其没有缺陷锚杆明显。

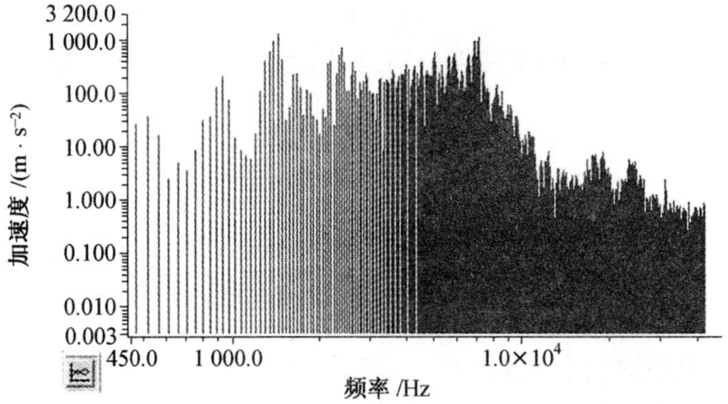

图 6.13　龄期为 28 d 时锚杆 HM-1 的加速度响应曲线的 FFT 变换

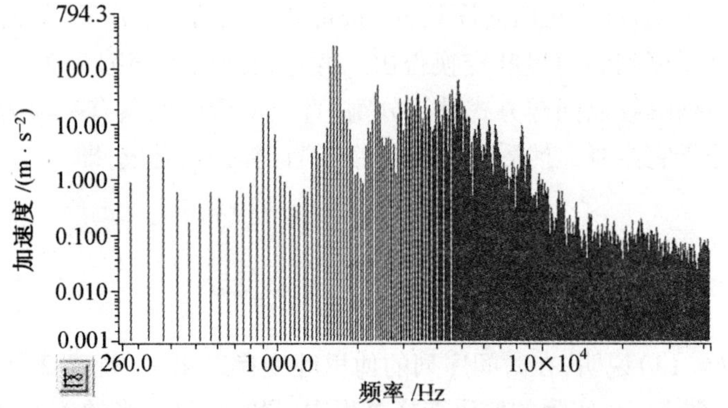

图 6.14　龄期为 28 d 时锚杆 HM-2 的加速度响应曲线的 FFT 变换

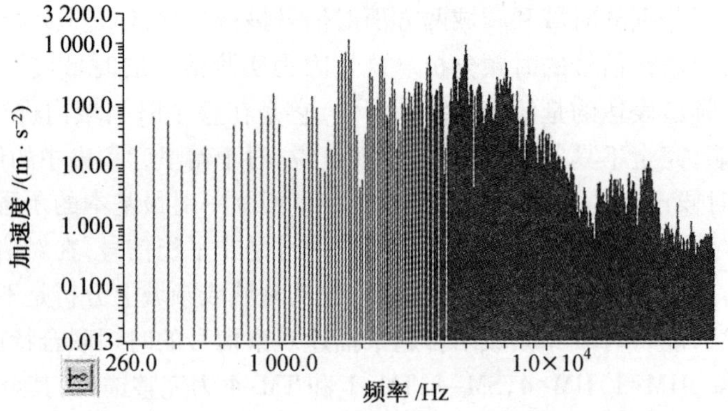

图 6.15　龄期为 28 d 时锚杆 HM-4 的加速度响应曲线的 FFT 变换

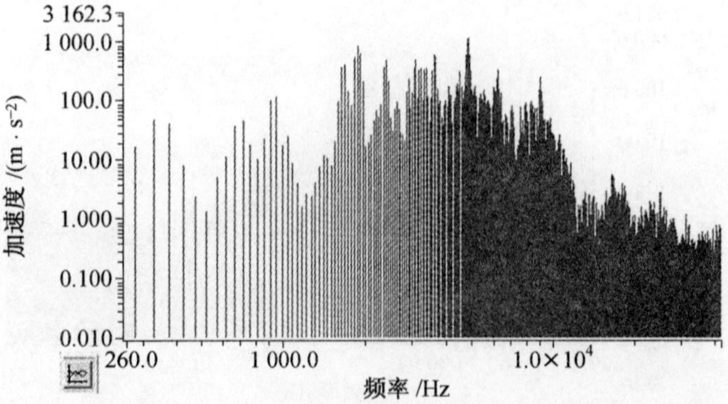

图 6.16　龄期为 28d 时锚杆 HM-5 的加速度响应曲线的 FFT 变换

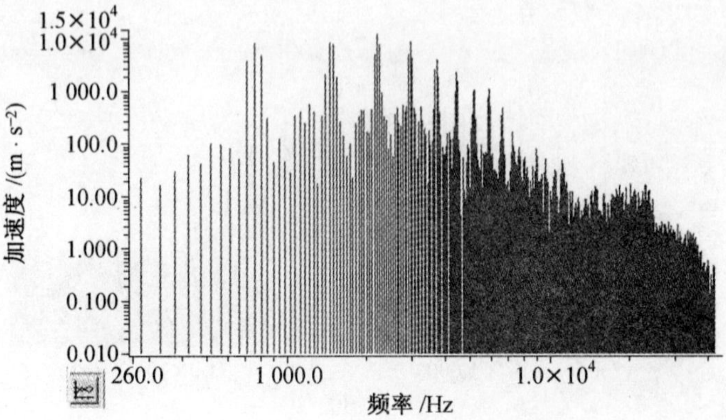

图 6.17　龄期为 28 d 时锚杆 SM-1 的加速度响应曲线的 FFT 变换

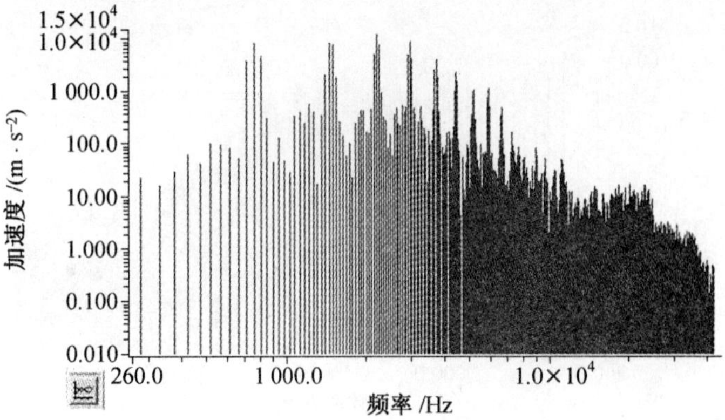

图 6.18　龄期为 28 d 时锚杆 SM-2 的加速度响应曲线的 FFT 变换

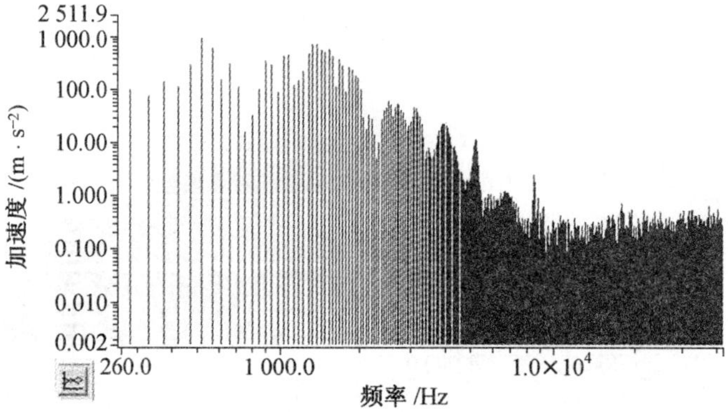

图 6.19　龄期为 28 d 时锚杆 TM-1 的加速度响应曲线的 FFT 变换

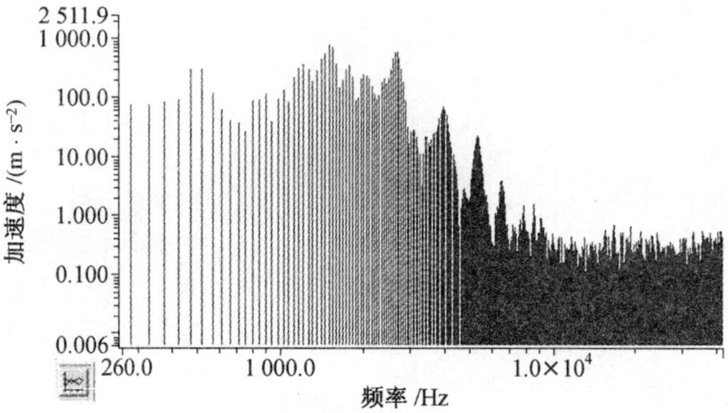

图 6.20　龄期为 28 d 时锚杆 TM-2 的加速度响应曲线的 FFT 变换

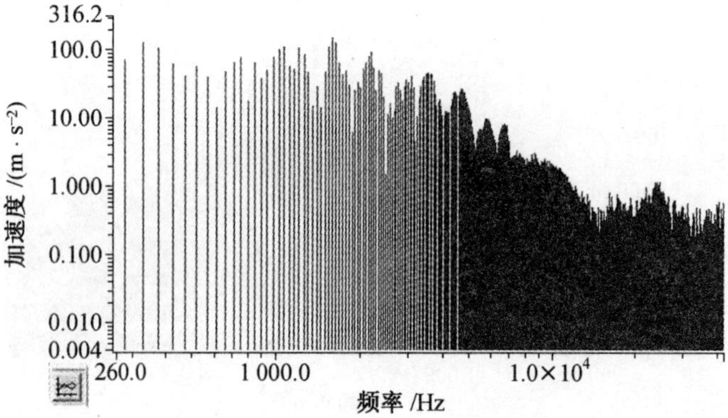

图 6.21　龄期为 28 d 时锚杆 TM-4 的加速度响应曲线的 FFT 变换

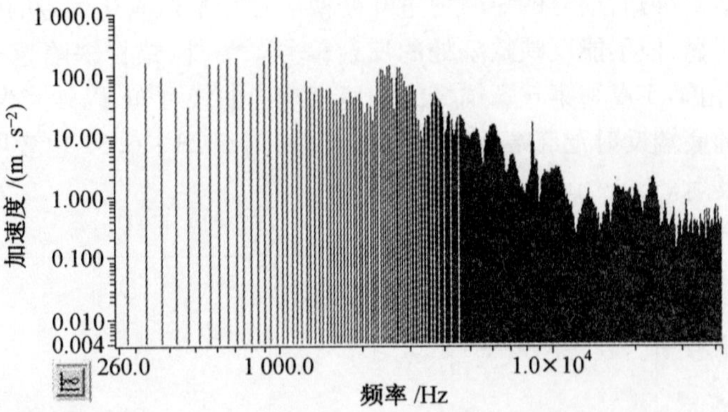

图6.22　龄期为28 d时锚杆TM-5的加速度响应曲线的FFT变换

6.3.2　基于STFT的锚杆动测信号时频分析

傅里叶变换和快速傅里叶变换是对全时段信号进行变换、处理和分析，反映的是全时段信号的整体特征。在上述变化的基础上，为了分析分段的时间或频率特性，发展出了加窗口的傅氏变换，以克服传统傅氏变换的一些局限性。短时傅里叶变换(STFT)是一种常用的时频域分析方法，Gabor于1946年引入了短时傅里叶变换。标准傅里叶变换只在频域里有局部分析的能力，而在时域里不存在这种能力。短时傅里叶变换的基本思想是把信号划分成许多小的时间间隔，用傅里叶变换分析每个小的时间间隔。基本变换公式为[171]

$$G(\omega,\tau)=\int_{-\infty}^{+\infty} f(t)\ \overline{g(t-\tau)}\,e^{-i\omega t}dt \tag{6.28}$$

其功率密度谱为

$$P(\omega,\tau)=\left|\int_{-\infty}^{+\infty} f(t)\ \overline{g(t-\tau)}\,e^{-i\omega t}dt\right|^2 \tag{6.29}$$

其中"——"表示复共轭，$g(t)$是有限紧支集的函数，$f(t)$是进入分析的信号。在这个变换中，$e^{-i\omega t}$起限频的作用，$g(t)$起限时的作用。随着时间τ的变化，$g(t)$所确定的时间窗在t轴上移动，对$f(t)$逐渐进行分析。因此，$g(t)$被称为窗口函数，$G(\omega,\tau)$大致反映了$f(t)$在时刻τ时、频率为ω的信号成分的相对含量。这样信号在窗函数上的展开就可以表示为$[\tau-\delta,\tau+\delta]$，$[\omega-\varepsilon,\omega+\varepsilon]$这一区域内的状态，并把这一区域称为窗口，$\delta$和$\omega$分别称为窗口的时宽和频宽，表示了时频分析的分辨率，窗口越小则分辨率就越高。很显然δ和ω都非常小，以便有更好的时频分析效果，但海森堡测不准原理指出δ和ω是互相制约的，两者不可能同时都任意小。滑动窗函数可采用Hamming窗、Hanning窗、Bartlett窗、Welch窗和Boxcar窗等。这些窗函数没有本质的区别，窗的选择主要是在形成尽可能窄的中间峰值区和尽可能快的尾部衰减两者之间进行权衡。

由此可见，短时傅里叶变换虽然在一定程度上克服了标准傅里叶变换不具有的局部分析能力的缺陷，但它也存在自身不可克服的问题，即当窗函数$g(t)$确定后，矩形窗口的形状就确定了。这样τ和ω只能改变窗口在相平面上的位置，而不能改变窗口的形状。因此，短时傅里叶变换实质上是具有单一分辨率的分析，若要改变分辨率，则必须重新选择窗函数$g(t)$。但若仅判断锚杆的底端反射，短时傅里叶变换基本上可以满足要求。

从图6.23～6.37龄期为28 d时不同围岩和锚固介质下锚杆锚固系统动测信号的短时

傅里叶变换图形结果可知,信号的短时傅里叶变换可在相平面表达信号的强度大小,并且杆底反射信号比较明显,但不能反映缺陷处的反射信号。另外,锚杆缺陷越多,反射信号的能量也越大。另外,由第 5 章和第 6 章锚杆的加速度响应曲线可知,以砂浆为围岩的锚杆存在多次的固端反射的底端反射及底端反射的固端反射,图 6.23 ~6.37 也表明,信号中包含多次较明显的底端反射。

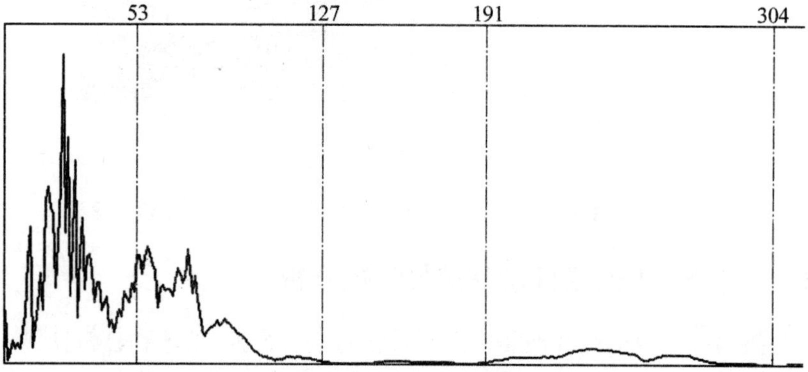

图 6.23　龄期为 28 d 时锚杆 HM-1 的加速度响应曲线的 STFT 变换

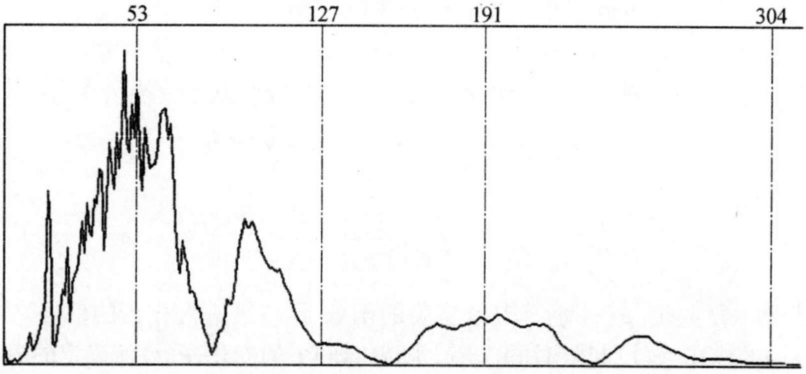

图 6.24　龄期为 28 d 时锚杆 HM-2 的加速度响应曲线的 STFT 变换

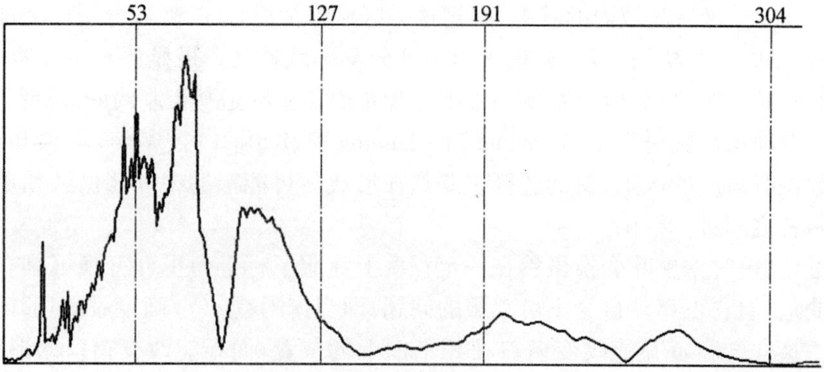

图 6.25　龄期为 28 d 时锚杆 HM-3 的加速度响应曲线的 STFT 变换

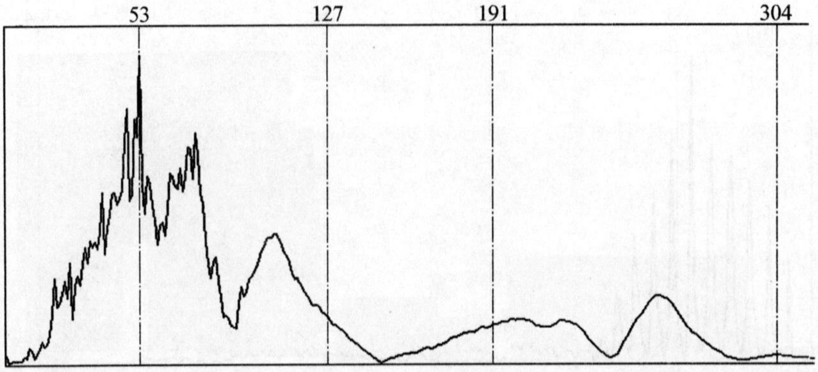

图 6.26　龄期为 28 d 时锚杆 HM-4 的加速度响应曲线的 STFT 变换

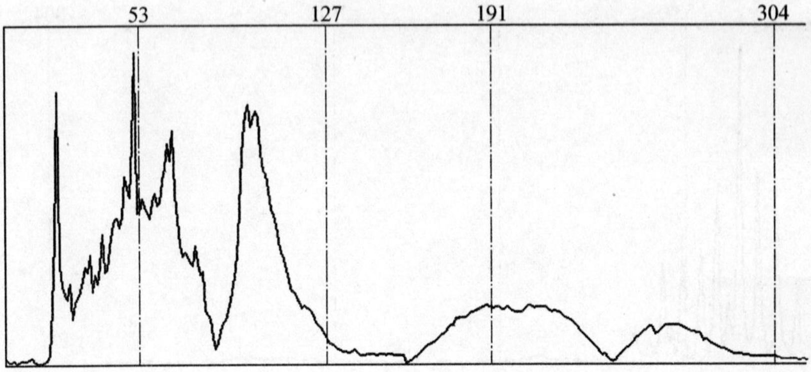

图 6.27　龄期为 28 d 时锚杆 HM-5 的加速度响应曲线的 STFT 变换锚杆

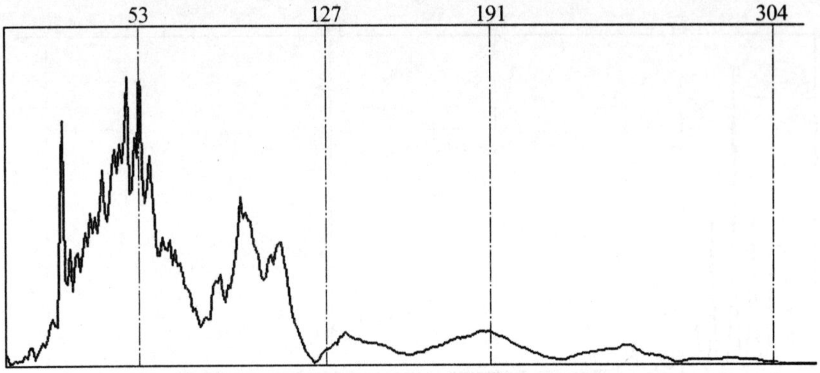

图 6.28　龄期为 28 d 时锚杆 HM-6 的加速度响应曲线的 STFT 变换

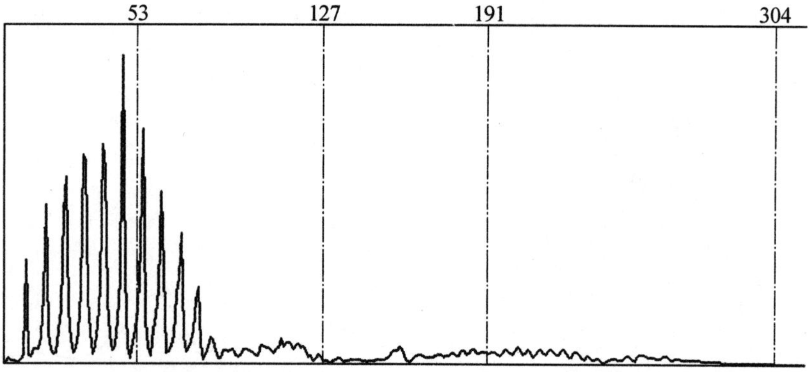

图 6.29　龄期为 28 d 时锚杆 SM-1 的加速度响应曲线的 STFT 变换

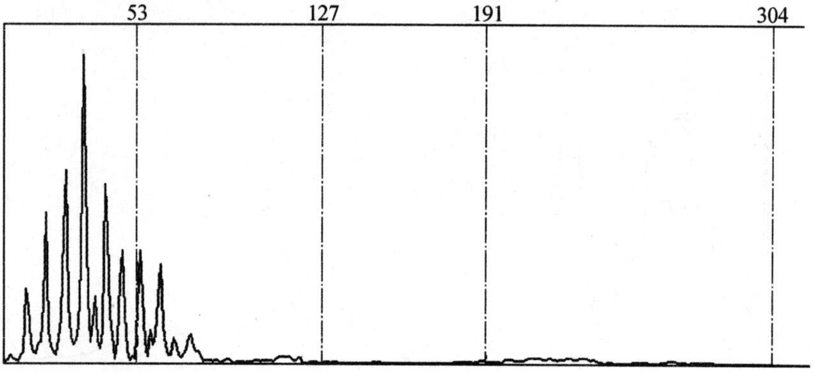

图 6.30　龄期为 28 d 时锚杆 SM-2 的加速度响应曲线的 STFT 变换

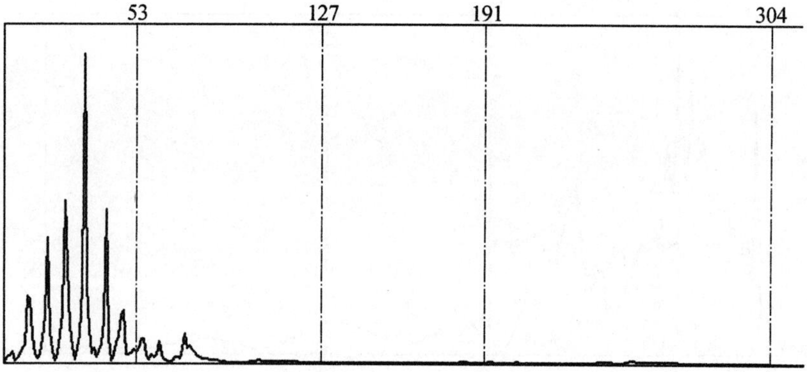

图 6.31　龄期为 28 d 时锚杆 SM-3 的加速度响应曲线的 STFT 变换

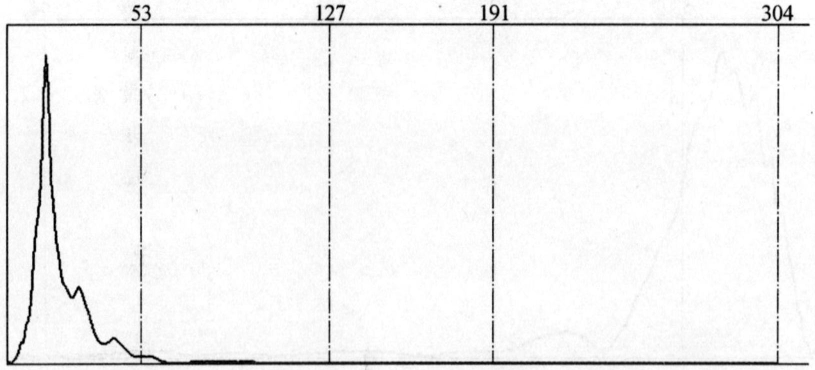

图 6.32　龄期为 28 d 时锚杆 TM-1 的加速度响应曲线的 STFT 变换

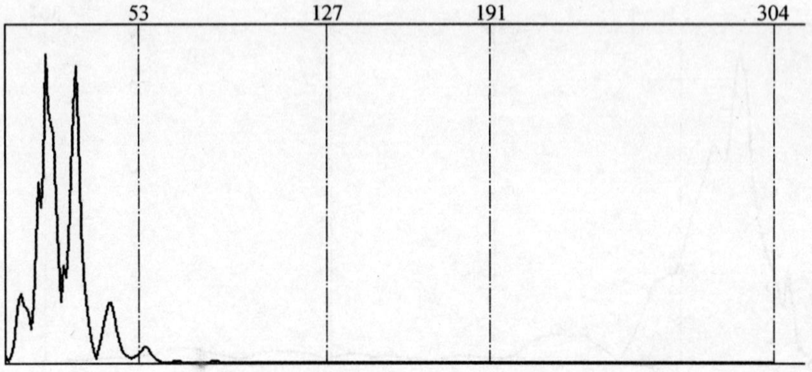

图 6.33　龄期为 28 d 时锚杆 TM-2 的加速度响应曲线的 STFT 变换

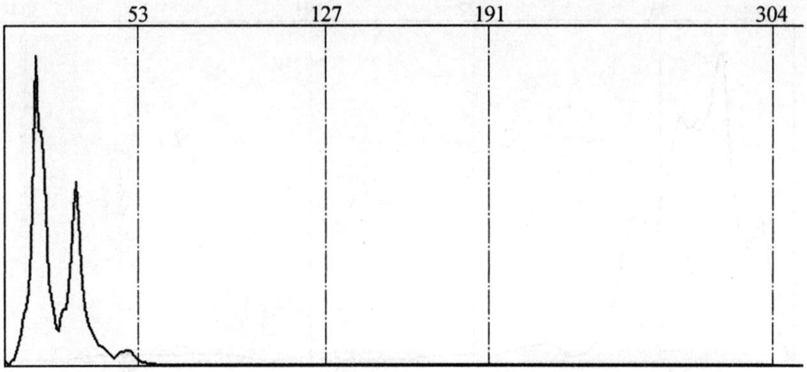

图 6.34　龄期为 28 d 时锚杆 TM-3 的加速度响应曲线的 STFT 变换

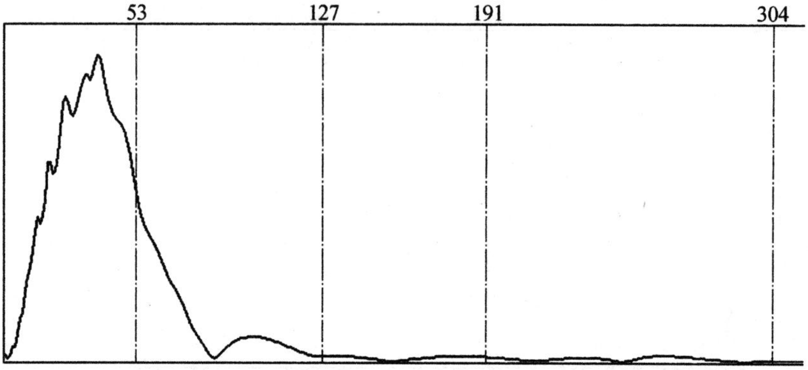

图 6.35　龄期为 28 d 时锚杆 TM-4 的加速度响应曲线的 STFT 变换

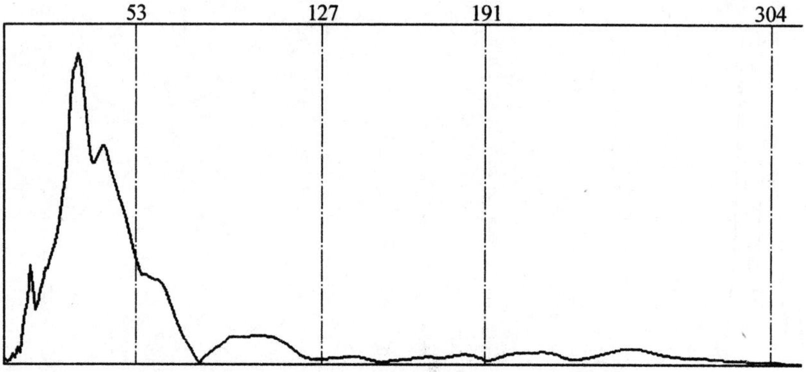

图 6.36　龄期为 28 d 时锚杆 TM-5 的加速度响应曲线的 STFT 变换

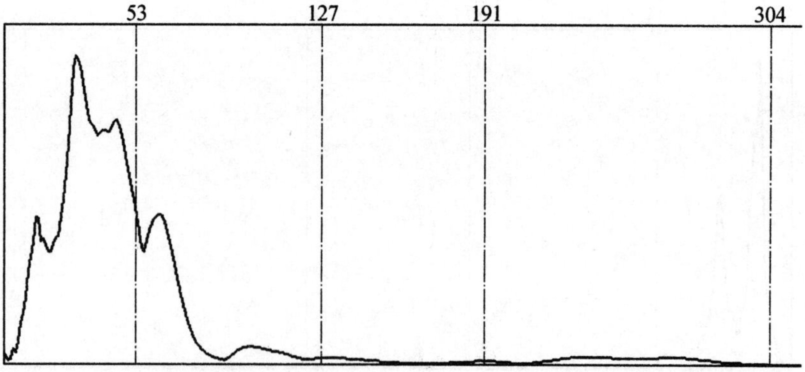

图 6.37　龄期为 28 d 时锚杆 TM-6 的加速度响应曲线的 STFT 变换

6.4　本章小结

(1)用小锤敲击的方式来激发瞬态应力波,在现场测试环境较恶劣的情况下要方便得多,但这种激发方式随机性较大,同一锚杆的两次测试的时域曲线结果可能不一致,如波振幅大小不同、波形中含的杂波不同,但反射波信号一般都能反映锚杆的实际锚固状态。本章锚杆质量分析表明，由不同围岩下不同缺陷锚杆的实测信号的时域分析和第 5 章中所求得的对应锚杆锚固系统中的应力波速判断出了缺陷的位置及长度、锚固程度等，且判断结果与实际设计吻合较好，说明了判断方法的正确性，同时也验证了第 5 章所求得的固结波速的正确性。然而，虽然动测信号基本上反映了锚杆的实际锚固状态，但由于固端反射和衰减的影响使得底端反射信号和缺陷反射信号比较微弱，有待采用先进的信号分析技术对信号进行分析处理，以便更为准确地对锚杆锚固系统的实际锚固状态进行判断。

(2)从上述快速傅里叶变换的理论分析及应用表明，用 FFT 分析只在整体上分析锚杆动测信号所包含的各频率成分，完整锚杆和损伤锚杆的频域曲线是不同的，损伤锚杆的 FFT 幅值曲线存在明显的多峰现象，频带上能量分散，部分完整锚杆也存在多峰现象但其没有损失锚杆明显。FFT 处理锚杆锚固系统动测信号时，还存在一些问题：由于动测信号往往不是周期函数，由截断处理所引起的泄漏效应是无法避免的，由窗函数旁瓣影响造成的多峰现象会给识别频率的真伪带来困难；要避免混频效应和抑制泄漏效应，既要加密采样又要增加采样长度，从而使信号的采样点数(N)大为增加，增大了计算工作量；FFT 变换的另一个固有缺陷是频率的分辨率较低，往往不能满足工程要求；FFT 变换是对时域信号的全局积分，它不具备时域信息。即不知道频域中的某一频率是在什么时候发生的。

(3)信号的短时傅里叶变换可在相平面表达信号的强度大小，并且杆底反射信号比较明显，但不能反映缺陷处的反射信号。另外，锚杆缺陷越多，反射信号的能量也越大。短时傅里叶变换虽然在一定程度上克服了傅里叶变换不具有的局部分析能力的缺陷，但其也有不足之处，若要进行锚杆锚固质量缺陷的准确判断，还有待采用小波分析及小波包分析等更先进的数据处理技术。

第 7 章　动静阻尼对锚杆瞬态动力响应影响分析

7.1 引　言

锚杆作为一种简单的主动支护结构,能最大限度地保持围岩的完整性、稳定性,控制围岩变形、位移和裂缝的发展。同时因锚杆锚固技术具有成本低廉、加工简便、安装方便、施工速度快等优点,在岩土工程领域中得到了广泛的应用,并且取得了丰硕成果及社会经济效益[171-175]。但由于其自身的隐蔽性,工作环境的复杂性,设计、施工与管理的不确定性,在使用过程中,随着环境的作用和变迁,整个系统也在不断地调整变化或者产生病害,严重地影响了锚杆的正常工作状态。因此,影响锚杆工作状态的锚固质量和锚杆承载力成为岩土工程界亟待解决的重要问题。

从 20 世纪六七十年代锚固技术被大量应用于工程实际以来,诸多研究工作者对锚杆锚固质量和锚杆锚固工作状态的研究成果斐然,尤其在锚杆锚固质量检测研究方面,不断有新突破,用拉拔法来检测锚杆质量的方法出现较早[176-177],但由于实际工况的复杂性及锚杆锚固方式的多样性,锚杆工作时的应力分布与发展及锚杆失效时的破坏形态会出现很大的差异[8-9],其检测过程是通过对锚杆外露端用穿心千斤顶加载,通过顶端的 $F-s$(力-位移)曲线判定锚杆的质量。其不可避免地对锚杆造成影响,甚至失效,所以拉拔法在工程应用中存在局限性。自应力波检测法提出以来,锚杆锚固检测技术已获得日益广泛的发展,20 世纪 80 年代以来,国内外通过现场检测、模型试验、数值模拟对锚杆锚固技术做了很多研究并提出了许多新的检测方法,锚杆周围介质对锚杆动力响应的影响理论有待进一步研究,综合考虑各种约束情况下的动态响应更是有待开展。

本章考虑锚固介质对锚杆产生的动态与静态阻尼力的影响,通过列出力的平衡微分方程进而得到一维波动情况下的锚杆波动方程,最后得出锚杆在不同约束条件下的动力响应。

7.2 瞬态动力响应的波动方程

7.2.1 锚杆有阻尼下力学模型分析

在研究完整锚杆低应变纵向振动的基本理论时,将完整锚杆简化为一维杆件来处理,即把严格意义上的三维杆件当作一维杆件问题来处理。在讨论弹性波传播时,虽然一维弹性波传播的运动方程中只出现一个空间变量,却几乎包括了所有弹性波传播的基本概念,是解决二维和三维杆件问题的基础。下面引入一维波动方程,对锚杆微元体的分析因素中加入阻尼系数。为了简化起见,假定如下:

(1)锚杆的受激振动在弹性限度内。

锚杆在振动时,杆体内各质点的位移、应力和应变之间的关系都服从胡克定律。低应变动力测试中,由于激振力很小且是可控的,故锚杆的振动完全满足这一假设条件。

(2)锚杆材料均匀或分段均匀且各向同性。

作为砂浆材料,在拉伸与压缩特性方面存在明显差异,而且也不是均匀的,但在微米级的弹性振动情况下,仍然可以近似满足这一假设条件,或者说这种差异可忽略不计。

(3)锚杆受激振动时,其截面保持为平面。

锚杆受激振动时,同一截面上所有质点位移的方向和大小都是一致的,不存在相位的差异或振动的超前或滞后现象。这对于锚杆直径 d 和杆长 L 之比 $d/L \leqslant 1/10$ 的情况是满足这一假设条件的。

在这些假设条件下,考虑一个直的等截面细长杆。用 x 表示杆中一横截面的坐标,$u(x,t)$ 表示该横截面的纵向位移。如图 7.1 所示,考察杆中一微小单元体,单元体承受随时间变化的动应力 $\sigma(x,t)$;引入达朗贝尔解法中的抗剪刚度 k,即锚杆侧单元发生单位位移时,岩石对锚杆侧反向的静阻力;考虑摩擦阻力,设单元体随速度变化的摩擦阻尼系数为 β,即锚杆单元以单位速度运动时,侧岩对锚杆产生动阻力。对单元体进行受力分析得 x 方向上的运动平衡方程为

$$-\sigma A+\left(\sigma+\frac{\partial\sigma}{\partial x}\mathrm{d}x\right)A-\beta\frac{\partial u}{\partial t}\mathrm{d}x-ku(x,t)\mathrm{d}x=\rho A\mathrm{d}x\frac{\partial^2 u}{\partial t^2} \tag{7.1}$$

其中,A 是杆的横截面面积;ρ 是杆的质量密度。

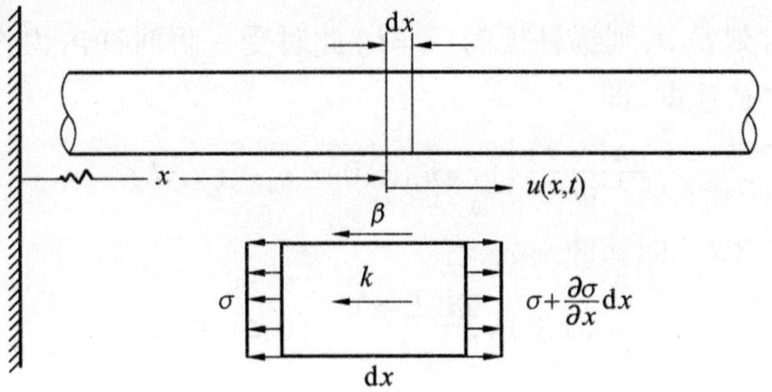

图 7.1　细长杆及作用在微小单元体上的应力

根据等截面杆的假设,A 是个常数,上面方程(7.1)可以化简为

$$\frac{\partial\sigma}{\partial x}-\frac{\beta}{A}\frac{\partial u}{\partial t}-\frac{ku(x,t)}{A}=\rho\frac{\partial^2 u}{\partial t^2} \tag{7.2}$$

方程(7.2)的推导中未引进材料的性质,因此它对于弹性和非弹性材料均适用。现假设锚杆是弹性体,则服从胡克定律

$$\sigma=E\varepsilon \tag{7.3}$$

其中,E 是弹性模量;ε 是轴向应变,则

$$\varepsilon=\frac{\partial u}{\partial x} \tag{7.4}$$

利用式(7.3)和(7.4),方程(7.2)可化简为

$$\frac{\partial}{\partial x}\left(E\frac{\partial u}{\partial x}\right)-\frac{\beta}{A}\frac{\partial u}{\partial t}-\frac{ku(x,t)}{A}=\rho\frac{\partial^2 u}{\partial t^2} \tag{7.5}$$

式(7.5)即为所求的一维波动方程。当杆为非均匀杆件时,弹性模量 E 和密度 ρ 可不取常数,而可表达为 x 的函数,即 $E=E(x)$ 和 $\rho=\rho(x)$。如果杆是均匀的,E 和 ρ 是常数,则式(7.5)可简化为

$$E\frac{\partial^2 u}{\partial x^2}-\frac{\beta}{A}\frac{\partial u}{\partial t}-\frac{ku(x,t)}{A}=\rho\frac{\partial^2 u}{\partial t^2} \tag{7.6}$$

即

$$V_0^2\frac{\partial^2 u}{\partial x^2}-B\frac{\partial u}{\partial t}-Ku(x,t)=\frac{\partial^2 u}{\partial t^2} \tag{7.7}$$

式(7.7)既包含振动,又包含振动传播的阻尼波动方程。其中:B 为等效阻尼系数,$B=\frac{\beta}{A\rho}$,K 为等效弹性系数,$K=\frac{k}{A\rho}$;V_0 代表应力波沿锚杆纵向传播的速度,$V_0=\sqrt{E/\rho}$;$u(x,t)$ 代表锚杆内坐标为 x 的横坐标在 t 时刻的振动位移函数;ρ 是质量密度;A 是截面面积。

7.2.2　锚杆受力初始条件及边界条件

要根据阻尼波动方程唯一地确定位移函数 $u(x,t)$,还必须给出锚杆的振动初始条件和边界条件。

1. 初始条件

初始条件是指锚杆初始时刻时的状态,其中初始速度恒有

$$\partial u(x,t)\big|_{t=0}=u(x,0)=0\quad(0\leqslant x\leqslant L) \tag{7.8}$$

令冲击作用末时刻 $t=0$,则锚杆顶面($x=L$)此时受一瞬时冲击力作用,根据动量定理,锚头顶面将获得一个初速度,即

$$\left.\frac{\partial u(x,t)}{\partial t}\right|_{t=0}=u_t(x,0)=v_0\quad(x=L) \tag{7.9}$$

引入 Dirac 函数 $\delta(x)$,即脉冲函数,有

$$u_t(x,0)=\frac{I\delta(L-x)}{\rho A}\quad(0\leqslant x\leqslant L) \tag{7.10}$$

式中,I 为瞬时冲击力对锚杆的冲量;ρA 为单位长度的质量。

2. 边界条件

在式(7.7)中,$u(x,t)$ 为锚杆 x 处不同时刻的振动位移,由于振幅小,而基岩一般较硬,故可将锚固体末端作为固定端处理;对于工程中常遇到的松软土质,可近似将锚固体末端作为弹性支撑来分析;考虑到受力作用下的锚杆状态,使用原始状态下的锚杆即两端自由支撑情况,与前面两种情况做出对比,分析锚杆振动规律。

以下是三种受力状态下锚杆的边界条件:

(1)两端自由锚杆

$$\left[\frac{\partial u}{\partial x}\right]_{x=0}=0,\quad\left[\frac{\partial u}{\partial x}\right]_{x=l}=0 \tag{7.11}$$

(2)一端固定,一端自由锚杆

$$u(x)_{x=0}=0,\quad\left[\frac{\partial u}{\partial x}\right]_{x=l}=0 \tag{7.12}$$

7.3　锚杆瞬态动力响应的解析解

7.3.1　两端自由锚杆的解析解

采用特征值法,式(7.7)有如下形式的解:

$$u(x,t) = \sum_{n=1}^{\infty} V_n(t)\cos\frac{n\pi x}{L} \tag{7.13}$$

其中,$V_n(t)$ 是待定系数;$\cos\frac{n\pi x}{L}(n = 1,2,\cdots)$ 是相应的齐次方程在边界条件下的特征函数系。

把形式解(7.13) 代入方程(7.7),整理得

$$\sum_{n=1}^{\infty}\left[V''_n(t) + V'_n(t)B + V_n(t)\left[V_0^2\left(\frac{n\pi}{L}\right)^2 + K\right]\right]\cdot\cos\frac{n\pi x}{L} = 0 \tag{7.14}$$

化简有

$$V''_n(t) + V'_n(t)B + V_n(t)\left[V_0^2\left(\frac{n\pi}{L}\right)^2 + K\right] = 0 \quad (n = 1,2,\cdots) \tag{7.15}$$

这是关于 V_n 的二阶常系数齐次线性微分方程,求其通解及特解,可设其对应的特征方程为

$$r^2 + Br + \left[V_0^2\left(\frac{n\pi}{L}\right)^2 + K\right] = 0 \tag{7.16}$$

求得

$$V_n(t) = e^{\lambda t}\cdot(C_n\cos\alpha_n t + \omega_n\sin\alpha_n t) \tag{7.17}$$

式中,$\omega_n = \sqrt{\left(\frac{n\pi}{L}\right)^2 V_0^2 + K - \frac{B^2}{4}}$;$\lambda = -\frac{B}{2}$。

将 $V_n(t)$ 代入式(7.13),即可得

$$u(x,t) = \sum_{n=1}^{\infty} e^{\lambda t}\cdot(C_n\cos\omega_n t + D_n\sin\omega_n t)\cdot\cos\frac{n\pi x}{L} \quad (t \geqslant 0, 0 \leqslant x \leqslant L) \tag{7.18}$$

式中,C_n,D_n 为待定系数。

由初始条件式(7.17) 可得 $C_n = 0$,于是可将式(7.18) 化简为

$$u(x,t) = \sum_{n=1}^{\infty} e\,\lambda t\cdot D_n\sin\omega_n t\cdot\cos\frac{n\pi x}{L} \tag{7.19}$$

由速度初始条件(7.10) 得

$$\frac{I\delta(L-x)}{\rho A} = u_t(x,0) = \sum_{n=1}^{\infty} D_n\omega_n\cdot\cos\frac{n\pi x}{L}$$

用广义傅里叶级数展开,这时级数的系数可按下式求出:

$$D_n\omega_n = \frac{I}{\rho A}\frac{\int_0^L \delta(L-x)\cos\frac{n\pi x}{L}dx}{\int_0^L \cos^2\frac{n\pi x}{L}dx} = [(-1)^n - 1]\cdot\frac{2IL}{\rho A n^2\pi^2} \tag{7.20}$$

将式(7.20) 代入式(7.19) 可得

$$u(x,t)=\frac{2IL}{\rho A\pi^2}\mathrm{e}^{\lambda t}\sum_{n=1}^{\infty}[(-1)^n-1]\cdot\frac{1}{n^2}\sin\omega_n t\cdot\cos\frac{n\pi x}{L}\quad(t\geqslant 0,0\leqslant x\leqslant L)\tag{7.21}$$

式(7.21)即为两端自由锚杆在动静阻尼影响下位移响应的解析解。

将横截面位移对时间变量和求导,可分别得到速度、加速度的表达式为

$$u'_t(t)=\frac{2IL}{\rho A\pi^2}\mathrm{e}^{\lambda t}\sum_{n=1}^{\infty}[(-1)^n-1]\cdot\frac{1}{n^2}(\lambda\sin\omega_n t+\omega_n\cos\omega_n t)\cdot\cos\frac{n\pi x}{L}\tag{7.22}$$

$$u''_t(x,t)=\frac{2IL}{\rho A\pi^2}\mathrm{e}^{\lambda t}\sum_{n=1}^{\infty}[(-1)^n-1]\cdot\frac{1}{n^2}[(\lambda^2-\omega_n^2)\sin\omega_n t+2\lambda\omega_n\cos\omega_n t]\cdot\cos\frac{n\pi x}{L}\tag{7.23}$$

使用 MATLAB 分别绘出两端自由锚杆的位移、加速度响应曲线,如图 7.2、图 7.3 所示。

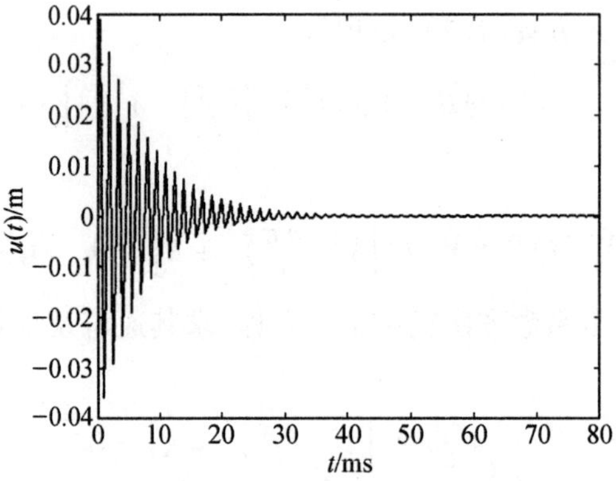

图 7.2　两端自由锚杆的位移响应曲线

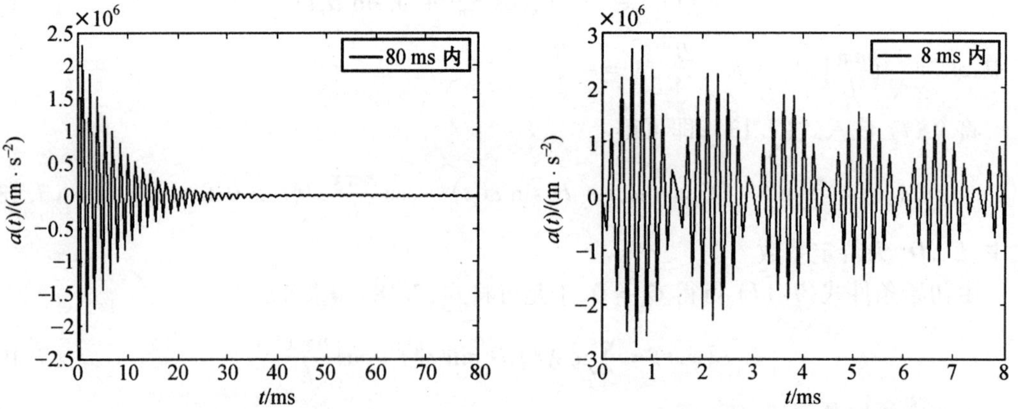

(a) 两端自由锚杆对应桩 80 ms　　(b) 8 ms 内的加速度响应曲线

图 7.3　两端自由锚杆的加速度响应曲线图

(1)由图 7.2 和图 7.3 可知两端自由锚杆的位移、加速度响应整齐、等间距且周期性比较好,在 30 ms 内振动响应已基本消失;7.3(b)为 8 ms 内锚杆加速度响应曲线图,其中出现的正弦分隔是由于应力波的透反射引起的,即反射波在锚杆的末端由于反射传递回顶端,导致出现不同的峰值。

(2)图 7.2 中由于锚杆处于自由状态,因此在微小激振下依然呈现较大的位移响应。

(3)图7.3(a)和图7.3 (b)分别是锚杆在80 ms内、8 ms内的加速度响应,虽然在方程中加入了阻尼系数和抗剪刚度,但自由状态下的锚杆不受阻尼和抗剪的影响,因此幅值较大。总体观测其响应,可知其振动以正弦方式递减,但在短时间内观测其波形可看出振动响应多次出现峰值,产生该信号特征的原因也主要是由于固端反射及应力波衰减。

7.3.2　一端固定一端自由锚杆的解析解

采用特征值法,式(7.7)有如下形式的解:

$$u(x,t)=\sum_{n=1}^{\infty}V_n(t)\sin\frac{(2n+1)\pi x}{2L} \tag{7.24}$$

其中,$V_n(t)$ 是待定系数;$\sin\frac{(2n+1)\pi x}{2L}(n=1,2,3,\cdots)$ 是相应的齐次方程在边界条件下的特征函数系。

经过上述相同的处理步骤,可得此状态下的波动方程为

$$u(x,t)=\sum_{n=1}^{\infty}e^{\lambda t}\cdot(C_n\cos\omega_n t+D_n\sin\omega_n t)\cdot\sin\frac{(2n+1)\pi x}{2L}\quad(t\geqslant 0,0\leqslant x\leqslant L) \tag{7.25}$$

式中,$\omega_n=\sqrt{(\frac{(2n+1)\pi}{2L})^2V_0^2+K-\frac{B^2}{4}}$;$\lambda=-\frac{B}{2}$;$C_n,D_n$ 为待定系数。

由初始条件式(7.8)可得 $C_n=0$,于是可将式(7.25)化简为

$$u(x,t)=\sum_{n=1}^{\infty}e^{\lambda t}\cdot D_n\sin\omega_n t\cdot\sin\frac{(2n+1)\pi x}{2L}\quad(t\geqslant 0,0\leqslant x\leqslant L) \tag{7.26}$$

由速度初始条件得

$$\frac{I\delta(L-x)}{\rho A}=u_t(x,0)=\sum_{n=1}^{\infty}D_n\omega_n\sin\frac{(2n+1)\pi x}{2L} \tag{7.27}$$

用广义傅里叶级数展开,这时级数的系数可按下式求出:

$$D_n\omega_n=\frac{I}{\rho A}\frac{\int_0^L\delta(L-x)\sin\frac{(2n+1)\pi x}{2L}}{\int_0^L\sin^2\frac{(2n+1)\pi x}{2L}dx}=(-1)^{n+1}\frac{2I}{\rho AL} \tag{7.28}$$

将式(7.27)代入式(7.26)可得

$$u(x,t)=\frac{2I}{\rho AL}e^{\lambda t}\sum_{n=1}^{\infty}\cdot(-1)^{n+1}\cdot\frac{1}{\omega_n}\sin\omega_n t\cdot\sin\frac{(2n+1)\pi x}{2L}\quad(t\geqslant 0,0\leqslant x\leqslant L) \tag{7.29}$$

式(7.29)即为一端固定一端自由锚杆在考虑动静阻尼条件下位移响应的解析解。

将横截面位移对时间变量求导,可分别得到速度、加速度的表达式为

$$u'_t(x,t)=\frac{2I}{\rho AL}e^{\lambda t}\sum_{n=1}^{\infty}\cdot(-1)^{n+1}\cdot\frac{1}{\omega_n}(\lambda\sin\omega_n t+\omega_n\cos\omega_n t)\cdot\sin\frac{(2n+1)\pi x}{2L} \tag{7.30}$$

$$u''_t(x,t)=\frac{2I}{\rho AL}e^{\lambda t}\sum_{n=1}^{\infty}\cdot(-1)^{n+1}\cdot\frac{1}{\omega_n}[(\lambda^2-\omega_n^2)\sin\omega_n t+2\lambda\omega_n\cos\omega_n t]\cdot\sin\frac{(2n+1)\pi x}{2L} \tag{7.31}$$

使用 MATLAB 分别绘出一端固定一端自由锚杆的位移、加速度响应曲线,如图 7.4 和图 7.5 所示。

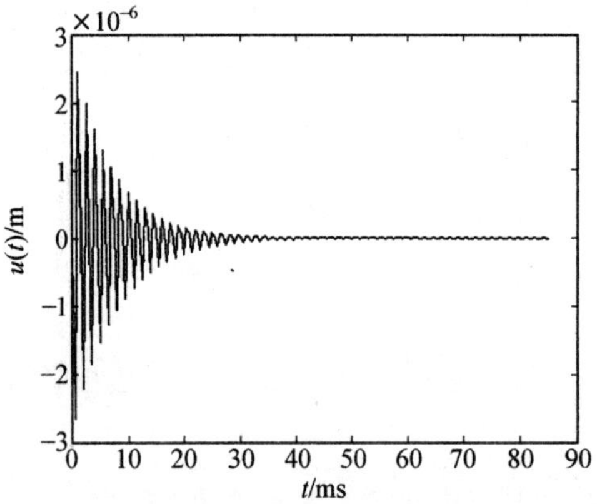

图 7.4　一端固定一端自由锚杆的位移响应曲线

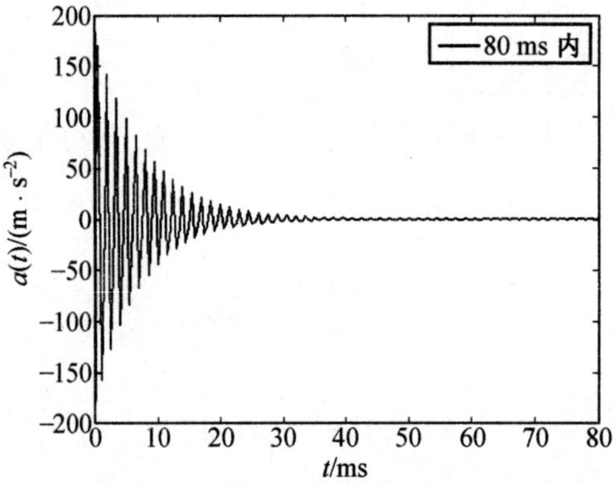

(a) 两端自由锚杆对应桩 80 ms

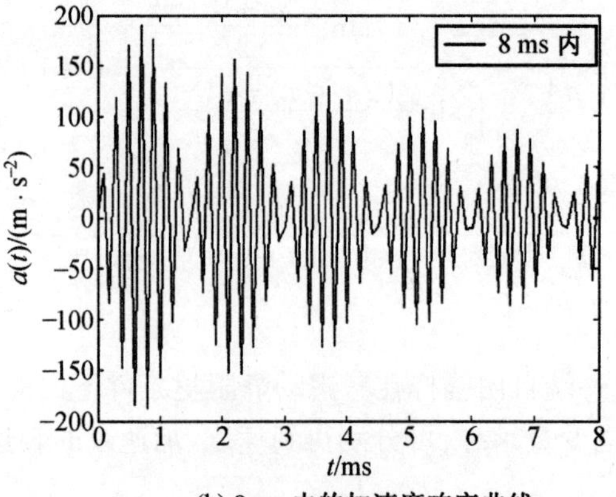

(b) 8 ms 内的加速度响应曲线

图 7.5　一端固定一端自由锚杆的加速度响应曲线图

(1)由图 7.4 可知一端固定一端自由锚杆的位移响应在 25 ms 左右就基本衰减完,这是因为锚杆锚固介质与围岩之中,衰减速度比两端自由时快。

(2)图 7.5 一端固定一端自由锚杆 80 ms 和 8 ms 内的加速度响应曲线,整体上和图 7.3

中两端自由锚杆的加速度响应曲线相似,但在振动幅值上明显比自由状态下低,这是由于受到锚杆侧向阻尼和抗剪刚度的影响。

7.4　本章小结

本章考虑周围介质对锚杆产生的动静阻尼的影响,建立了锚杆受瞬态激振时的波动方程,推导了其位移场的解析解,进一步对该解的时间变量和空间变量求导,求得速度、加速度和应变、应力等场的解析解。在实际工程中,可以根据具体需求求解不同的场量并与工程实际对比,指导实际检测问题;同时,根据工程经验修正该解析解,或者探求更简单的数值解或近似解。

第 8 章　多点布测下锚固缺陷诊断的小波多尺度分析

8.1 引　　言

在确定锚杆缺陷位置的过程中，应力波波速是一个十分重要的参数，然而通过公式来准确计算波速的大小存在难度，还未有准确有效的量化手段。第 4 章中应力波在锚杆体与锚固介质中传播的同步性研究表明，锚杆锚固质量的准确判读依赖于锚杆中应力波速的准确确定，而应力波速与锚杆体在岩土介质中的振动特性和应力波在锚杆中的传播规律密切相关；锚杆锚固系统中波速的大小不仅和锚杆中各组成部分的相关物理化学性质有关，还和锚杆体与砂浆间的黏结强度等有关；此外，应力波在锚杆体和砂浆中传播的同步性不仅和龄期有关，还和锚固长度有关，而且随着龄期的增加协调所需锚固长度减小。为了解决锚杆低应变动测分析时，应力波速缺乏有效的量化手段的问题，本部分以 SM-1，SM-2，SM-3 模型锚杆为研究对象，采用多点布测的方法，来探讨实际波速的大小和变化过程，并通过小波分解和多尺度分析相结合的方法来确定锚杆的缺陷位置，验证多点布测的测试方式与小波分析相结合分析进行锚杆锚固质量判断的有效性。

8.2 小波变换的基本原理

20 世纪 80 年代，法国的 Morlet 第一次提出了小波变换的概念[178]。这种方法克服了傅里叶变换的各种限制，可以在时域和频域内更加灵活地对信号进行变换分析。小波变换和显微镜的功能相似，它可以把采集的信号分解到各个不同的频带上，然后通过平移、伸缩等变换功能，对局部的信号进行分析[179]。运用小波变换处理信号时，先将信号的频率按二进制指数形式分解为不同尺度的多个频带，这样即可以实现低频率信号有较高的频率分辨率，同时高频信号有较高的时间分辨率。

小波分析基本思想是将原始信号分解成一系列具有良好的频域定位性的基元信号，通过对基元信号的各种特征进行分析，得到原始信号的局部特征，以达到对信号进行局部化分析的目的。一个信号的小波变换是它在一组小波函数簇上的投影，而一组小波函数簇可以由一个小波基函数通过尺度变换和迭代运算来产生，一般称这个小波基函数为小波函数。假设待分析信号为 $f(t)$，小波基函数 $\varphi(t)$ 满足允许性条件[180-181]为

$$C_\varphi = \int_{-\infty}^{+\infty} \frac{|\psi(t)|^2}{|t|} \mathrm{d}t < \infty \tag{8.1}$$

其中，$\psi(t)$ 为 $\varphi(t)$ 的傅里叶变换，t 为表示时间的变量。于是待分析信号的小波变换表示为[182]

$$W_{\varphi}f(a,b)=\frac{1}{\sqrt{|a|}}\int_{R}f(t)\varphi\left(\frac{t-b}{a}\right)\mathrm{d}t \tag{8.2}$$

其中，$\varphi_{a,b}(t)=\frac{1}{\sqrt{|a|}}\varphi\left(\frac{t-b}{a}\right)$为小波函数簇，$a$ 为尺度因子，b 为平移因子，且 a 和 b 是连续变化的。

由式(8.2)可以看出小波变换是把待分析信号与一组小波函数簇做内积，将一个时间函数变换到时间-尺度相平面上，以提取原信号在尺度 a(频率)和位置 b(时间)的某些特征。

原信号 $f(t)$ 可由它的小波变换 $W_{\varphi}f(a,b)$ 精确重构，但它也可以看成按基 $\varphi_{a,b}(t)$ 的分解。但 a,b 是连续变化的，所以基 $\varphi_{a,b}(t)$ 之间不是线性无关的。为了避免"冗余"，我们将基离散化构成框架，当小波函数的伸缩平移系是正交系时，小波框架便无冗余了。这就需要多尺度分析。

原信号 S 可以分解为低频 a_1 和高频 d_1，低频 a_1 又可分解为低频 a_2 和高频 d_2，依次类推，这就是 Mallat 塔式重构算法。它说明任何信号可分解成不同频带的细节之和，随着分解层数的不同，这些频带互不重叠且充满整个频率空间，也就是正交离散小波变换的时频窗互不重叠、相互邻接，形成对时频平面的一种剖分。这种在时域波形上进行不同频带上能量统计与傅里叶变换在频域上进行能量统计是不同的，这恰好体现了小波分析具有时频分析能力的优势。

8.3　测点布置及波速测定

由于波速计算没有定量的公式，当采用一个测点来计算波速时，虽然所需传感器少，但实际测得的波速为平均波速，不能反映实际波速大小及变化情况。当锚杆缺陷较多时，缺陷的准确位置应采用各段的波速及对应的时间来计算，而采用平均波速计算时，其大小的选取存在很大的范围。因此，本试验采用了多点布测的方式，达到将波速量化的目的，并讨论了波速的大小和在传播过程中的变化情况。对缺陷锚杆 SM-2 测点布置在锚杆的固端、底端，锚杆体的底端及缺陷的两端共 5 个测点，测点布置如图 8.1 所示，为了进行对比研究，SM-1 与 SM-3 锚杆测点布置的位置与 SM-2 测点布置位置相同，测点 1 与 2 间定义为 1 测段，测点 2 与 3 间定义为 2 测段，测点 3 与 4 间定义为 3 测段，测点 4 与 5 间定义为 4 测段。依据各测点的加速度时程曲线(图 8.2)，确定各测段之间的时间差。依据测点间的距离及测段间的时间差算出各测段的波速，见表 8.1。

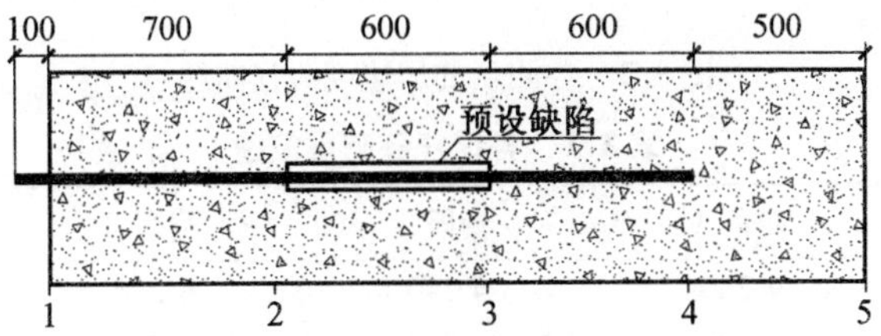

图 8.1　测点布置图

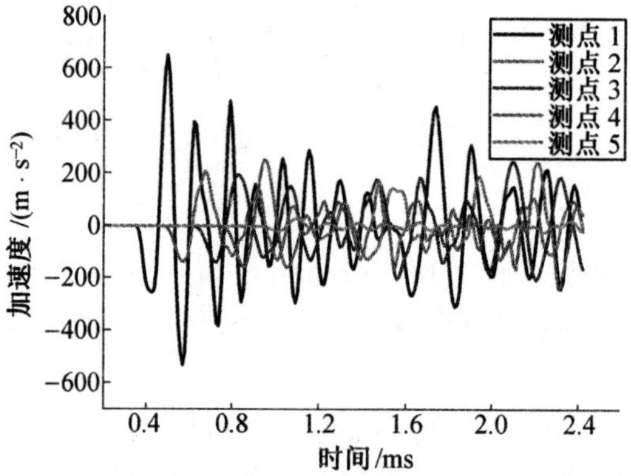

(a) SM−1

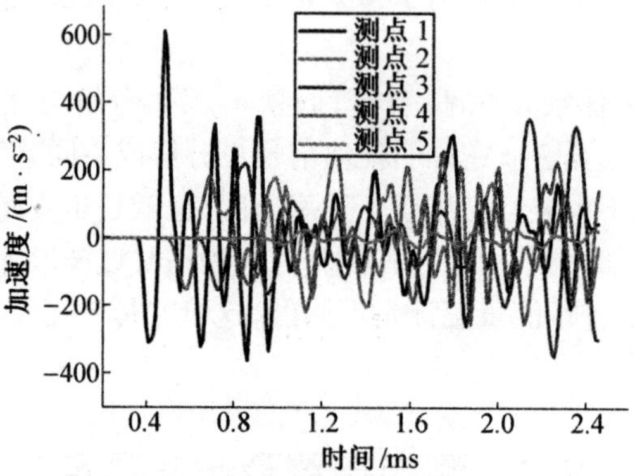

(b) SM−2

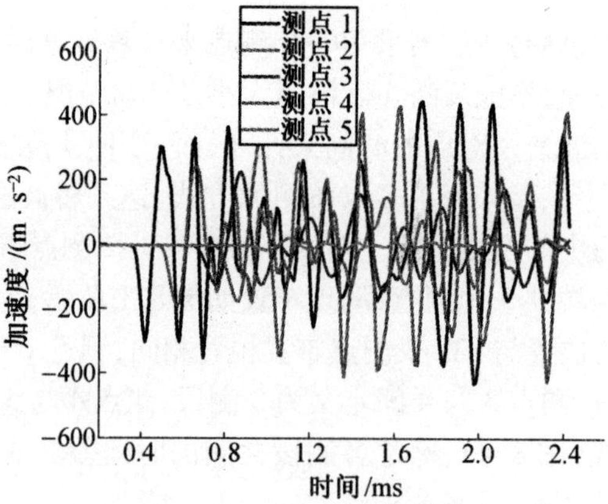

(c) SM−3

图 8.2　各测点的加速度时程曲线

表 8.1　各锚杆各测段波速　　m/s

锚杆	测段 1	测段 2	测段 3	测段 4
SM−1	4 230	4 240	4 248	3 767
SM−2	4 192	3 839	4 431	3 772
SM−3	4 479	3 200	5 758	3 775

8.4　锚杆的动测信号特征分析

考虑到测量过程中的能量衰减，噪声在信号中的比例会越来越大，在信号尾部噪声占主要部分，为取得较好的信噪比及缺陷信号得到清晰的反应，选取前两个周期进行分析，得到各锚杆顶端原始信号如图 8.3 所示。

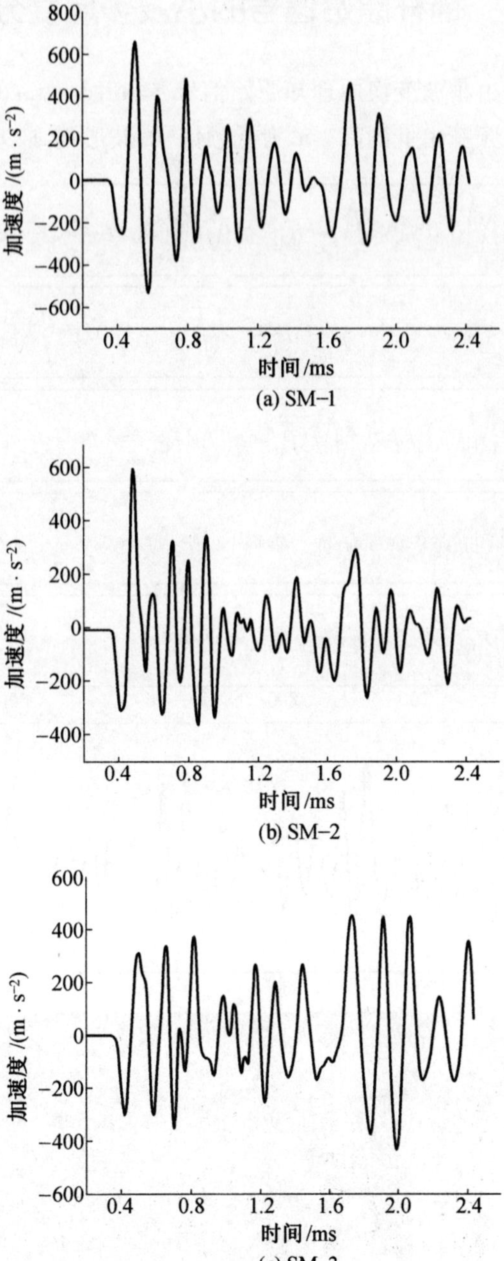

(a) SM−1

(b) SM−2

(c) SM−3

图 8.3　各锚杆顶端原始信号

由图 8.3 可以得出，SM-1 与 SM-2 的底端反射较为明显，由“峰-峰”算法可得锚杆长度为 2.418 m。然而由于 SM-3 内部缺陷的反射波干扰，底端反射信号的相邻时间段内存在多个波峰，仅通过原始信号的信号特征不能准确确定底端反射的时间，但 SM-2，SM-3 的原始信号中均出现某一段时间内的幅值突然大于前面的相邻段，有明显的能量反射特征，SM-1 信号中个别点不能确定，有可能是受锚杆端头露出钢筋段的反射应力波影响。

8.5　锚杆原始信号的小波多尺度分析

从图 8.4 可以得出，由小波变换原理知原始信号 $s=a_3+d_3+d_2+d_1$，a_3，d_3，d_2，d_1 为分解后的信号，依次对应信号的频率由低到高。a_3 为低频信号，波形规则，表明锚杆无大尺寸缺陷。

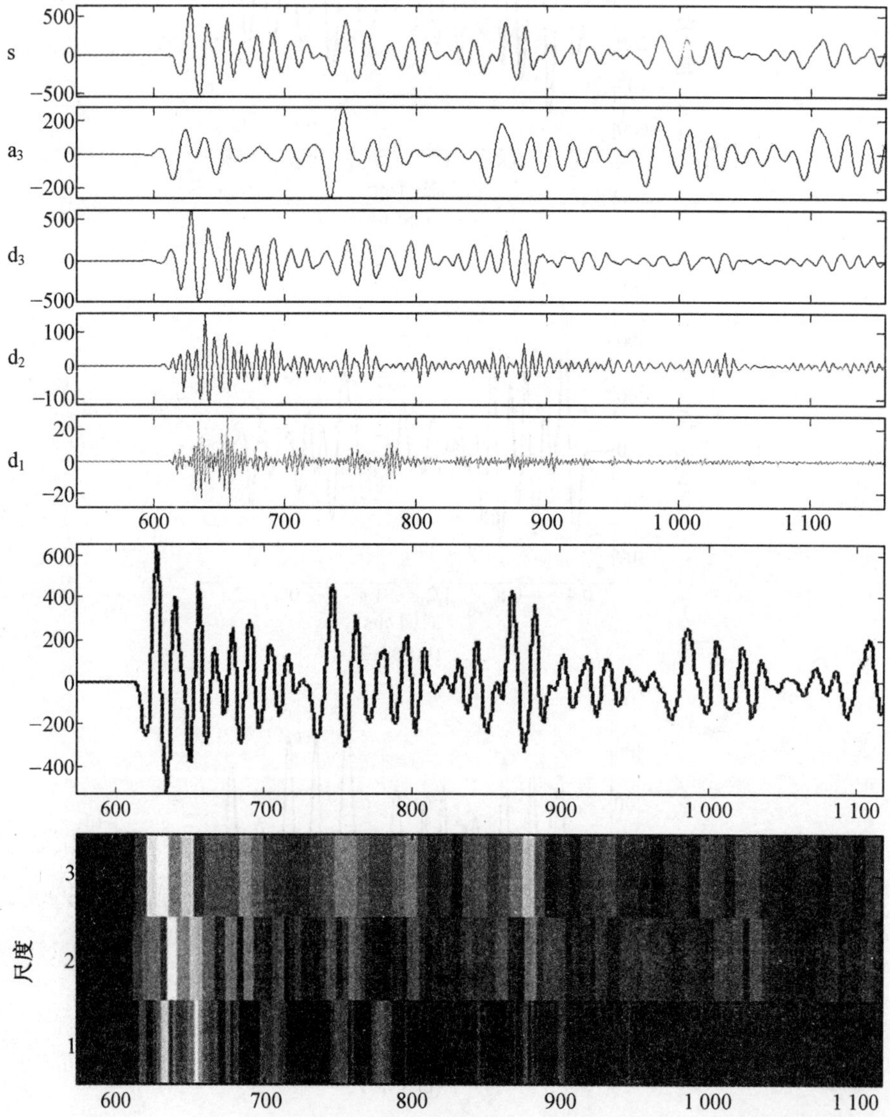

图 8.4　SM-1 原始信号 3 尺度分析

d_1为高频信号,其存在有可能对原始信号个别点判断有影响。在多尺度分析中信号灰度的深浅反映了信号变化强弱,通过对理想信号的小波多尺度分析,不同频率反映不同大小的缺陷,不同颜色对应于不同程度的缺陷,颜色越浅,缺陷越大。因此 SM-1 的多尺度分析表明入射信号强,而反射信号弱,锚杆质量良好。原始信号波形较为规则,分解后的信号也没表现出缺陷特征。长度计算时,底端反射信号不论是在原始信号还是在分解后的信号中都能明显读出。

从图 8.5 中可以得出 SM-2 原始信号出现较为明显的缺陷特征,由于从缺陷处返回的能量影响,使得首波后的一段时间内测点振幅衰减不明显,对 2 号锚杆原始信号进行 3 尺度

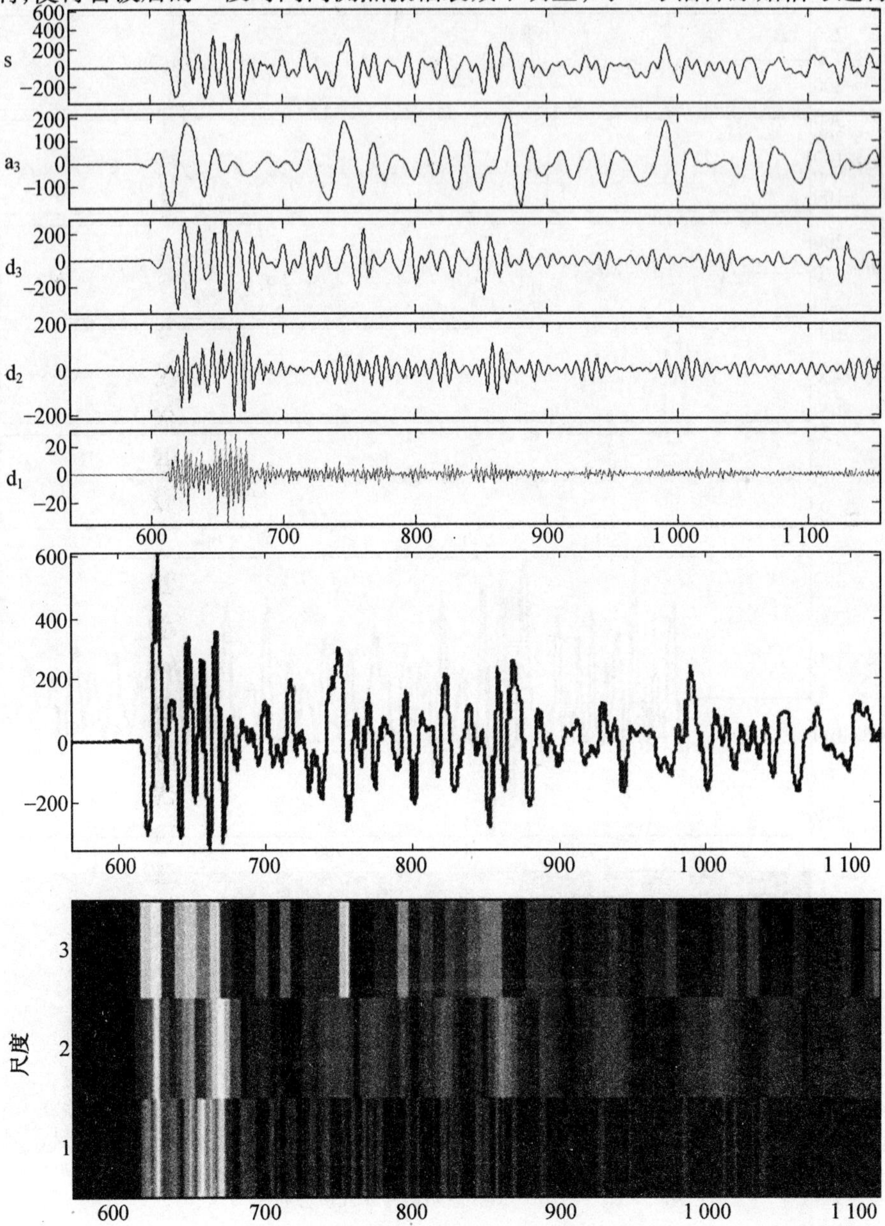

图 8.5　SM-2 原始信号 3 尺度分析

分解,分解后锚杆的底端反射也可由 a_3 中得出,高频信号 d_2 中有明显的信号突变,可由此算出缺陷的位置。在多尺度分析图中,在尺度为 2 时,有明显的信号变化,根据突变信号的时间减去首波时间为 412 μs,由此可得缺陷位置为 0.803 m。

从图 8.6 可以看出,SM-3 原始信号较前两个信号要复杂一些,其返回的能量较大,使得在较短的时间后的振幅大于首波的振幅,表明此时的锚杆质量存在严重的缺陷,对原始信号分别进行 3 尺度和 4 尺度分解,在 4 尺度分解时,根据塔式重构算法的原理有 $s=a_4+d_4+d_3+d_2+d_1$。当分解尺度为 3 时,其表现出的波形特征较尺度为 4 时要弱。因此用 4 尺度分析,底端反射信号可在尺度 4 中得出,由此所得锚杆长度为 2.313 m。当然,在确定锚杆长度时

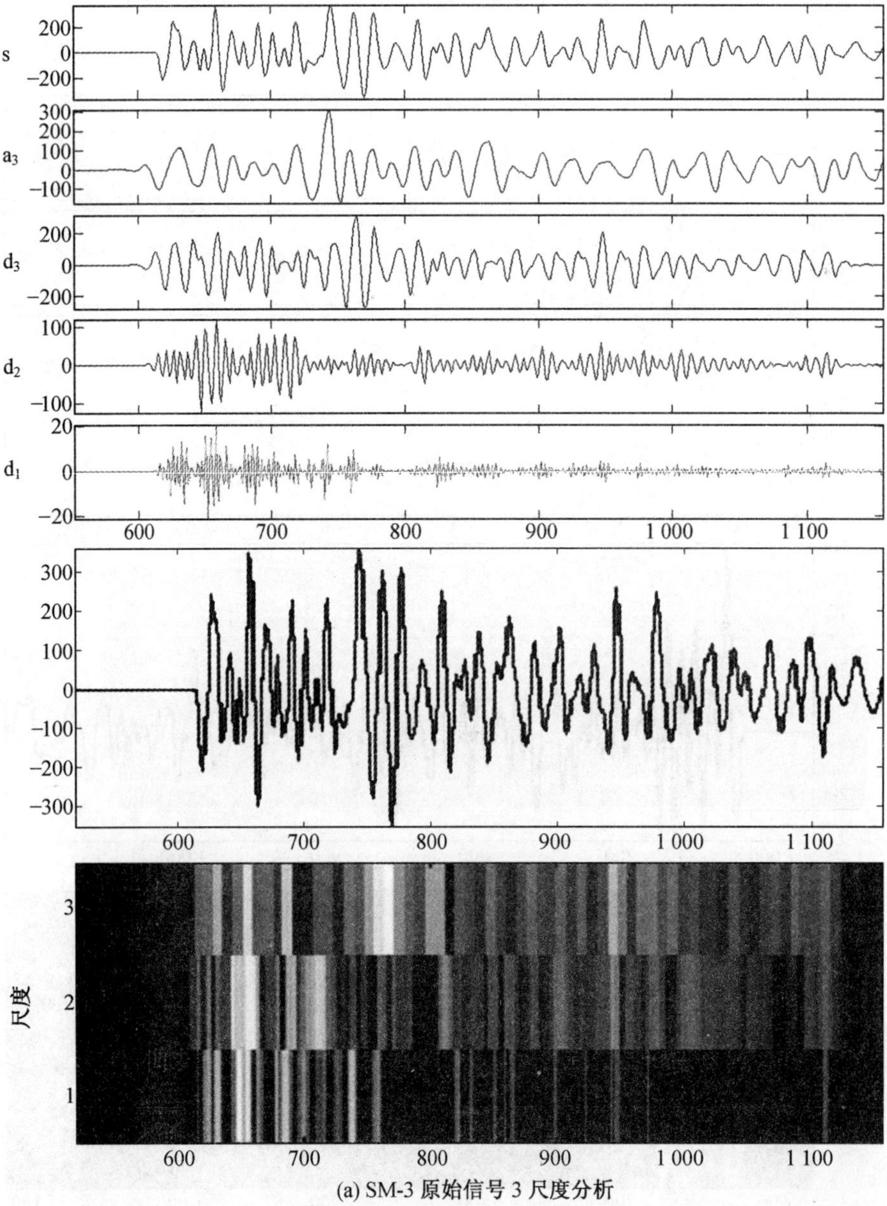

(a) SM-3 原始信号 3 尺度分析

图 8.6　SM-3 原始信号多尺度分析

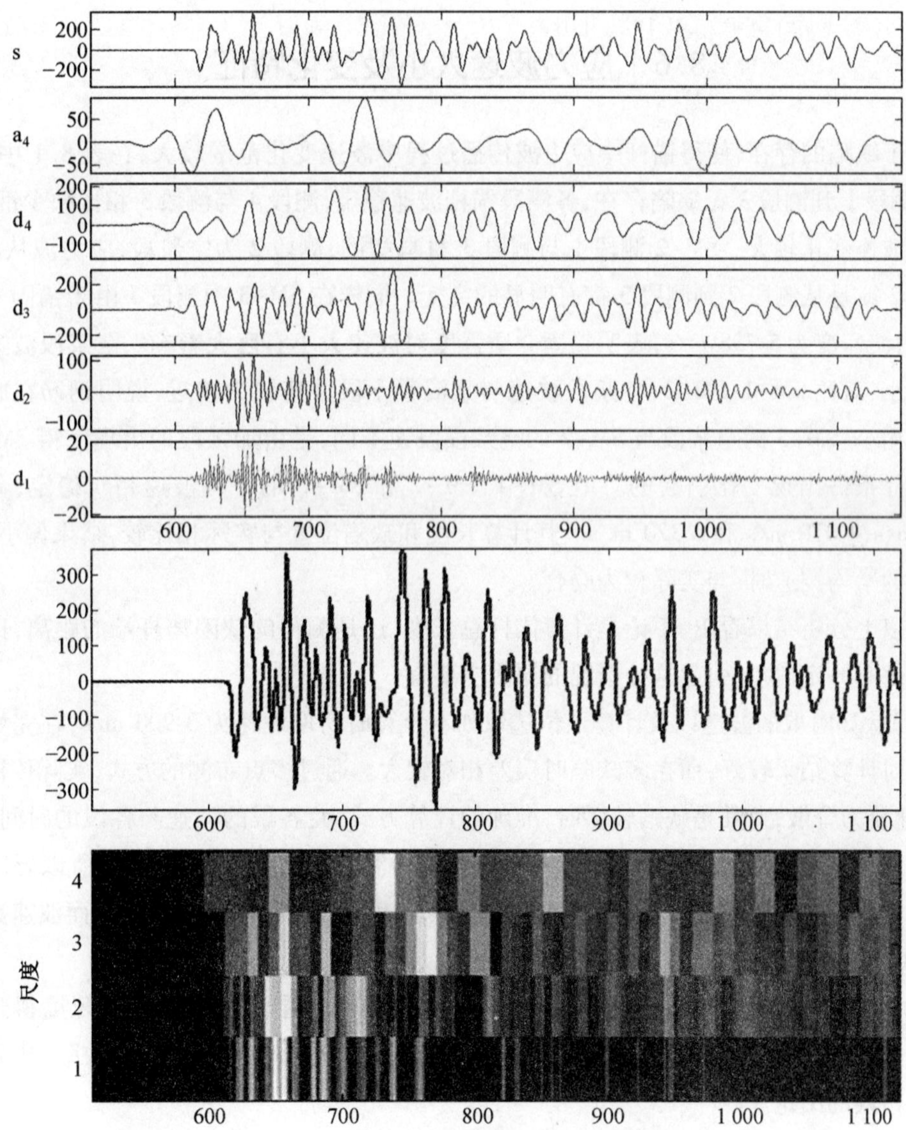

(b) SM-3 原始信号 4 尺度分析

续图 8.6

也可以用分解后的低频信号 a_4 来计算，缺陷引起的信号突变，在分解后高频信号 d_2 中有明显的表现，也可以用多尺度分析中的尺度 1 和尺度 2 来得出两缺陷的位置分别为 0.562 m 和 1.174 m。

由图 8.4 ~ 8.6 可以得出，各原始信号经过小波分解后都存在一低幅高频信号，与低频信号相比高频信号衰减速度较快，传播距离有限，但是低频信号对于细部缺陷不敏感，所以细部缺陷在离锚杆激发端较远时，结果有可能不能反映出细部缺陷。虽然分解后的信号对缺陷的反映较为准确，但为了减少人为选取计算点位的误差，在上述确定缺陷位置时，较多是用多尺度分析中的相位突变来计算的。关于缺陷的长度，在多尺度分析中由于色条的宽度较窄，选取时易引起较大的误差，故宜从分解后的信号入手。

8.6 应力波速大小及变化特征

由于缺陷的存在,使得锚杆中应力波传播过程中波速变化范围较大,在表 8.1 中,由于 SM-1 测段 1 到测段 3 无缺陷存在,各测段锚杆波速稳定,测段 4 与测段 3 相比缺少钢筋,从而使得波速变化较大。SM-2 测段 1 与测段 3 材料相同,测段 2 为空浆段,应力波从测段 1 到测段 2 或是从测段 2 到测段 3 都有明显的突变。同样在 SM-3 中测段 3 由于锚固介质加强,应力波速变为 5 758 m/s,表明锚固介质强度对波速大小有巨大影响。空浆段波速比密实段的小,对比 SM-1,SM-2,空浆段波速与素混凝土段波速较为接近,说明钢筋在此段内起的作用小,SM-3 的空浆段与 SM-2 的空浆段波速不同,是由加强段的出现使得 SM-3 空浆段边界条件出现变化引起的。但 SM-1,SM-2 和 SM-3 的平均波速相对稳定,分别为 4 134 m/s,4 070 m/s 和 4 320 m/s。其计算长度和缺陷位置与实际相比较,结果偏小,而采用算得的平均波速时,与实际较为吻合。

从以上分析结果看出,不论是计算锚杆总长度,还是测得的缺陷离杆端的距离,比实际的情况都有一定偏差,引起这种情况的原因主要有:

(1)计算时取的波速以及计算点位选取如本计算时所取波速为 3 900 m/s,在完好或单个缺陷时计算结果较好,而在多缺陷时误差相对较大。通过多点布测的方式,实际传播过程中,波速较为分散,尤其是缺陷较多时,准确的计算方式为:各段的波速与各段的时间相乘,而实际运用较为困难。由于平均折算刚度值是和用混合物法所得的值不同,所以要用上式来计算波速存在困难。在计算点位选取时由于人为因素,会存在一定的误差,而波速数量级较大,由此会产生较大的误差。

(2)小波分解尺度的选择由图 8.6 中的(a)和(b)可以看出,不同的分解尺度得到的结果不同,如尺度选择不合适,则在多尺度分析图中不能准确反映锚杆的内部缺陷,让分析人员得到错误的结论。

8.7 进行多点布测及小波多尺度分析的原因

多点布测下,通过锚杆原始信号的多尺度分解可以得出,虽然所得结果与实际结果有些出入,但总体上能够较为准确地定位锚杆缺陷位置,主要体现在以下几个方面:

(1)反射波法锚杆动测分析的重要内容之一就是反射信号的辨认,其方法就是获取信号突变的位置。当实测信号含有噪声干扰或实测信号比较复杂时,小波分析方法既能消除噪声,又能保持信号的突变性。但在消噪时注意消噪层数的选择,避免真实信号损失。

(2)小波分析技术在处理非平稳信号时是十分有效的,但要注意根据实际情况选取合适的小波基及分解尺度,如相同的材料和尺寸,仅缺陷不同,分解尺度的选择也可能不同,而它们的选取直接影响分析结果。

(3)通过多点布测的测量方式,可以得出锚杆缺陷越多时,传播过程中的波速变化越大,但平均波速相对稳定。在采用平均波速时,缺陷越靠近底端结果越精确。如果用分段波速则不存在这个问题,但需要根据缺陷时的突变信号的能量、形态、长度等参数建立起与波速变化之间的关系,这方面还有待深入研究。正是由于波速的复杂性,使低应变动测法应用和推广受到一定约束。

(4)由于加载情况下,锚杆的瞬态动力响应特性更为复杂,所以在后续研究中本书将采用多点布测的测量方式,并结合小波多尺度分析进行相关的深入研究。

第9章 荷载作用下完整锚杆应力分布及动测参数的变化特征

9.1 引 言

在目前的锚杆无损检测研究中,大多是在未施加荷载的情况下进行的,然而实际工程中,锚杆的工作状态都是在一定的荷载作用下的[183-184],在此状况下的信号参数与未加荷载的情况有较大的差异,如应力波速可作为锚杆的一个重要参数,但荷载存在会使其值出现变化,从而引起评定结果变化,若研究忽略了荷载作用,将使所得参数及其变化与实际的情况存在较大差别,更无法精确合理地指导工程实践。为了讨论荷载对完整锚杆动测信号的影响,本次试验对完整锚杆进行分级加载,在不同荷载下对完整锚杆进行无损检测,测得其动测信号,通过对各级荷载下动测信号比较分析,判断荷载对完整锚杆动测信号的影响,由于加载条件下,锚杆的动测信号更加不规则,瞬态动力响应特性更加复杂,本章采用第8章已经验证过的比较合理的方法,即多点布测与小波多尺度分析相结合的方法,研究加载情况下完整锚杆应力分布及发展变化,并对进行锚杆锚固质量评价时普遍选取的参数如波速、基频、阻尼比和动刚度等的变化特征进行研究。

9.2 模型试验

本部分试验的主要研究对象为锚杆 LM-1,其具体参数设置见3.4节。在传感器相对应的部位贴应变片,讨论荷载对动测信号的影响及加载过程中锚杆应力发展过程。应变片和传感器的布置方式如图9.1所示,其中 a_i 为传感器,x_i 为应变片。

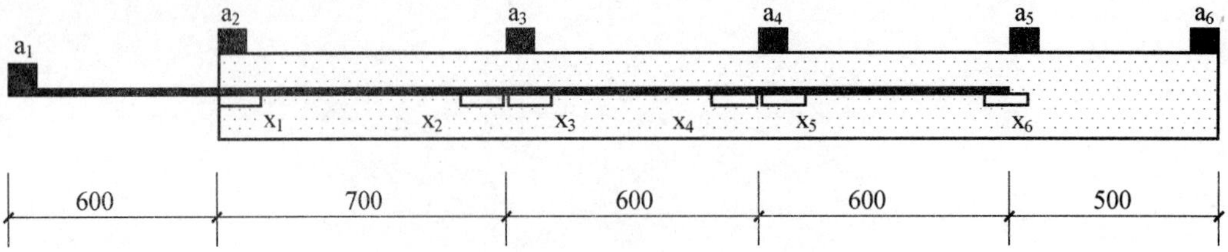

图9.1 应变片和传感器的布置方式图

9.3 完整锚杆应力分布及发展

由第2章中锚杆在拉拔荷载下的理论分析可知,全长黏结完好的砂浆锚固锚杆在进行拉拔试验的应力分布呈现出如下特点[56]:

(1)锚杆在进行拉拔试验时,由于其表面的螺纹作用,砂浆处于法向受压状态,引起锚固体周围小范围内应力值较高，从而较小的锚固长度就能满足锚杆外加的拉拔力要求。

(2)随着外加荷载的逐渐增大，钢筋周围砂浆将会最先出现裂纹，进而锚杆界面出现局部剪切破坏，使得锚固体的应力继续向锚杆内部传递。

(3)剪应力随锚杆杆体的分布不均匀，且不同荷载下的分布长度、大小也不同，但其分布范围十分有限；一般而言，在完整硬质岩层锚孔中，应力的传递长度不会超过 2 m，如超过此长度，钢筋即使拉断，仍不会拔出锚杆。

锚杆的拉拔破坏一般分为黏弹、黏脱和破坏三个阶段，各个阶段的剪应力分布形式和峰值点的位置不同，从剪切应力分布及发展情况来看，剪切应力分布的集中程度在控制切应力向里端滑移时起阀值作用。在完整锚杆 LM-1 加载的过程中，钢筋的应力分布及发展状况与拉拔破坏时钢筋的应力分布及发展情况类似。但在加载时，如果荷载很大，锚杆端头部分破坏过长，则会引起新加的不可控因素的出现，故本次加载试验所加荷载步长为 10 kN，开始所加的荷载相对较小。总的外加荷载为 250 kN，由各测点的应变片最终读数来看，外加因素影响段长度较短，利于结果的判断。

本次通过对所测得的不同荷载下 LM-1 不同测点的应变片原始应变分析，假设荷载为 0 时各测点的应变都为 0，通过不同荷载下的应变值减去初始值，得到了不同荷载下 LM-1 不同测点的应变值以及各测点应变在不同荷载下的变化情况，见表 9.1 和如图 9.2 所示。

表 9.1　不同荷载情况下 LM-1 各个测点的微应变值

荷载/kN	测点 1	测点 2	测点 3	测点 4	测点 5	测点 6
0	0	0	0	0	0	0
10	0	7	−4	−7	−2	−2
20	0	23	9	−6	−15	13
30	0	29	10	−7	−19	16
40	0	40	14	−8	−22	8
50	0	45	16	−9	−25	6
60	0	53	19	−10	−26	6
70	0	55	20	−10	−28	6
80	0	60	24	−10	−30	8
90	0	62	25	−10	−30	8
100	0	69	29	−9	−34	8
110	0	73	32	−9	−39	8
120	0	78	34	−9	−42	9
130	0	85	38	−9	−45	12
140	0	90	41	−8	−47	12
150	0	98	46	−8	−50	11
160	0	107	51	−8	−54	12
170	0	121	60	−8	−54	12
180	0	138	68	−8	−54	12
190	0	176	91	−7	−50	13
200	0	293	156	−8	−37	13
210	0	906	518	−5	38	−1
220	0	1 188	692	−5	17	0
230	0	1 998	992	−4	46	0
240	0	2 303	1 454	−4	50	1
250	0	3 198	3 292	−3	60	1

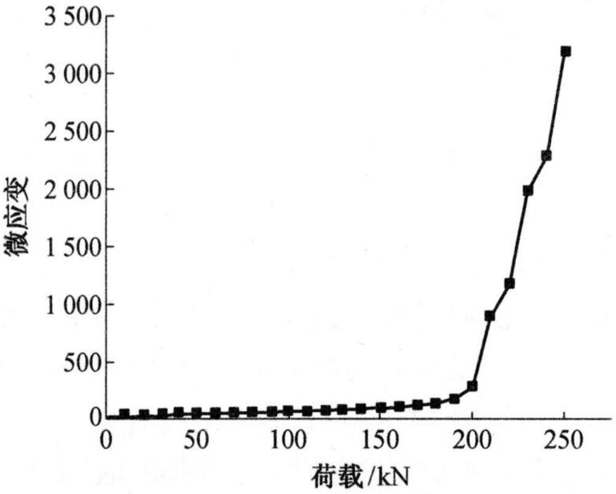

(a) 2 号测点应变值

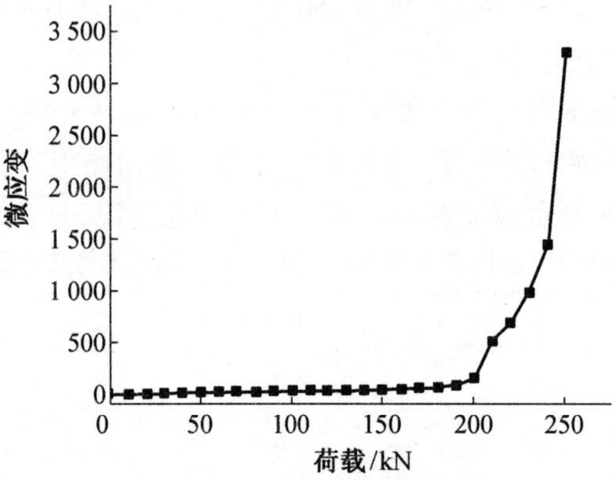

(b) 3 号测点应变值

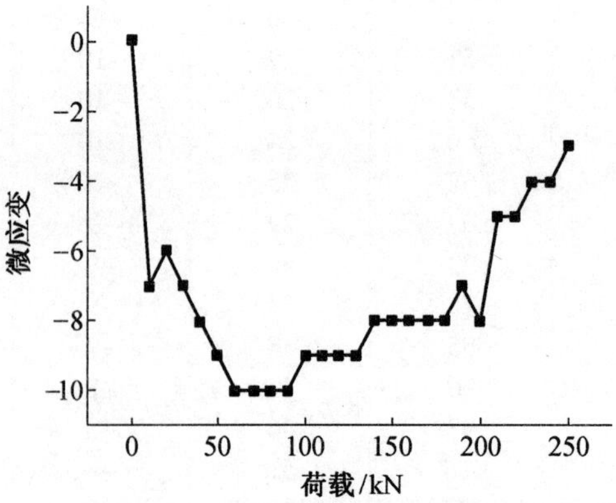

(c) 4 号测点应变值

图 9.2　不同荷载下各测点应变值

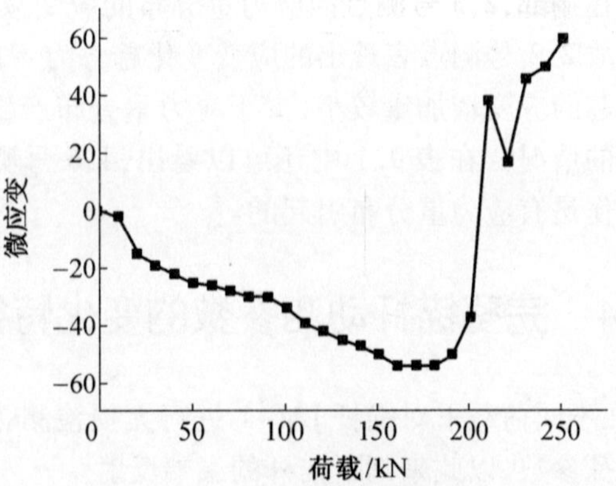

(d) 5 号测点应变值

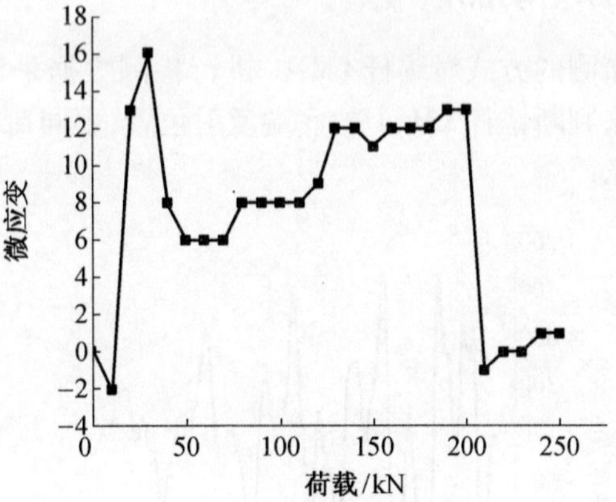

(e) 6 号测点应变值

续图 9.2

由图 9.2 可以看出,完整锚杆各测点随着荷载一级级增大,其对应变化趋势不尽相同。当荷载较小时整个锚固体可以看似处于完全弹性状态,并且此时锚杆力的传递长度有限,锚杆后半段不可能受到拉力作用,只有锚固介质不均匀等外界因素导致的锚杆后半段出现应力重分布现象,锚杆后部分段会呈现出压应变,但当荷载达到一定程度后,整个锚杆不再是一个类似完全弹性状态,锚杆力的传递也贯穿了整个锚杆。整个锚杆都处在拉应力范围内,各个段都为拉应变。并且随荷载的继续增大拉应变也会规律性变化增大。

4,5,6 号测点的变化趋势与 2,3 号测点的变化趋势有所不同,2,3 号测点应变值随着荷载的增加,其应变值一直增大,并且在拉拔力较小时应变与拉拔呈现类似线性关系,随着荷载的不断增大,应变增长趋势也呈指数形式增加,由于锚固介质对锚固钢筋的黏聚力是有限度的,当受力超过其极限,就会出现黏脱,越靠近拉拔段出现黏脱就会越早,可以知道在拉拔后期随着拉拔力的增大 2,3 号测点出现黏脱,甚至破坏现象。

而 4,5,6 号测点应变值随着荷载增加,并非一直增加,而是先减小再增大,甚至出现了压缩现象。在实际加载过程中,由于其他外因,对 LM-1 采用了多次重复加载的情况,从而引起了不同荷载情况下 4,5,6 号测点在锚杆拉拔过程中出现了明显的应力重分布现象。

由表 9.1 同样可以看出 4,5,6 号测点的变化情况与 2,3 号测点变化情况不一致,由于在重复加载情况下,钢筋与砂浆的界面黏结力减弱,在 M-1 端部,2,3 号测点应变值也应该出现这样的变化趋势,但在端部,2,3 号测点因应力重分布的应变减少值与荷载增加而引起的应变增加值相对较小,故 2,3 号测点表现出的应变变化趋势为一直增加,而且 4,5,6 号测点靠近底部,荷载增加引起的应变增加量较小,少于应力重分布产生的应变减少量,从而出现荷载增加,而应变减少的情况。在表 9.1 中还可以看出,4,6 号测点的应变减少,而 5 号应变相对增加,因此可看作是有应力重分布引起的。

9.4 完整锚杆动测参数的变化特征

本次试验研究通过在不同荷载下对锚杆 LM-1 进行无损检测,通过对测得的信号进行小波分解,提取信号的特征参数,以此来判断锚杆的底端反射。

9.4.1 完整锚杆原始动测信号

本次试验通过多点布测的方式对锚杆 LM-1 进行检测数据采集,但仅通过顶端 2 号传感器所测得信号的规律来判断锚杆 LM-1 的底端反射位置,不同荷载下锚杆 M-1 顶端传感器的信号图如图 9.3 所示。

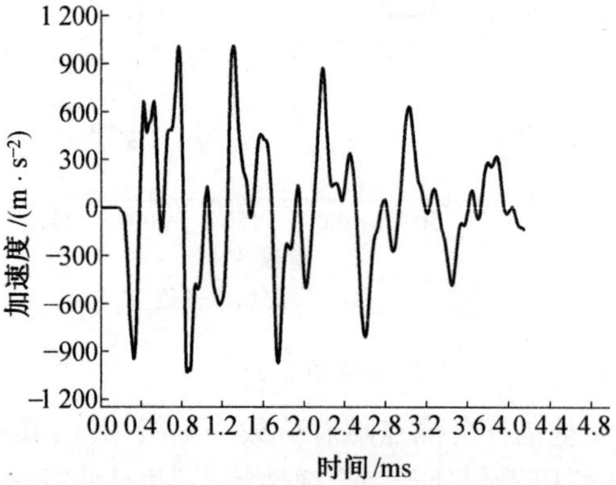

(a-1) 荷载 0 kN

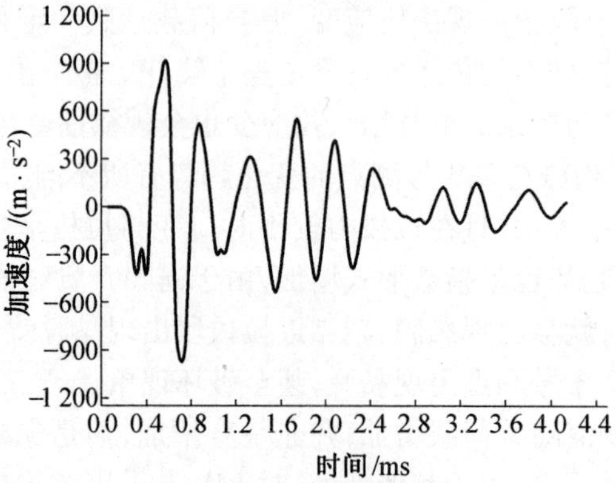

(a-2) 荷载 10 kN

图 9.3 不同荷载下 2 号传感器信号原始信号

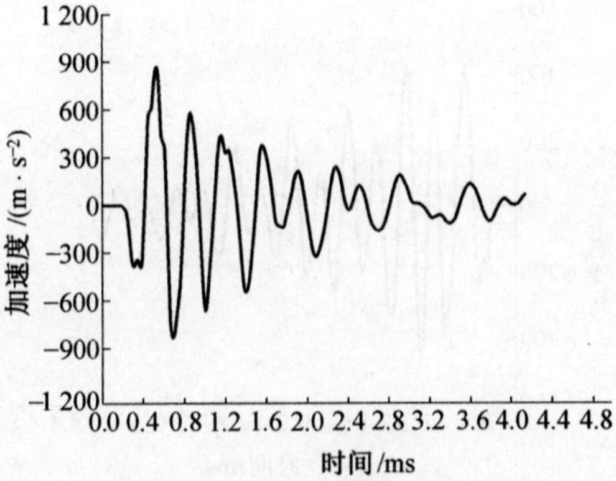

(a-3) 荷载 20 kN

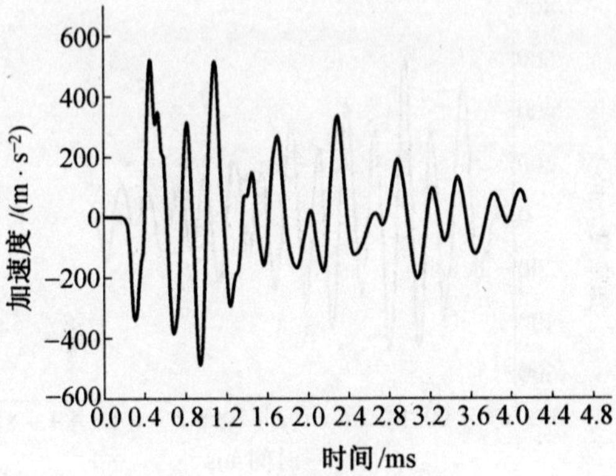

(a-4) 荷载 30 kN

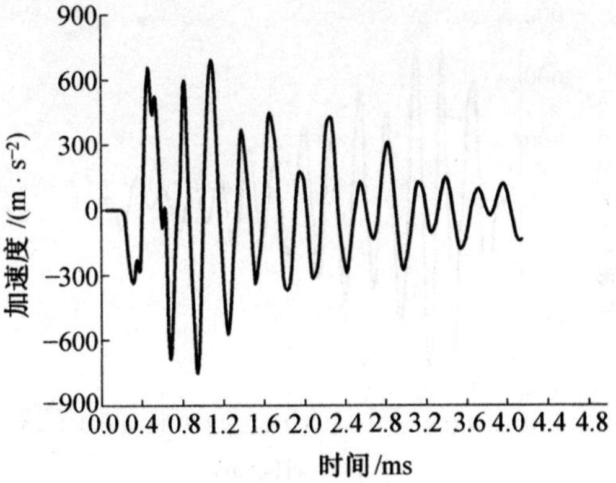

(a-5) 荷载 40 kN

续图 9.3

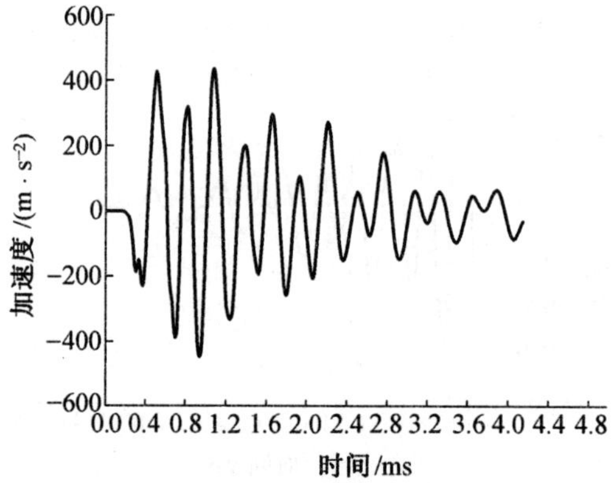

(a-6) 荷载 50 kN

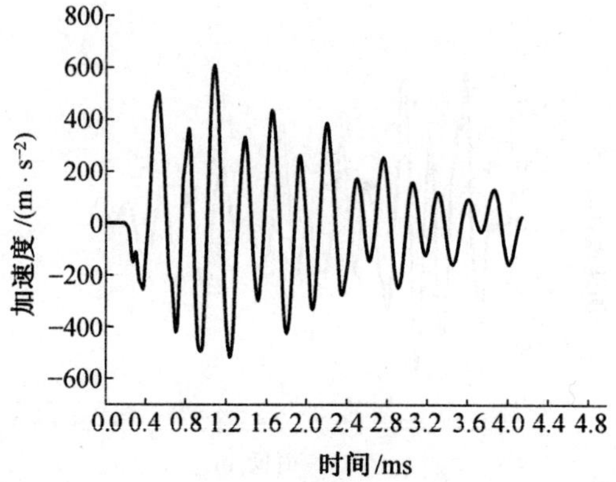

(a-7) 荷载 60 kN

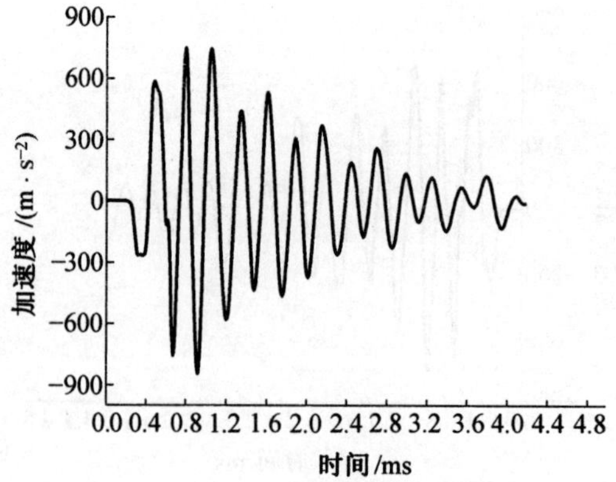

(a-8) 荷载 70 kN

续图 9.3

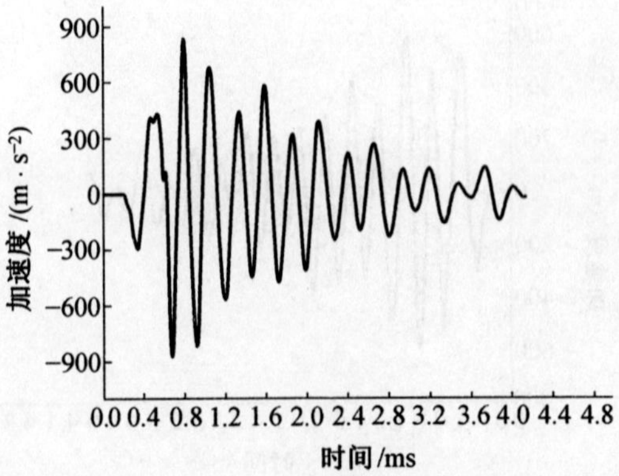

(a-9) 荷载 80 kN

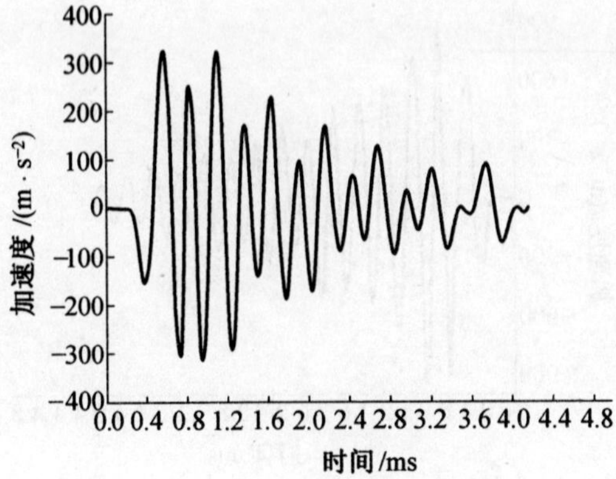

(a-10) 荷载 90 kN

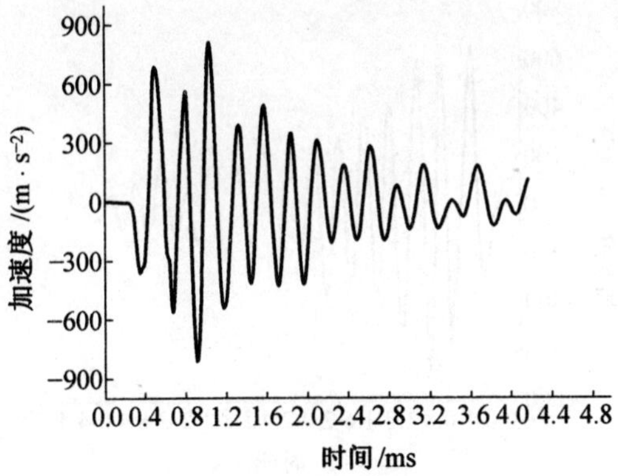

(a-11) 荷载 100 kN

续图 9.3

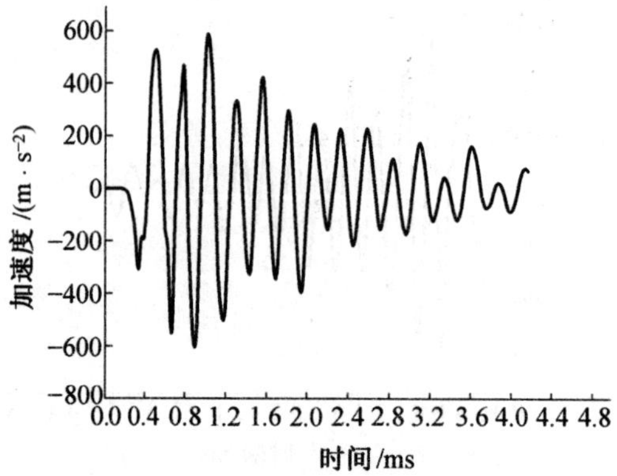

(a-12) 荷载 120 kN

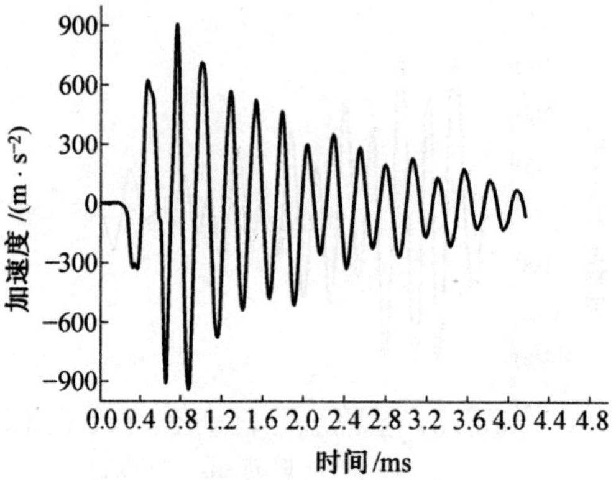

(a-13) 荷载 140 kN

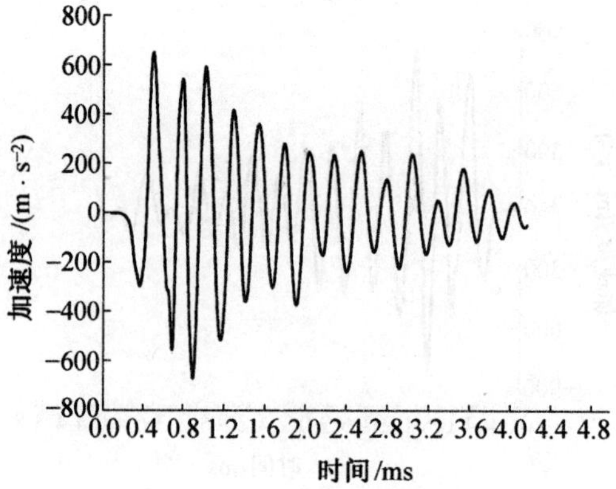

(a-14) 荷载 160 kN

续图 9.3

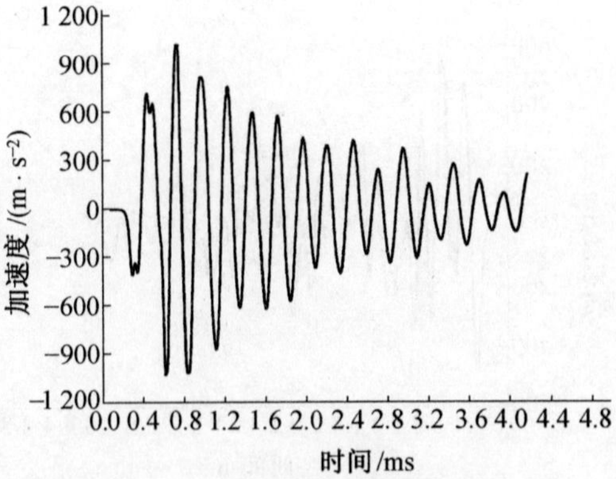

(a-15) 荷载 180 kN

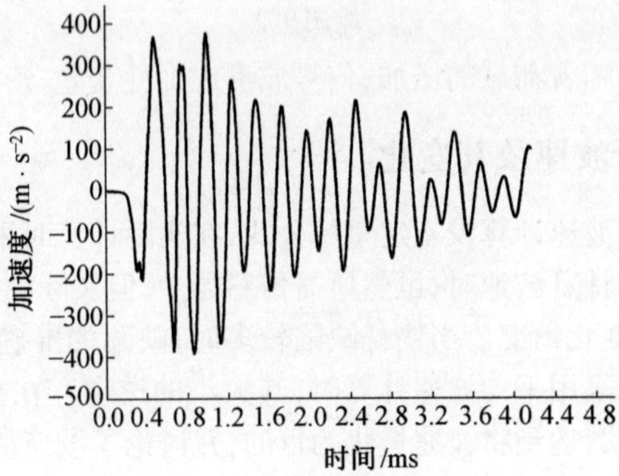

(a-16) 荷载 200 kN

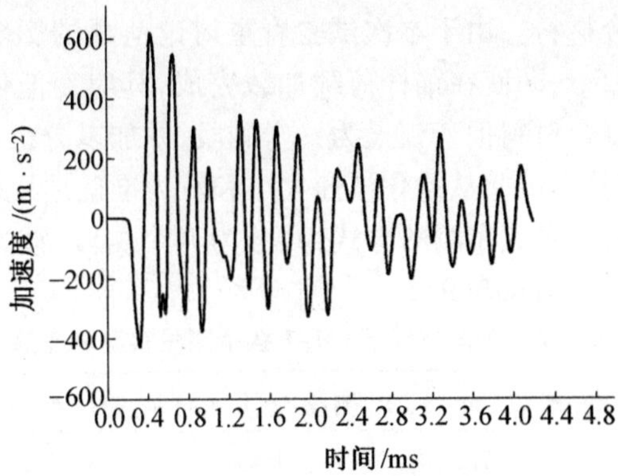

(a-17) 荷载 220 kN

续图 9.3

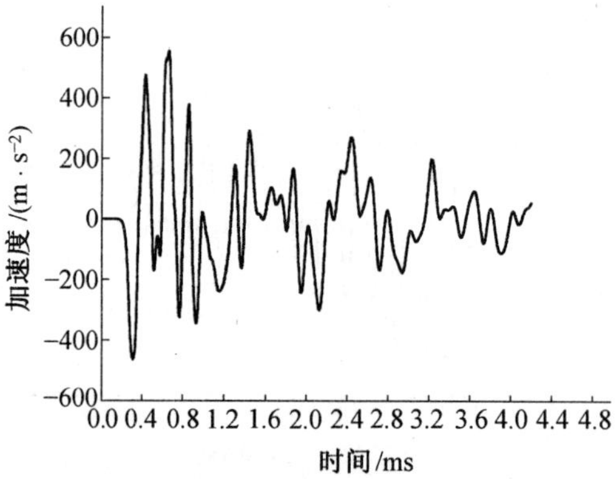

(a-18) 荷载 240 kN

续图 9.3

由图 9.3 可以看出，随着荷载的增加，信号波形规则性变差，影响结果分析。

9.4.2　完整锚杆波速及其变化

由 5.2 节分析可知，波速计算没有定量的公式，在实际计算时采用在顶端布置传感器的方式，当采用一个测点来计算波速时，虽然所需传感器少，但实际测得的波速为平均波速，不能反映实际波速大小及变化情况。当锚杆缺陷较多时，缺陷的准确位置应采用各段的波速及对应的时间来计算，而采用平均波速计算时，其大小的选取存在很大的范围。因此，本试验采用了多点布测的方式，达到将波速量化的目的，并讨论了波速的大小和在传播过程中的变化情况。

本次试验中，完整锚杆 LM-1 可看成由两部分组成，第一部分为外露的钢筋，第二部分为砂浆和钢筋组成的复合材料。由于本次试验着重讨论荷载的影响，而从 LM-1 各应变测点的应变值来看，测点 4,5,6 即使在锚杆荷载加载完成，其应变值依旧相对较小，故虽然第二部分为砂浆和钢筋的复合材料但若仅设为一个测段，并加以分析，不能较好地反映荷载对应力波速大小的影响，因此本试验从量化波速大小和较为准确地反映荷载影响这两点出发，仍对完好锚杆 LM-1 采取了多点布测的方式，共分为五个测段，波速的计算方法同 5.3 节，不同荷载下各测段实测波速值见表 9.2。

表 9.2　不同荷载下 LM-1 各个测段实测波速值

荷载/kN	测段 1/($m \cdot s^{-1}$)	测段 2/($m \cdot s^{-1}$)	测段 3/($m \cdot s^{-1}$)	测段 4/($m \cdot s^{-1}$)	测段 5/($m \cdot s^{-1}$)
0	3 593	5 613	4 431	3 200	4 363
10	3 841	5 169	4 800	3 200	4 798
20	3 599	4 801	4 109	3 391	3 692
30	3 031	4 801	4 431	3 387	4 798
40	3 387	4 801	4 115	3 387	4 798
50	3 200	4 797	4 431	3 387	4 000
60	2 899	4 201	5 235	3 031	4 363

续表 9.2

荷载/kN	测段 1/(m·s^{-1})	测段 2/(m·s^{-1})	测段 3/(m·s^{-1})	测段 4/(m·s^{-1})	测段 5/(m·s^{-1})
70	2 743	4 199	5 235	3 387	4 798
80	3 200	3 952	4 800	2 880	4 363
90	2 880	3 952	4 800	3 031	4 363
100	2.742	4 801	4 800	2 879	4 000
110	2 618	4 478	4 800	3 019	4 363
120	2 617	4 481	4 428	3 031	4 000
130	2 618	4 478	3 841	3 200	4 363
140	2 879	4 201	4 800	3 200	4 000
150	2 618	4 478	3 387	3 601	4 363
160	3 031	3 537	4 115	3 200	4 000
170	2 879	3 954	3 387	3 599	3 692
180	2 880	3 733	3 200	4 431	4 000
190	2 879	3 733	3 601	3 599	4 000
200	2 742	3 733	3 841	3 599	4 363
210	2 620	2 921	3 601	3 387	4 798
220	2 504	3 200	3 387	3 387	4 000
230	2 217	3 952	3 031	3 387	4 363
240	2 400	3 733	3 200	3 601	4 807
250	2 617	3 200	3 599	3 387	4 000

由表9.2可以看出,测点1,2,3,4应变值相对较大,说明荷载的主要影响段在测段1、测段2和测段3。由表9.2可以看出测段4和测段5的应力波速值变化相对稳定,荷载对测段1、测段2和测段3的影响较大,不同荷载下各测段的应力波速值如图9.4所示。

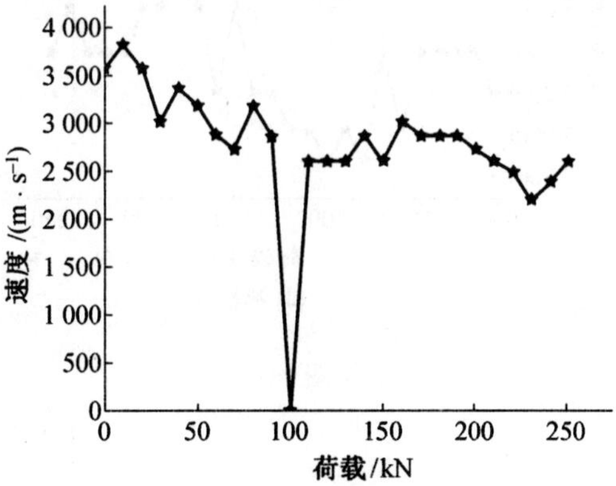

(a) 测段 1

图9.4　不同荷载下各测段的应力波速值

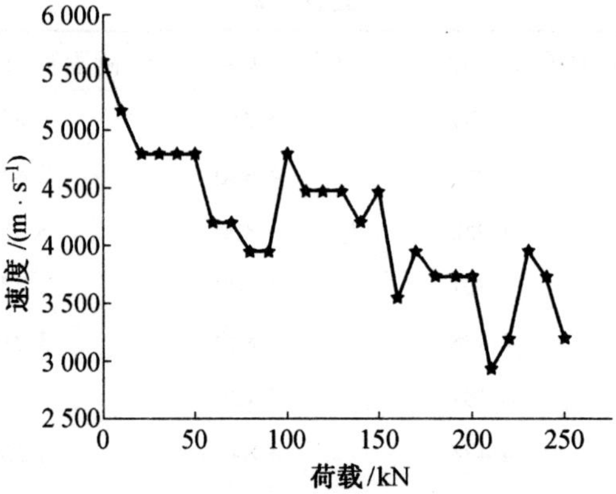

(b) 测段 2

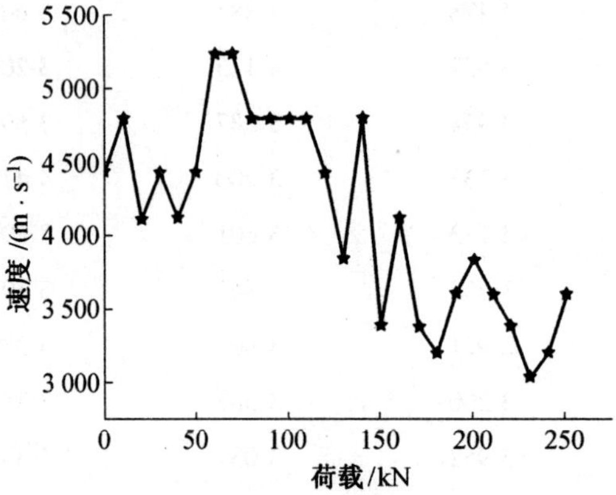

(c) 测段 3

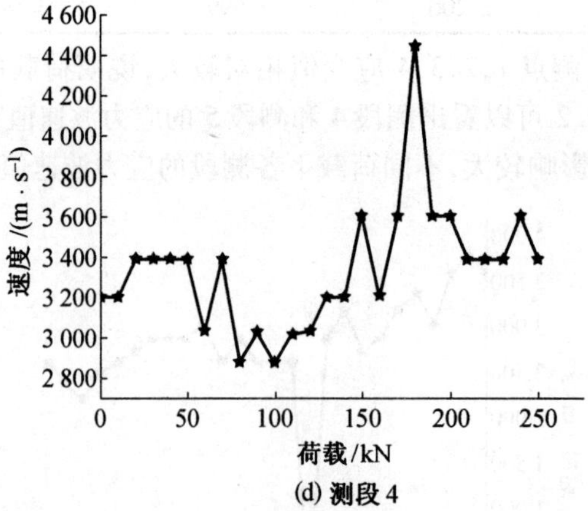

(d) 测段 4

续图 9.4

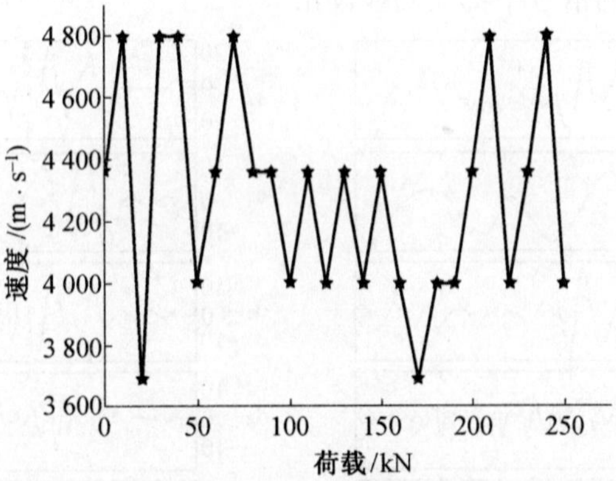

(e) 测段 5

续图 9.4

由表 9.2 可以看出,在对锚杆加载时,荷载主要分布在锚杆的前面一段,即应变测点 1,2,3 的应变值相对较大,而应变测点 4,5,6 的应变值相对较小,甚至没有。由表 9.2 和图 9.4可以看出随着荷载的增加,应力波速值有下降的趋势,测段 4 和测段 5 的应力分布较少,波速值虽有变化但在一个范围内跳动,因此可以明显看出荷载对应力波速值有影响,且会使其值有逐渐减小的趋势。随着荷载的增加,应力波速跳跃减小,由此可以看出波速对荷载而言并不是敏感性因素。

9.4.3　完整锚杆动测信号的小波分解

由不同荷载下锚杆的加速度时程曲线分析表明,随着荷载的增加,原始信号可读性变差,波形变得不规则,对结果的判断有直接的影响。为对 LM-1 的极限承载力有较好的判断,本次加载的步长较大,以反映大荷载下的锚杆应力-应变情况。为对锚杆质量有较为准确的质量判断,选取 50 kN 及以下的荷载实测数据进行分析。

对锚杆 LM-1 的原始信号进行小波变换,对于小波的选取,考虑到时间-频率窗的大小,计算的复杂性,基小波的光滑与对称性及逼近性等,本文选取 Daubechies 小波。Daubechies 小波为有限紧支撑正交小波,其时域和频域的局部化能力强,在分析过程中能提供更具体更实际的数字滤波器。由 db$N$ 小波函数和尺度函数的波形及频率特性知 N 值不同,滤波器长度 $L=2N$ 不同,N 越大,尺度函数和小波函数波形越光滑,滤波器频率特性越好。然而其计算量急剧增加,由不确定原理可知不存在完美的滤波器,所以选取 db6 小波,噪声选择未知白噪声,使得分解后的信号中不存在处处奇异信号。通过 MATLAB 小波工具箱,部分变换结果如图 9.5 所示。其中纵坐标为加速度幅值(m/s^2),横坐标为时间(ms)。

由小波变换原理知原始信号 $s=a_4+d_4+d_3+d_2+d_1$,从图 9.5 中可以得出,a_4为低频信号,波形规则表明锚杆无大尺寸缺陷。d_1为高频信号,其存在有可能对原始信号个别点判断有影响。在多尺度分析中信号灰度的深浅反映了信号变化强弱,通过对理想信号的小波多尺度分析,不同频率反映不同大小的缺陷,不同颜色对应于不同程度的缺陷,颜色越浅,缺陷越大。因此 LM-1 锚杆的多尺度分析表明入射信号强,而反射信号弱,锚杆质量良好。原始信号波形较为规则,分解后的信号也没表现出缺陷特征。长度计算时,底端反射信号不论是在原始信号还是在分解后的信号中都能明显读出。

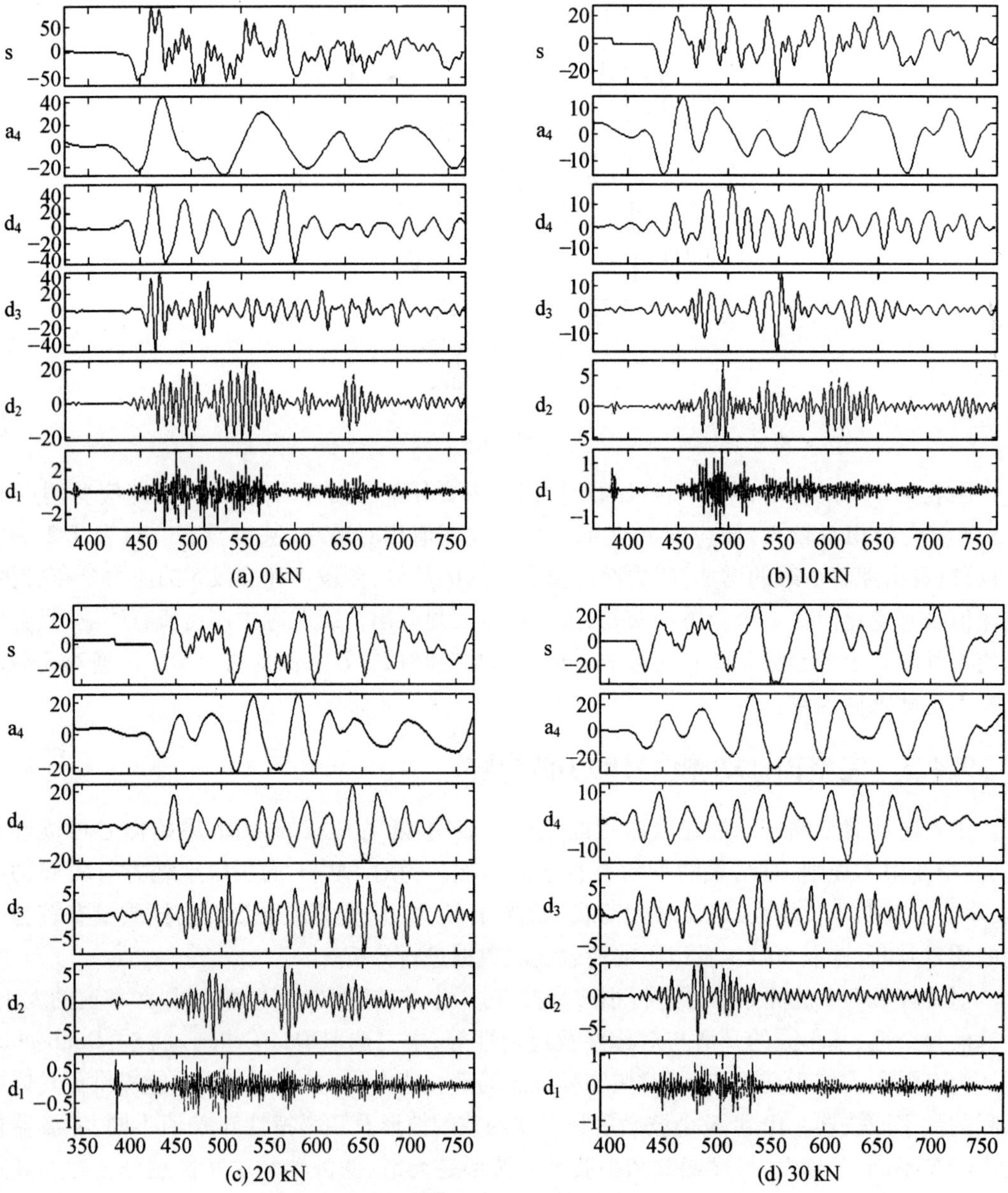

图 9.5　不同荷载下 LM-1 部分原始信号小波分解图

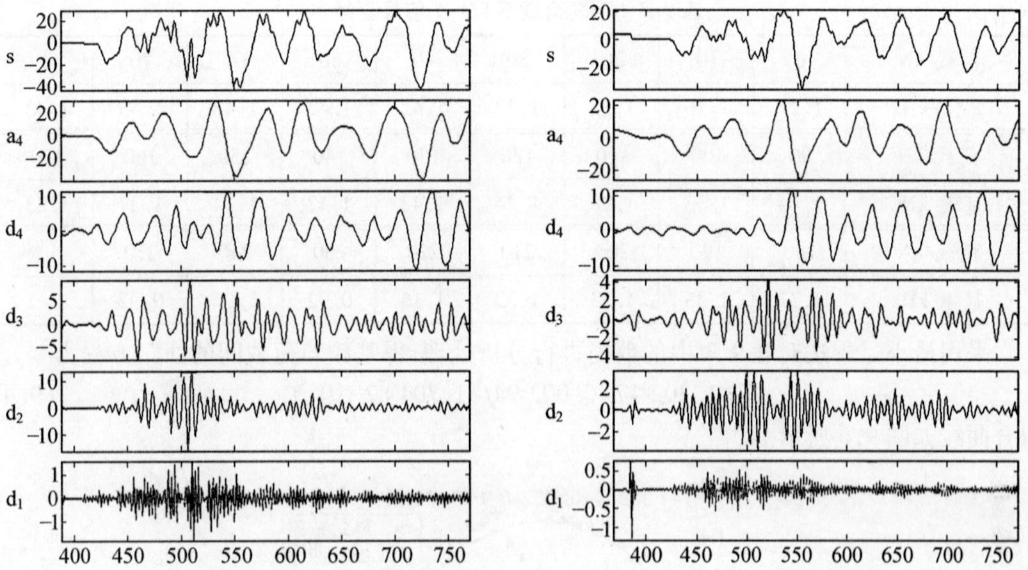

(e) 40 kN　　(f) 50 kN

续图 9.5

9.4.4　完整锚杆信号基频及其变化

现有研究表明,工作荷载与基频的关系大致为[185]

$$F=EA\frac{l^2}{2!}\left(\frac{2\pi f}{V_c}\right)^3-EA\frac{2\pi f}{V_c} \tag{9.1}$$

式(9.1)表明,基频与荷载呈三次幂函数关系。但在式(9.1)中未考虑阻尼的影响,且其荷载等级较小,大荷载状况下还有待验证。

在第 7 章中,作者考虑了周围介质所产生的动静阻尼的影响,建立了锚杆受瞬态激振时的波动方程,推导了其位移场的解析解,对该解的时间变量和空间变量求导,求得速度、加速度和应变、应力场的解析解。本部分在第 7 章分析的基础上,针对一端固定一端自由这一约束情况,探求大小荷载等级下锚杆基频与荷载之间的关系。

由方程(7.13)可知,函数 $V_n(t)=e^{\lambda t}\cdot(C_n\cos\omega_n t+D_n\sin\omega_n t)$ 决定固有振型的形状,$V_n(t)$ 的物理意义为关于 t 时间的位移函数,对 $V_n(t)$ 求二次导可得加速度,并乘以刚度系数 EA,得承载力为

$$\left(EA\frac{\mathrm{d}V(t)}{\mathrm{d}t^2}\right)_{t=0}=-T \tag{9.2}$$

其中,T 为作用在锚杆上的荷载。将方程(9.2)代入 $V_n(t)$ 方程可得锚杆振动基频与荷载之间的关系为

$$T=EA(-4\pi^2C_nf^2+4\pi D_n\lambda f+C_n\lambda^2) \tag{9.3}$$

其中,$f=\omega/(2\pi)$ 为振动频率,由式(9.3)可知,在考虑阻尼的影响下,作用在锚杆上的荷载 T 与振动频率之间呈二次幂函数关系。

锚杆在纵向振动中,其振动的模态对横向模态而言相对单一,基频比较明显。通过拉拔数据分析、波形识别得出对应的荷载与基频见表 9.3。

表 9.3 不同荷载下 LM-1 信号基频

荷载/kN	0	10	20	30	40	50	60	70	80
基频/kHz	1.27	1.36	1.35	1.39	1.42	1.42	1.42	1.43	1.43
荷载/kN	90	100	110	120	130	140	150	160	170
基频/kHz	1.44	1.36	1.38	1.44	1.42	1.42	1.14	1.27	1.33
荷载/kN	180	190	200	210	220	230	240	250	
基频/kHz	1.31	1.33	1.33	1.32	1.16	0.92	1.02	0.92	

采用最小二乘法对表 9.3 中的数据进行分析处理，得基频与荷载间的回归方程为

$$T=1.30217+0.00294f-1.70482\times10^{-5}f^2 \tag{9.4}$$

拟合曲线如图 9.6 所示。

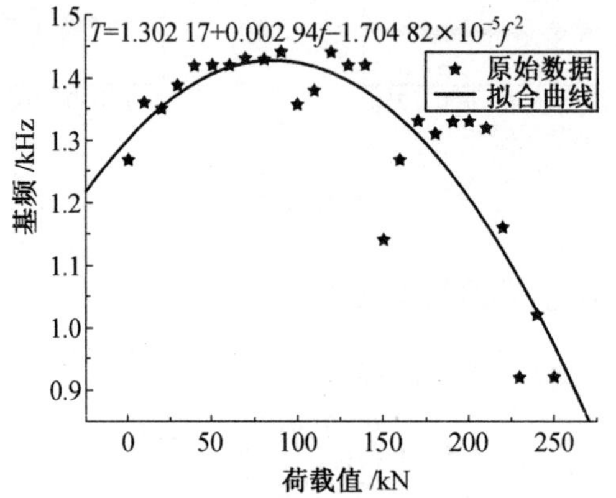

图 9.6 LM-1 锚杆基频与荷载间的关系曲线

由回归方程(9.4)和拟合曲线图 9.6 可知，从小荷载到大荷载作用下，锚杆的荷载与基频关系曲线的回归方程为二次幂函数，与理论分析吻合，相关系数达 0.918 以上。由表 9.3 和图 9.6 可知，当荷载等级比较小时，随着荷载的增加，锚杆锚固系统的振动频率显著增大；在一定等级范围内，基频的变化比较平缓；当荷载达到一定值时，本试验中为 120 kN，振动频率达到最大值；随后，随着荷载的增加，振动频率反而减小，而且频率的减小随着荷载的增加而加剧。

9.4.5 完整锚杆信号阻尼比及其变化

在锚杆无损检测信号中，阻尼的存在会使信号强度逐渐衰减，从现场测得的信号分析可以看出采集的信号的初期，加速度的幅值振动较大，但是衰减也较快；在后期，信号衰减变得十分缓慢，且在对单个测点信号进行阻尼分析时，所得到的阻尼变化情况仅为单个点的情况，不能综合反映整个锚杆的阻尼变化情况。因此，在讨论荷载对阻尼的影响时不能通过分别计算阻尼值的大小来直接进行讨论，然而从另一个角度出发，阻尼的目的在于对初始的能量脉冲的能量消耗，因此可以通过对两个传感器信号的起跳点的幅值比变化情况进行分析，以判断阻尼的变化情况。为了对各测段的阻尼情况进行分析和不同荷载下的阻尼进行比较，本试验为得到一个传感器初始信号幅值大小相对前一个传感器的信号幅值大小的比例，

分别将各测段结束位置测点加速度初始幅值与入射位置测点加速度初始幅值比较，得到应力波在通过各测段后的能量剩余量见表 9.4。不同荷载下的各测段的幅值比，如图 9.7 所示。

表 9.4　不同荷载下 LM−1 各个测段的幅值比

荷载/kN	测段 1	测段 2	测段 3	测段 4	测段 5
0	0.134 161	0.064 247	0.285 867	0.079 993	0.350 189
10	0.123 804	0.058 984	0.301 633	0.100 524	0.232 343
20	0.118 802	0.062 334	0.374 663	0.10961	0.223 502
30	0.117 343	0.071 469	0.250 199	0.143 411	0.391 892
40	0.108 056	0.052 528	0.263 541	0.118 218	0.381 197
50	0.079 921	0.065 837	0.386 707	0.105 425	0.36
60	0.093 492	0.079 748	0.268 37	0.105 393	0.344 892
70	0.073 754	0.082 447	0.276 672	0.092 381	0.429 354
80	0.109 876	0.056 664	0.374 578	0.119 987	0.412 74
90	0.094 698	0.068 278	0.379 71	0.138 066	0.506 849
100	0.075 731	0.056 752	0.321 647	0.181 866	0.533 486
110	0.080 893	0.059 795	0.355 864	0.185 468	0.486 69
120	0.086 866	0.071 183	0.428 125	0.146 835	0.526 108
130	0.078 501	0.064 237	0.444 448	0.147 683	0.542 535
140	0.081 498	0.063 363	0.426 447	0.132 791	0.54 189
150	0.090 126	0.075 275	0.450 069	0.158 664	0.447 259
160	0.078 19	0.069 802	0.441 694	0.108 733	0.459 522
170	0.065 632	0.087 396	0.594 859	0.092 142	0.476 577
180	0.056 691	0.101 625	0.640 535	0.087 987	0.373 019
190	0.059 512	0.104 159	0.510 594	0.133 757	0.438 234
200	0.056 266	0.094 379	0.389 331	0.177 491	0.538 636
210	0.061 783	0.098 332	0.385 581	0.182 256	0.564 579
220	0.064 562	0.097 531	0.680 354	0.103 221	0.452 04
230	0.066 925	0.083 307	0.499 15	0.156 621	0.511 628
240	0.064 03	0.097 486	0.812 032	0.115 551	0.425 632
250	0.045 788	0.098 608	0.688 879	0.129 809	0.399 222

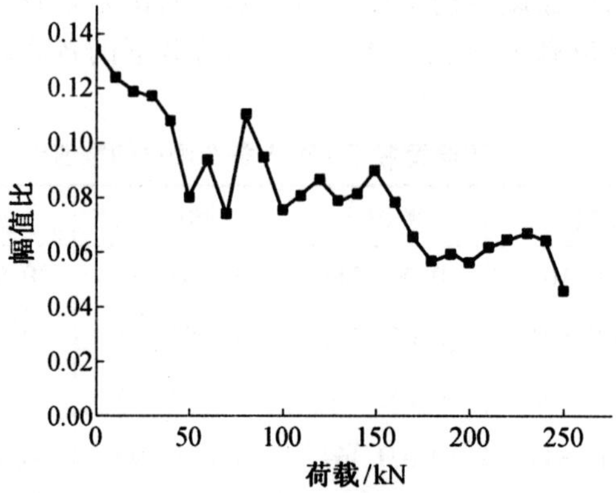

(a) 测段 1

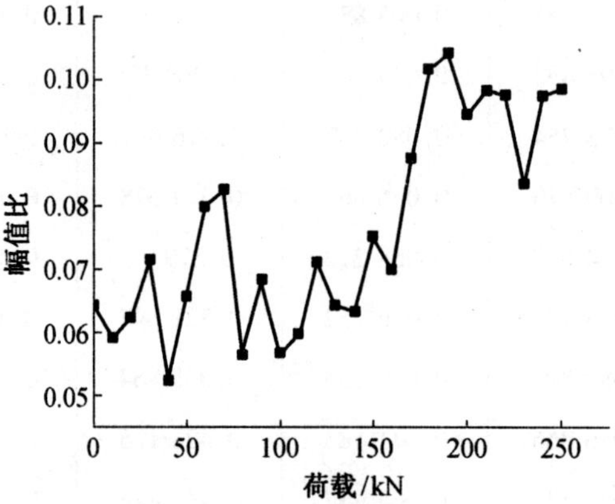

(b) 测段 2

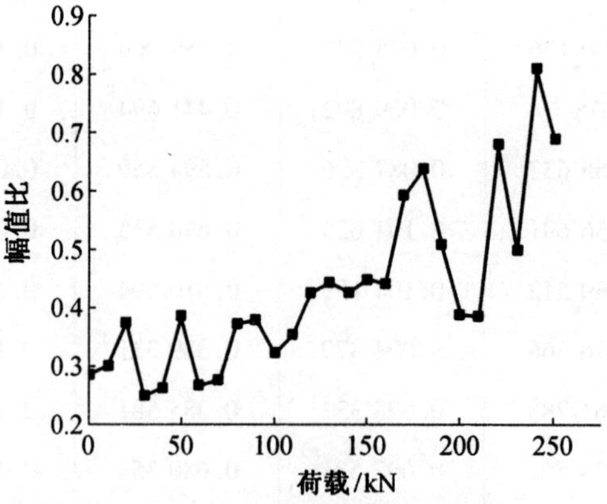

(c) 测段 3

图 9.7　不同荷载下各测段的幅值比

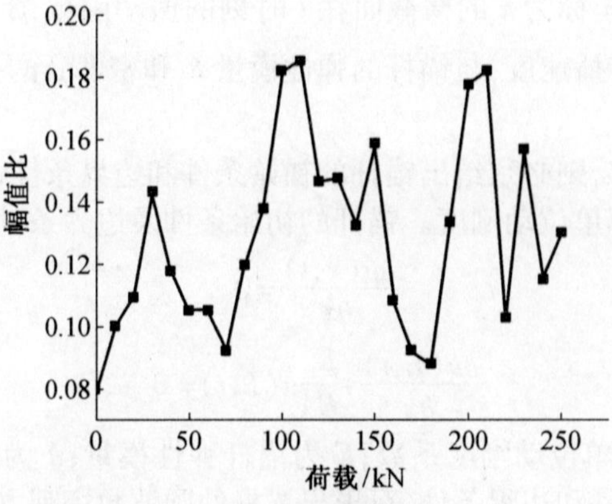

(d) 测段 4

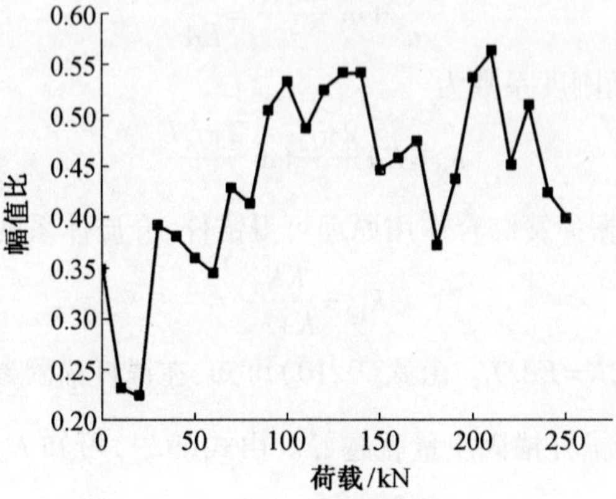

(e) 测段 5

续图 9.7

由表 9.4 和图 9.7 可以得出：

(1)由于阻尼的存在，脉冲信号在锚杆中传播的过程中衰减十分迅速，底端传感器的信号起跳点的幅值十分小。由于传到底端的信号本身很小，在从低端反射到顶端的能量除去透射及反射时的能量衰减后其值相对于初始值相差的量级较大，这也从另一个角度表明了在一个较长的距离后，底端反射难以在顶端传感器中得到明显的变化的原因。

(2)在测段 1 中，随着荷载的增加，钢筋中纯拉应力不断增大，钢筋外露端的能量耗散加剧，使得通过钢筋段后的信号能量随荷载的增加而减少，相当于受拉时，阻尼增加；在测段 2,3,4 中，随着荷载增加，各测段间应力波传播能量耗散减少，传到各测段底部的能量较多，加速度初始振动幅值相对增大。这与测段 1 中的能量变化规律相反且测段 2,3,4 的受力情况与测段 1 差别较大，测段 2,3,4 内的测点都处于受压状态。

9.4.6　完整锚杆的动刚度及其变化

锚杆动刚度计算主要借鉴于基桩瞬态动测响应的数学模型和基本特性，锚杆的阻尼波动方程为

$$\frac{\partial^2 u(x,t)}{\partial t^2}+2\beta\frac{\partial(x,t)}{\partial t}-v^2\frac{\partial^2 u(x,t)}{\partial x^2}=0\quad(0\leqslant x\leqslant L,t>0)\tag{9.5}$$

式中，$u(x,t)$代表锚杆内坐标为 x 的横截面在 t 时刻的振动函数；β 为锚杆等效黏滞系数；v 代表应力波在锚杆中的传播速度，与锚杆的弹性模量 E 和密度 ρ 的关系为 $v=\sqrt{E/\rho}$；L 为锚杆长度。

为求锚杆的振动位移，则必须给出锚杆的初始条件和边界条件，用典型的底端弹性支承杆的圆波数序列方程求解单位动刚度。锚杆的初始条件及边界条件分别为

$$\frac{\partial u(x,t)}{\partial x}=0 \tag{9.6}$$

$$\frac{\partial u(L,t)}{\partial x}+\frac{K_0}{EA}u(L,t)=0 \tag{9.7}$$

其中，$t>0$；K_0 代表锚杆的单位动刚度系数；E 为锚杆弹性模量；A 为锚杆截面积。结合锚杆的阻尼波动方程、初始条件和边界条件，可求出锚杆的圆波数序列方程为

$$\frac{2\pi f_1}{v}\tan\frac{2\pi f_1 L}{v}=\frac{K_0}{EA} \tag{9.8}$$

由此可得锚杆单位动刚度系数为

$$K_0=EA\frac{2\pi f_1}{v}\tan\frac{2\pi f_1 L}{v} \tag{9.9}$$

式中，f_1 为锚杆基频。根据弹簧综合作用原理可得锚杆-介质体系的动刚度为

$$K_{bd}=\frac{KK_0}{K+K_0} \tag{9.10}$$

式中，K 为锚杆自身刚度，$K=EA/L$。由式(9.10)可知，在锚杆锚固参数相同的情况下，K_{bd}越大，K_0 越大，f_1 越高，因而锚杆锚固质量就越好。由式(9.9)可知 K_0 受正切函数 $\tan\frac{2\pi f_1}{v}$影响较大。在 LM-1 锚杆原始信号图中可以看出在个别荷载下，信号线性较差，有可能在特定荷载下，锚杆的动刚度极小，不能据此来判断锚杆的锚固质量和极限承载力大小。因此在研究锚杆动刚度随荷载的变化情况时，仅采用了 50 kN 及以下荷载进行分析。不同荷载下锚杆 LM-1 的动刚度见表 9.5 和图 9.8。

表 9.5　不同荷载下锚杆 LM-1 的动刚度

荷载/kN	0	10	20	30	40	50
动刚度/(MN · m^{-1})	5.893	6.192	6.374	6.42	6.603	6.509

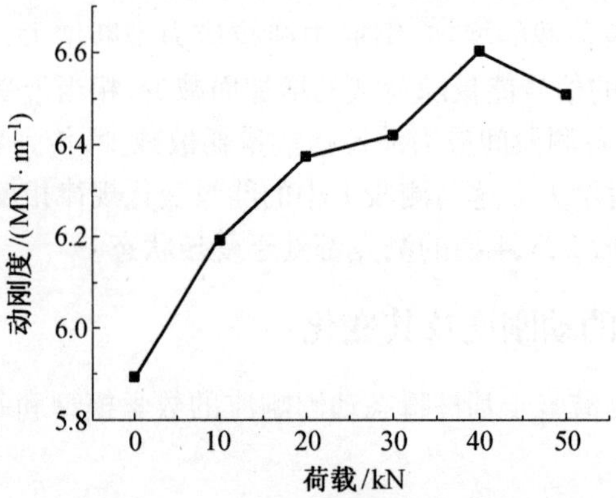

图 9.8　锚杆 LM-1 中荷载与动刚度的关系曲线

由表9.5可以看出随着荷载增加,锚杆动刚度也会增加。从图9.8可以看出在加载初期动刚度的增加速度较快,后期增加速度较平缓,甚至可能出现上下波动。

9.5 本章小结

本章多点布测与小波多尺度分析相结合的方法,通过在不同荷载下对锚杆进行检测,得到了主要结论如下:

(1)通过锚杆各测点应变分析,基本表明了在荷载增加时,当钢筋与介质的应力差大于界面极限切应力时,锚杆应力会分布,引起荷载向下滑移,钢筋与介质界面黏结力起阀值作用。但极限切应力较小,在顶端大荷载段表现不明显,底端受力小的部分变化过程明显。

(2)动测信号分析表明,随着荷载的增加,各信号采集点振动幅值增大,原始信号曲线平滑性受到影响,信噪比降低,在仅通过动测信号分析锚杆质量问题时有较大的影响,运用小波理论进行分析,消噪效果明显,曲线光滑性变好,可读性增加。表明荷载对原始动测信号有较大影响。

(3)不同加载等级下锚杆的应力波速变化分析表明,当锚杆荷载增加时,锚杆应力波波速降低,受到的荷载越小,波速变化越小。

(4)通过理论分析,得出作用在锚杆上的荷载与振动频率之间呈二次幂函数关系;通过试验验证,在大小荷载等级下,荷载与振动频率之间均呈二次函数关系,相关系数达0.918以上。小荷载作用下,荷载与基频呈正相关关系;但当荷载增大到一定值时,二者呈负相关关系。该研究不仅可以通过无损检测确定锚杆的工作荷载,还可以预测锚杆的极限承载力。

(5)锚杆信号的阻尼比分析表明,当荷载增加时在钢筋段阻尼随荷载增加而增大,锚杆受压段阻尼随荷载增加而减少,锚杆的受力方式及大小对阻尼有明显的影响。在小荷载作用下,荷载增加,锚杆动刚度也会增加。

第 10 章　荷载作用下缺陷锚杆应力分布及动测参数的变化特征

10.1 引　言

由于缺陷锚杆的力学性能、工作原理等与完好锚杆略有差异，其应力发展过程、应力波传播过程也与完好锚杆不同。锚杆常见缺陷为空浆缺陷，为对比研究完整锚杆与缺陷锚杆动态响应的差异，并讨论荷载对单个空浆缺陷锚杆动测信号的影响，本章试验模型是对单个空浆缺陷锚杆进行分级加载，在不同荷载下对单个空浆缺陷锚杆 LM-2 进行无损检测，取得其动测信号，通过对各级荷载下的动测信号进行分析，判断荷载对完整锚杆动测信号参数的影响，其中动测信号的分析参数与锚杆 LM-1 相同。

10.2 缺陷锚杆应力分布及发展

锚杆 LM-2 的具体参数设置见 3.4 节。应变片和传感器的布置位置同锚杆 LM-1，如图 9.1 所示。本次通过对所测得的不同荷载下锚杆 LM-2 不同测点的应变片原始应变分析，与 LM-1 相同，假设荷载为 0 时各测点的应变都为 0，通过不同荷载下的锚杆应变减去初始值，得到了不同荷载下锚杆 LM-2 不同测点的应变以及各测点应变在不同荷载下的变化情况，见表 10.1 和图 10.1 所示。

表 10.1　不同荷载情况下 LM-2 各个测点的微应变值

荷载/kN	测点 1	测点 2	测点 3	测点 4	测点 5	测点 6
0	0	0	0	0	0	0
10	269	4	−20	1	−3	−1
20	376	14	−24	0	−4	−1
30	487	16	−25	1	−4	−2
40	605	16	−26	1	−4	−2
50	733	16	−28	1	−4	−1
60	848	14	−27	1	−5	−3
70	980	8	−10	0	0	−1
80	1 070	10	−17	0	−1	−2
90	1 158	9	−21	0	−2	−2
100	1 247	11	−27	0	−2	−3
110	1 331	11	−29	0	−2	−3
120	1 410	12	−31	0	−2	−3
130	1 489	13	−32	−1	−2	−3

续表 10.1

荷载/kN	测点 1	测点 2	测点 3	测点 4	测点 5	测点 6
140	1 590	13	−33	0	−2	−4
150	1 680	11	−34	0	−1	−3
160	1 775	13	−31	0	−2	−3
170	1 864	11	−31	1	−1	−3
180	1 948	11	−28	−1	−3	−5
190	2 042	11	−30	−1	−4	−6
200	—	20	−29	−1	−3	−5
210	—	59	84	9	9	−27
220	—	66	93	11	11	−27
230	—	87	122	16	14	−36
240	—	331	541	187	190	−25
250	—	1 808	1 143	857	763	−11

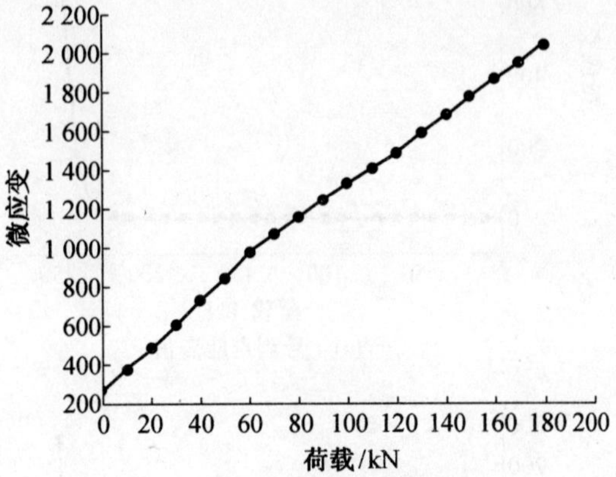

(a) 1 号测点应变值

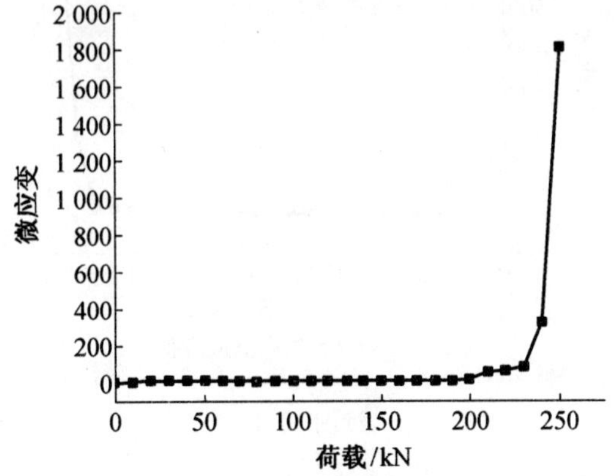

(b) 2 号测点应变值

图 10.1　不同荷载下锚杆 LM-2 各测点的微应变值

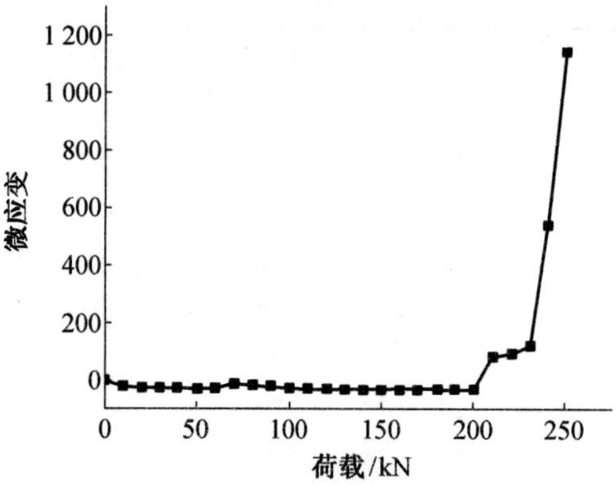

(c) 3 号测点应变值

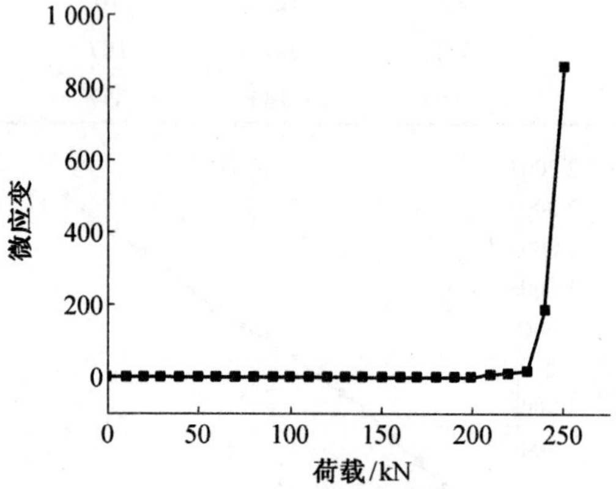

(d) 4 号测点应变值

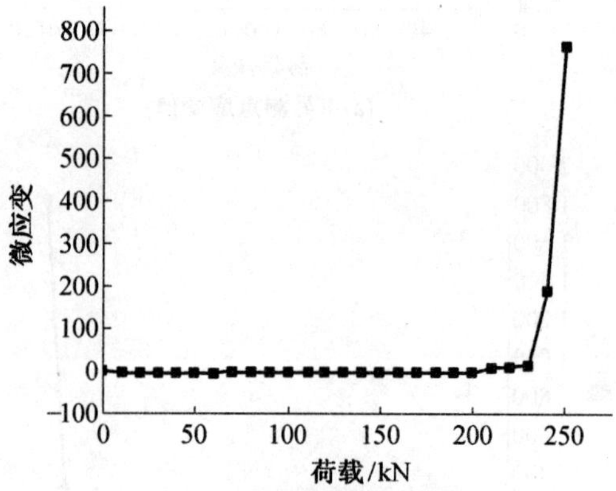

(e) 5 号测点应变值

续图 10.1

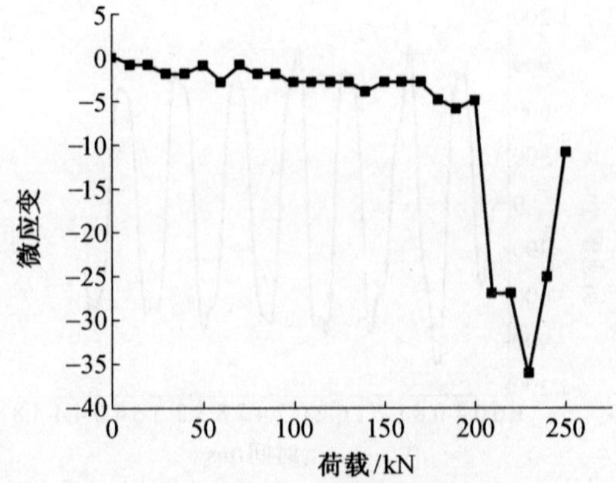

(f) 6 号测点应变值

续图 10.1

与完好锚杆 LM-1 相比,当单空浆段锚固缺陷锚杆 LM-2 应力发展到空浆段开始处时,由于空浆段界面不能受剪,从而会使应力通过钢筋直接传至空浆段结束处,相对 LM-1,LM-2应变更大,且应力集中相对要小。由图 10.1 和表 10.1 可以看出,在缺陷锚杆 LM-2 中,应变随荷载的变化情况分析如下:

(1)1 号测点应变随荷载的增加表现出线性增加的变化趋势,一定的荷载值后,应变片达到极限应变而损坏,此时钢筋应变还未达到屈服。

(2)2,3,4,5 号测点的变化趋势和 1 号测点不同,在荷载达到一定值后,应变才会发生明显变化。在相同荷载下,不同测点应变会减小,即随着应力发展到下一测段时,仍有一定的应力在前一测段内。

(3)6 号测点应变随着荷载的增加,其应变变化明显地表现出了先压后拉的变化过程,是较为明显的应力重分布过程。

(4)锚杆缺陷段不受锚固介质的剪应变作用,加长了锚杆应变的应力传递长度,应变变化更大。

总之与 LM-1 相对比,在各个测点,应变的变化趋势和变化范围都明显增多,锚固缺陷在一定程度上也加大了锚杆各个区段受力程度,应力分布集中变小。

10.3　缺陷锚杆动测参数的变化特征

10.3.1　缺陷锚杆原始动测信号

本次试验通过多点布测的方式对 LM-2 进行检测数据采集,但仅通过顶端 2 号加速度传感器所测得信号的规律来判断 LM-2 的底端反射位置,不同荷载下 LM-2 顶端传感器的信号图如图 10.2 所示。

由图 10.2 可以看出,随着荷载的增加,信号波形规律性变差,信号曲线平滑性变差。

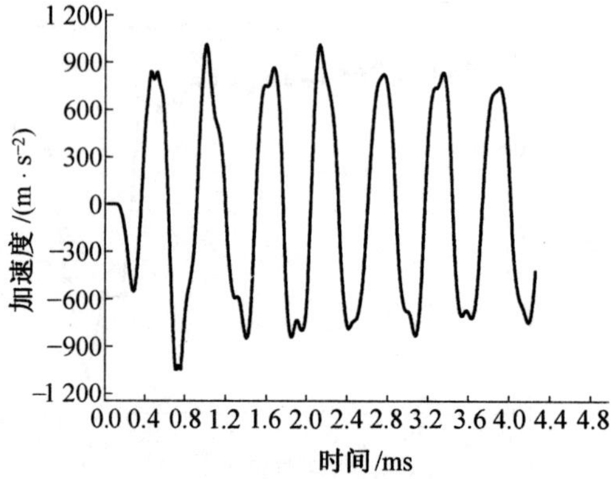

(a-1) 荷载 0 kN

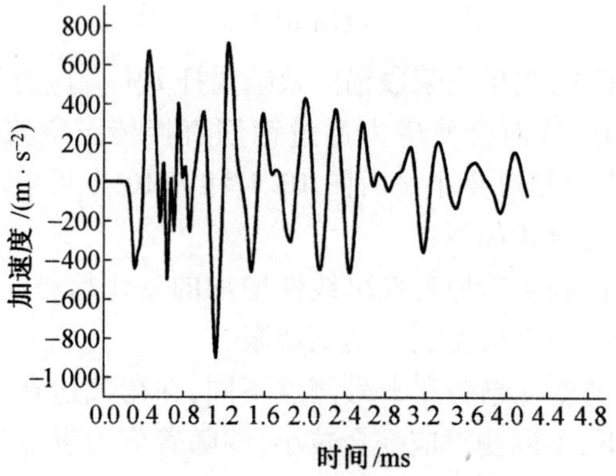

(a-2) 荷载 10 kN

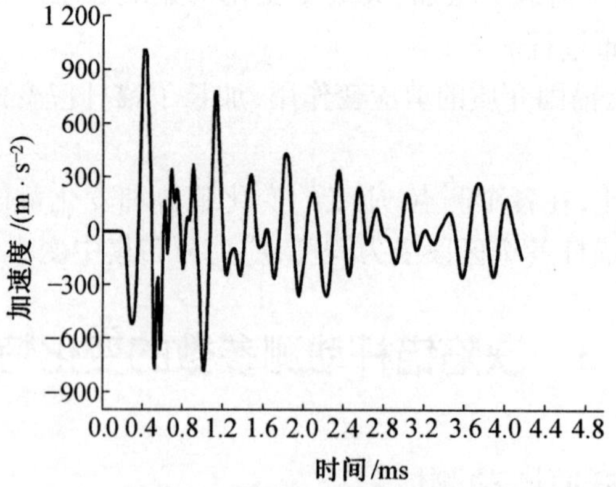

(a-3) 荷载 20 kN

图 10.2　不同荷载下 2 号传感器所测原始信号

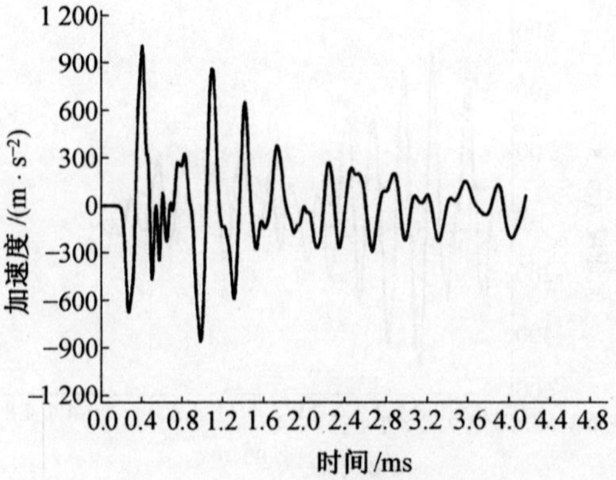

(a-4) 荷载 30 kN

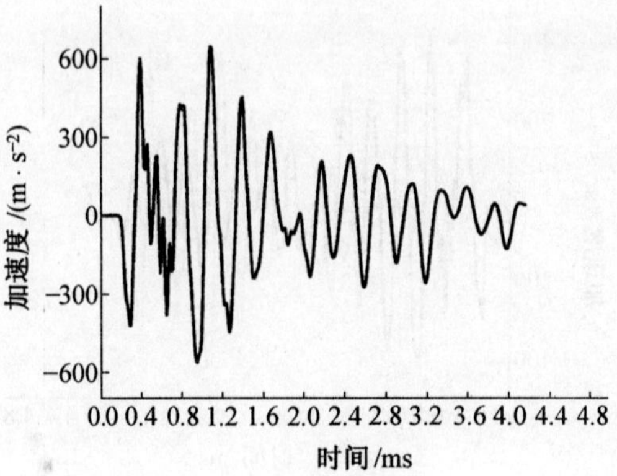

(a-5) 荷载 40 kN

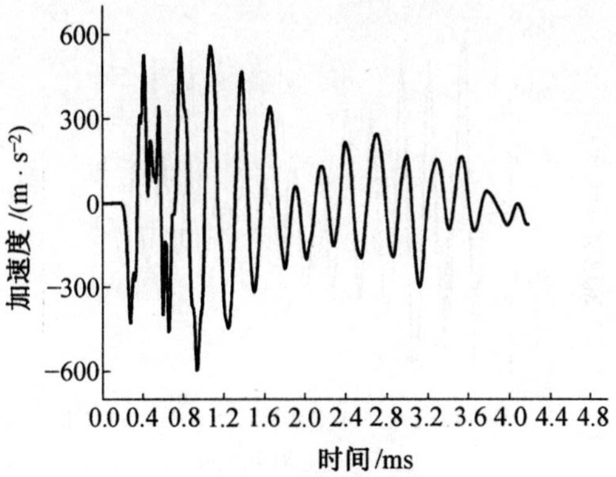

(a-6) 荷载 50 kN

续图 10.2

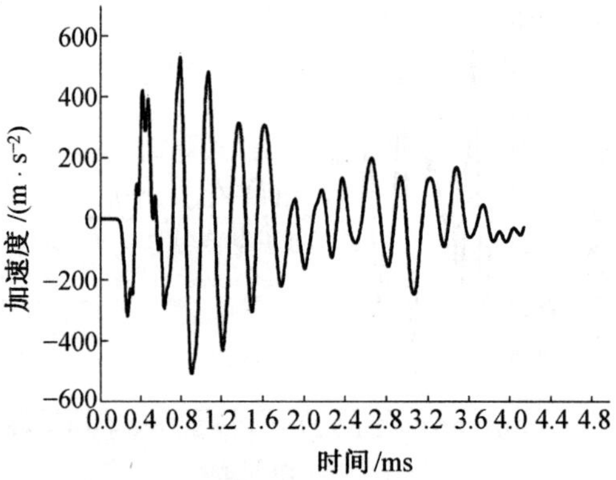

(a-7) 荷载 60 kN

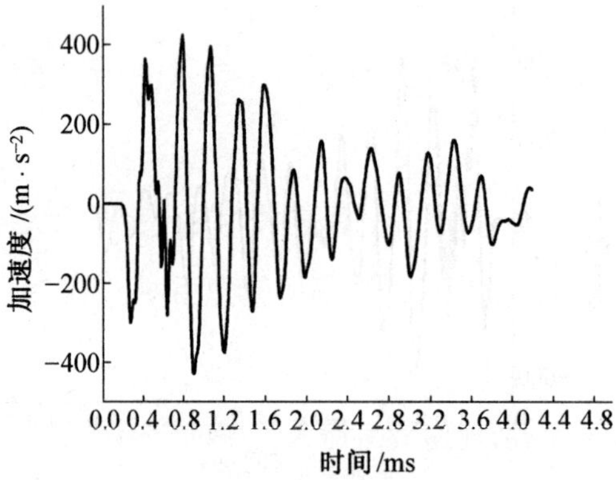

(a-8) 荷载 70 kN

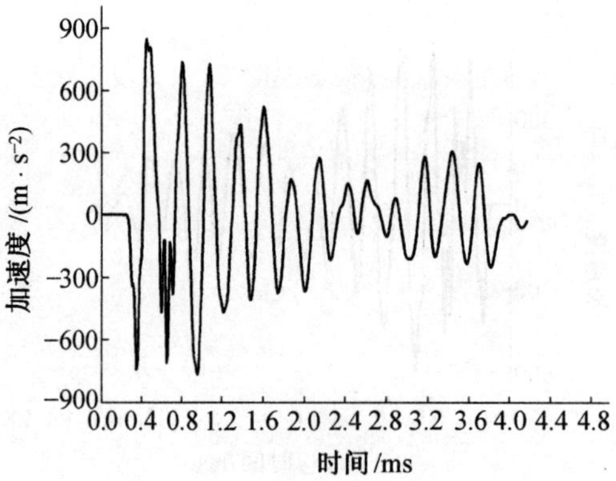

(a-9) 荷载 80 kN

续图 10.2

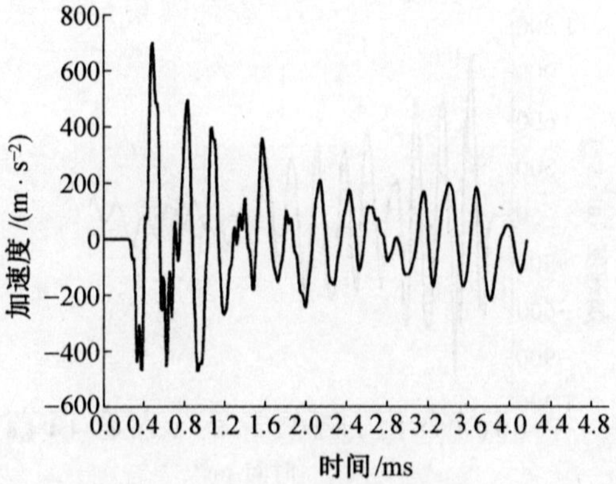

(a-10) 荷载 90 kN

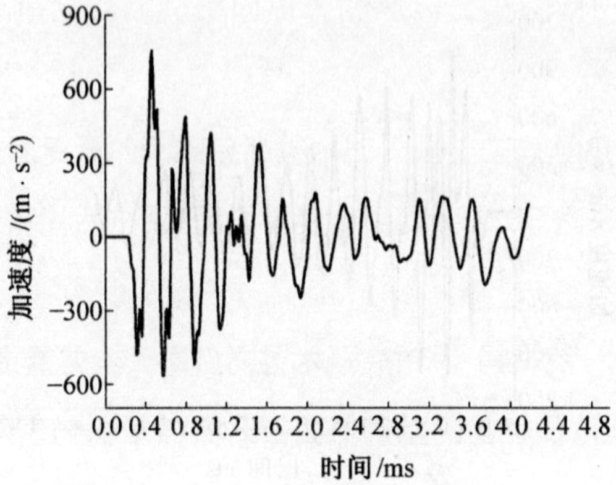

(a-11) 荷载 100 kN

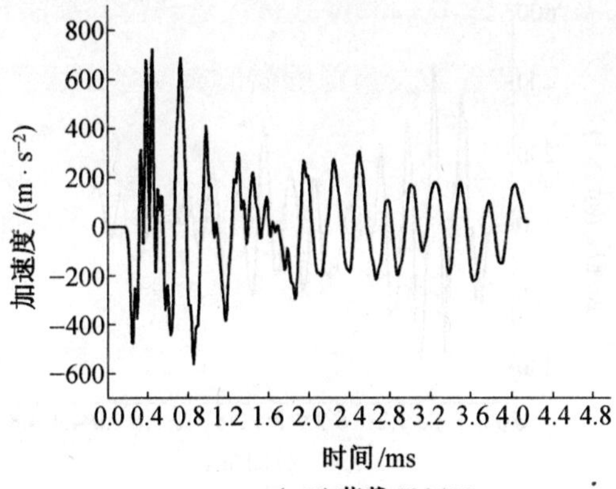

(a-12) 荷载 120 kN

续图 10.2

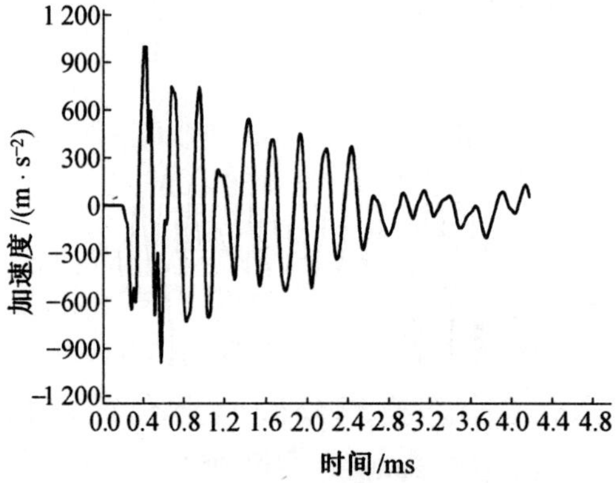

(a-13) 荷载 140 kN

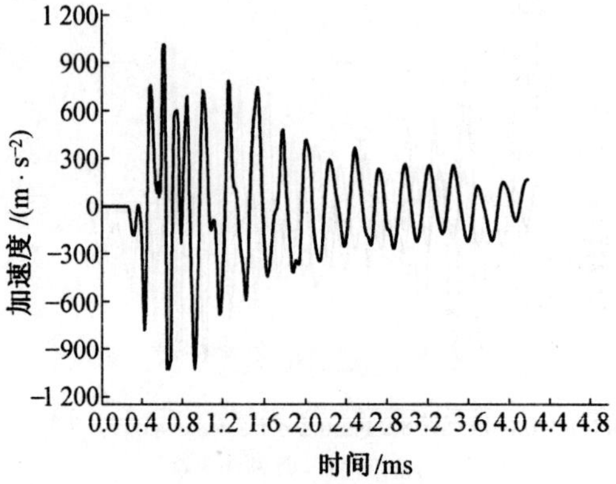

(a-14) 荷载 160 kN

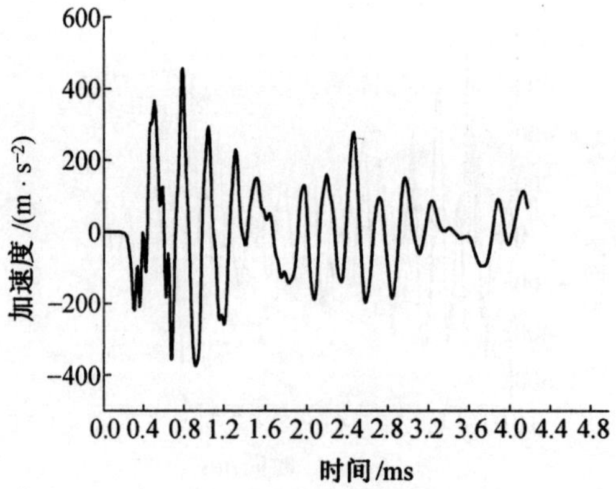

(a-15) 荷载 180 kN

续图 10.2

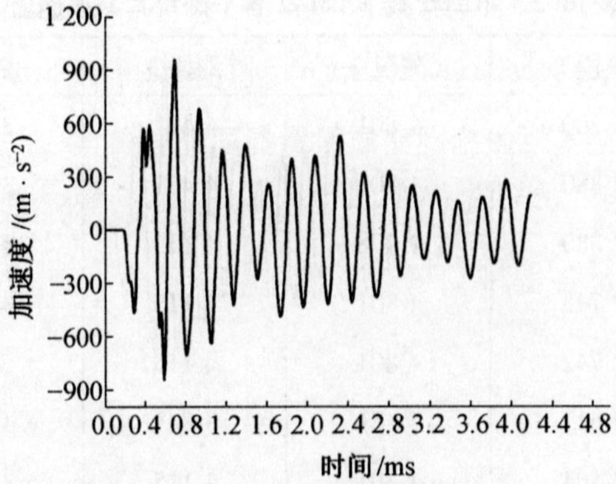

(a-16) 荷载 200 kN

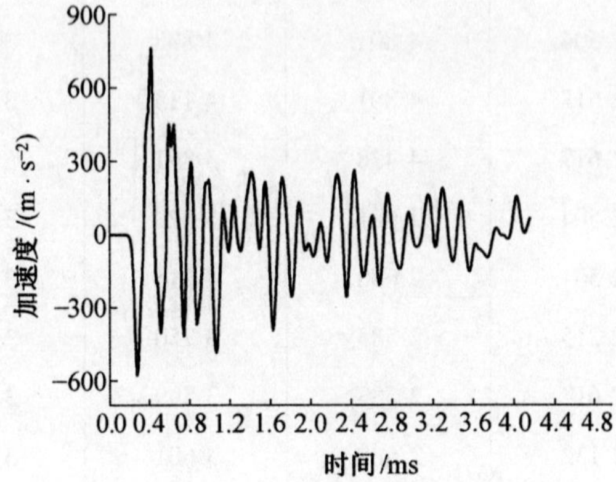

(a-17) 荷载 220 kN

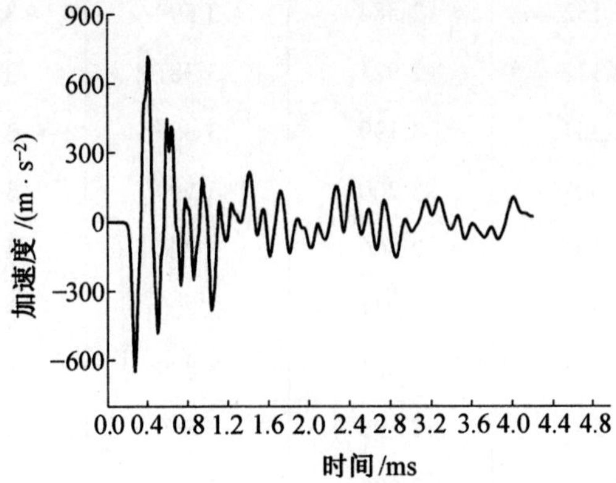

(a-18) 荷载 240 kN

续图 10.2

10.3.2　缺陷锚杆波速及其变化

仍对单个空浆锚杆 LM-2 采取了多点布测的方式，共分为五个测段，各测点的位置布置与 LM-1 相同，不同荷载下各测段实测波速值见表 10.2。

表 10.2　不同荷载下 LM-2 各个测段实测波速值　m/s

荷载/kN	测段 1	测段 2	测段 3	测段 4	测段 5
0	3 200	4 801	4 431	3 599	4 000
10	2 880	4 801	4 431	3 387	4 000
20	2 880	4 478	4 115	3 838	4 000
30	2 743	4 801	4 115	3 838	3 692
40	2 742	4 801	4 115	3838	3 692
50	2 617	4 481	3 841	4 112	3 692
60	2 504	4 801	4 115	3 838	4 000
70	2 504	4 478	4 115	3 599	3 429
80	2 504	4 801	3 838	3 462	3 692
90	2 617	4 801	4 115	3 200	4 000
100	2 617	4 478	3 841	3 599	3 692
110	2 504	2 921	4 120	3 599	3 692
120	2 504	2 688	4 115	3 838	3 692
130	2 215	2 583	3 750	3 462	3 692
140	2 617	2 583	3 599	3 841	3 429
150	2 132	2 688	3 601	3 387	3 198
160	2 304	2 399	3 601	4 112	3 429
170	2 132	2 584	3 599	3 387	3 198
180	2 132	2 921	3 387	3 387	3 496
190	2 304	3 199	3 387	3 200	3 427
200	2 304	3 200	3 599	3 601	3 692
210	2 504	2 800	3 200	4 115	3 429
220	2 504	2 921	3 200	3 841	3 429
230	2 617	2 921	3 879	3 601	3 198
240	2 508	3 196	3 846	3 828	3 692
250	2 508	3 200	4 743	3 053	4 000

由表 10.1 可以看出，测点 1,2,3,4 应变值相对较大，说明荷载的主要影响段在测段 1、测段 2 和测段 3。由表 10.2 可以看出测段 4 和测段 5 的应力波速值变化相对稳定，荷载对测段 1、测段 2 和测段 3 的影响较大，不同荷载下的应力波速值如图 10.3 所示。

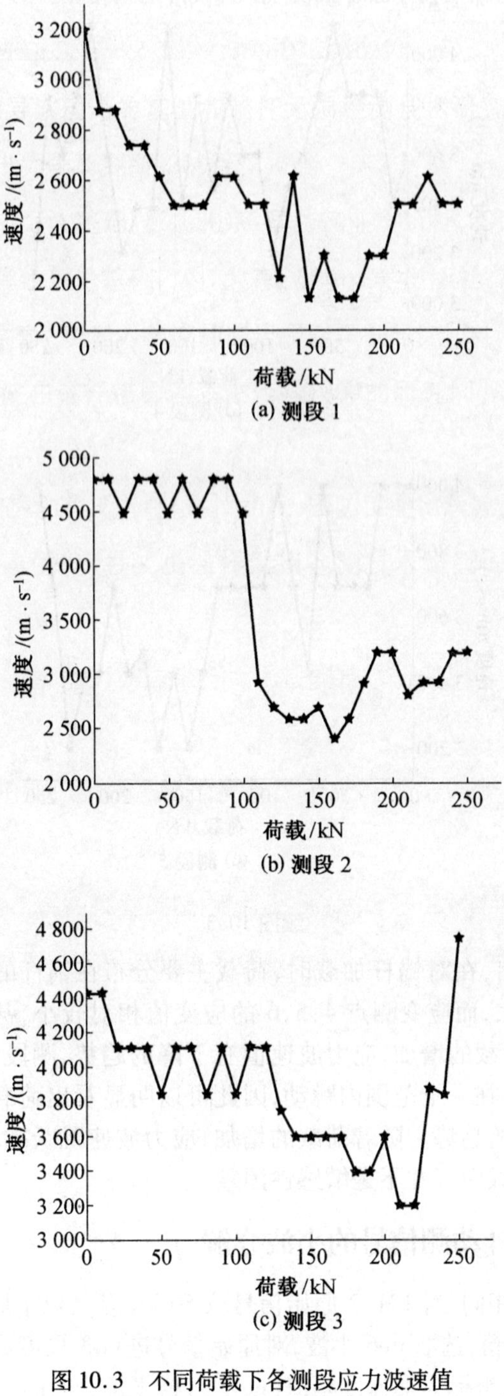

(a) 测段 1

(b) 测段 2

(c) 测段 3

图 10.3　不同荷载下各测段应力波速值

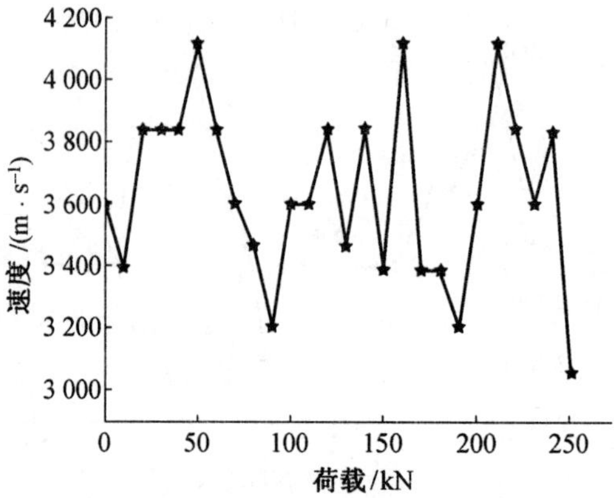

(d) 测段 4

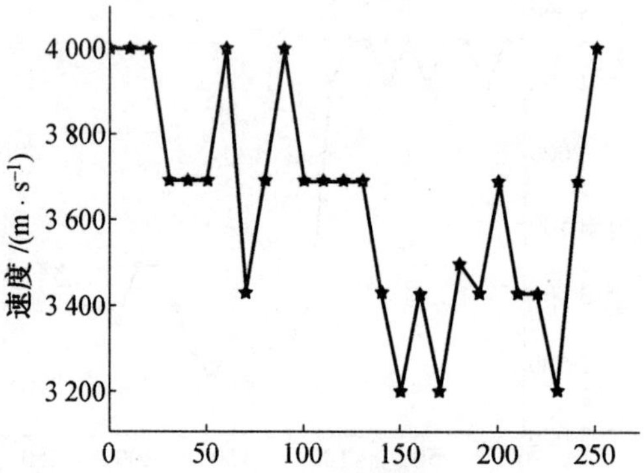

(e) 测段 5

续图 10.3

由表 10.1 可以看出，在对锚杆加载时，荷载主要分布在锚杆的前面一段，即应变测点 1,2,3 的应变值相对较大，而应变测点 4,5,6 的应变值相对较小，甚至没有。由表 10.2 和图 10.3 可以看出随着荷载的增加，应力波速值有下降的趋势，测段 4 和测段 5 的应力分布较少，波速值虽有变化但在一个范围内跳动，因此可以明显看出荷载对应力波速值有影响，且会使其值有逐渐减小的趋势。随着荷载的增加，应力波速跳跃减小，下降速度较为平缓，由此可以看出波速对荷载而言并不是敏感性因素。

10.3.3　缺陷锚杆动测信号的小波分解

与完整锚杆 LM-1 相同，对 LM-2 原始信号取 50 kN 及其以下原始信号进行小波分解，通过 MATLAB 小波工具箱，选取 db6 小波，对原始信号进行 3 尺度或 4 尺度分析，分析结果如图 10.4 所示。其中纵坐标为加速度幅值(m/s^2)，横坐标为时间(ms)。

从图 10.4 中可以得出，由小波变换原理知原始信号在进行 3 尺度分析时：$s=a_3+d_3+d_2+d_1$，在进行 4 尺度分析时：$s=a_4+d_4+d_3+d_2+d_1$，其中 a_3，a_4 为低频信号，如波形规则，表明锚杆无大尺寸缺陷。d_1 为高频信号，其存在有可能对原始信号个别点判断有影响。通过对理想信号的小波多尺度分析，不同频率反映不同大小的缺陷，不同颜色对应于不同程度的缺陷，颜色越浅，缺陷越大。因此 LM-2 的多尺度分析表明入射信号强，反射信号较强，锚杆质量存在问题。通过对原始信号分解后的信号分析,能够较为准确地确定锚杆缺陷的位置。

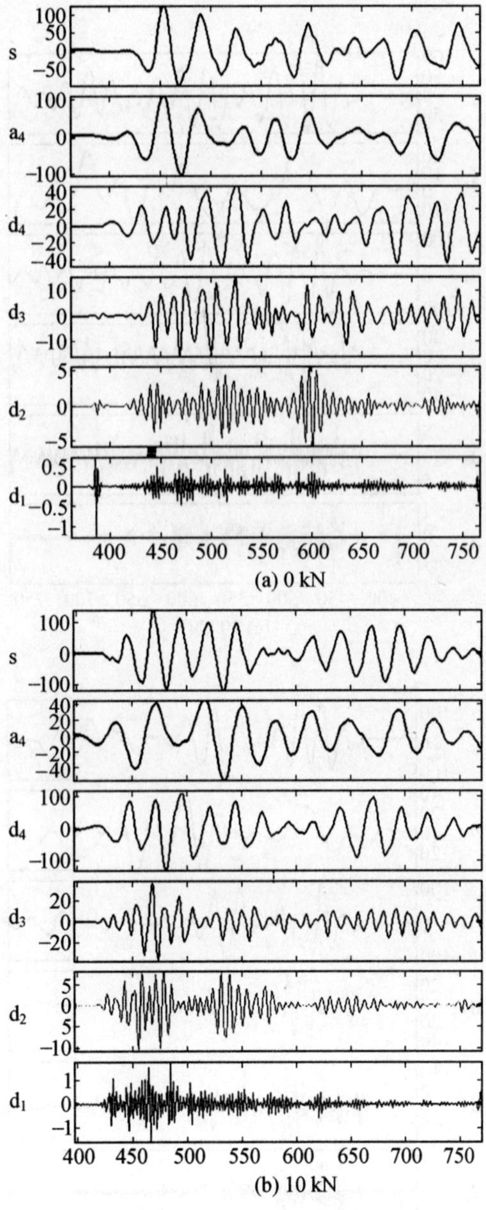

(a) 0 kN

(b) 10 kN

图 10.4　不同荷载下 LM-2 部分原始信号小波分解图

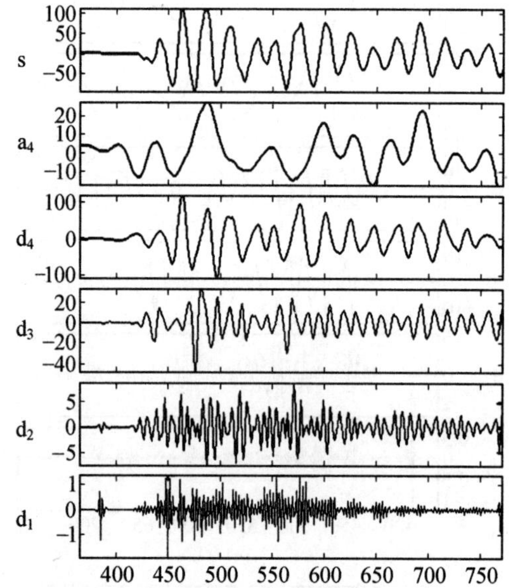

(c) 20 kN

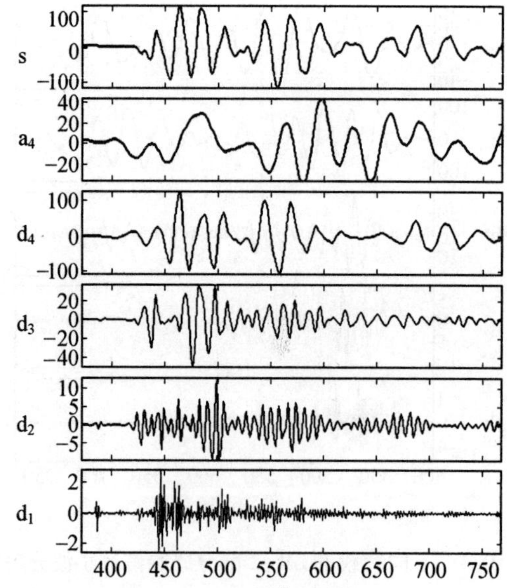

(d) 30 kN

续图 10.4

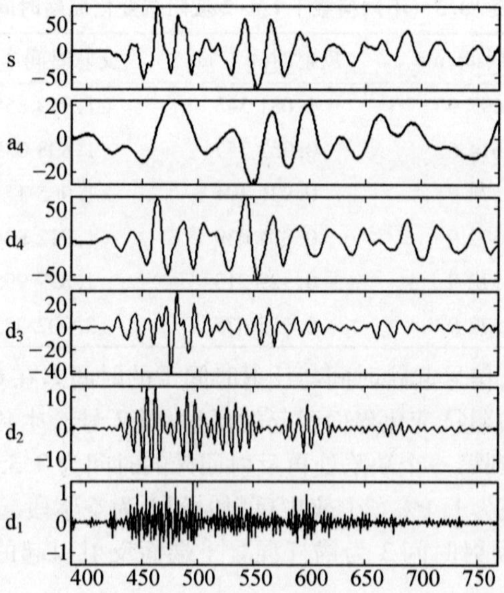

(e) 40 kN

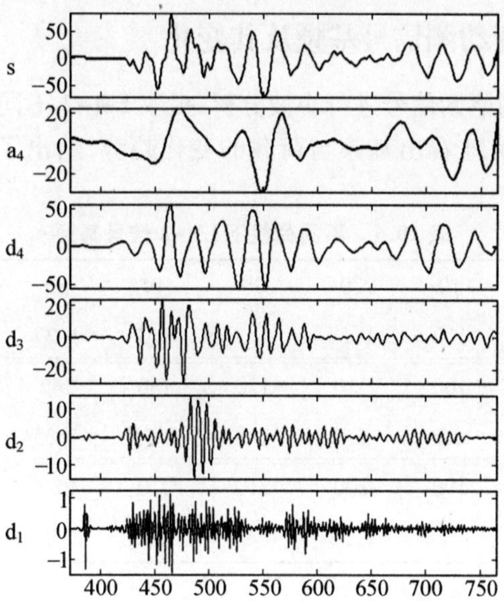

(f) 50 kN

续图 10.4

10.3.4　缺陷锚杆波阻抗变化的反射时间

在多尺度分析中信号灰度的深浅反映了信号变化强弱，通过对理想信号的小波多尺度分析，不同频率反映不同大小的缺陷，不同颜色对应于不同程度的缺陷，颜色越浅，缺陷越大。通过对 LM-2 的 2 号传感器原始信号、分解后的信号及分解后各尺度相位能量变化情况，取得 50 kN 及以下荷载的 LM-2 波阻抗变化引起的反射时间，见表 10.3。

表 10.3 不同荷载下 LM-2 波阻抗变化反射时间

荷载/kN	起跳时间/ms	反射时间 1/ms	反射时间 2/ms	反射时间 3/ms
0	0.697 9	1.081 345	1.919 855	2.208 3
10	0.614 6	0.957 757	1.898 033	2.145 8
20	0.572 9	0.936 101	1.965 171	2.229 2
30	0.572 9	0.871 039	1.912 994	2.197 9
40	0.572 9	0.929 213	1.899 995	2.208 3
50	0.572 9	0.955 625	2.002 393	2.302 1

由表 10.3 可以算出,信号起跳时间与反射时间 1 的时间差在 0.354 ms 左右,表示从锚杆钢筋外露端到第一个波阻抗变化界面引起的反射,对 2 号产生传感器引起的信号变化为 0.354 ms,即应力波从传到第一个缺陷处再反射回来的时间为 0.354 ms,从而可以计算缺陷的位置为 708 mm,误差值为 1.1% 。上表中反射时间 1 为空浆段起始位置引起的,反射时间 2 为钢筋结束处引起的,反射时间 3 为锚杆混凝土端面反射引起的。各界面阻抗变化位置都可由表 10.3 计算出来。

10.3.5 缺陷锚杆动测信号基频及其变化

通过对不同荷载下的原始信号进行小波分析,提取 LM-2 不同荷载原始信号基频,结果见表 10.4。为了更为明确地看出基频与荷载的变化趋势,给出了基频与荷载的变化如图 10.5 所示。

表 10.4 不同荷载下 LM-2 信号基频

荷载/kN	0	10	20	30	40	50	60	70	80
基频/kHz	0.66	1.2	1.23	1.3	1.3	1.37	1.34	1.32	1.33
荷载/kN	90	100	110	120	130	140	150	160	170
基频/kHz	1.37	1.26	1.3	1.3	1.35	1.35	1.33	1.31	1.25
荷载/kN	180	190	200	210	220	230	240	250	
基频/kHz	1.36	1.26	1.38	0.94	1.25	1.24	1.1	1.25	

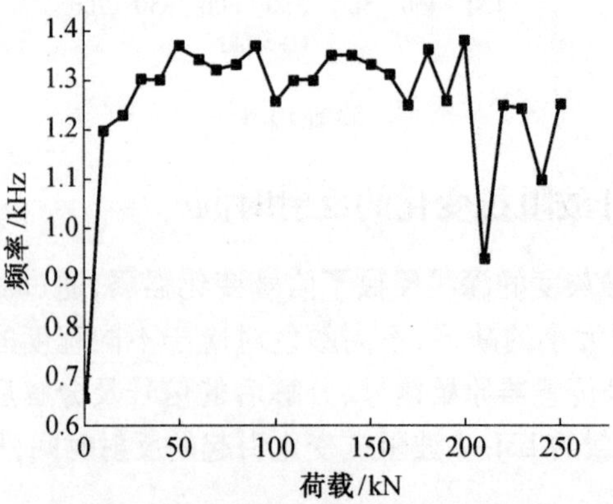

图 10.5 不同荷载下 LM-2 信号基频

由表 10.4 和图 10.5 可以看出，在加载过程中完整锚杆 LM-1 的基频会随荷载的增加而略微增加，但在一定的荷载以后其基频下降较为明显。通过分析发现完整锚杆 LM-1 的基频虽然较为稳定，但其在不同荷载下，各频带能量分布有明显的差异。基频所占能量较大，除去个别荷载有差异，其余荷载下占总能量的 50% 以上，对锚杆的质量评定有重要影响。

10.3.6　锚杆动测信号阻尼比及其变化

与锚杆 LM-1 相同，为了分析荷载对阻尼的影响，仍采用各测段出射端与入射端加速度传感器幅值比进行分析，得到应力波在通过各测段后的能量剩余量，见表 10.5。不同荷载下的各测段的幅值比如图 10.6 所示。

表 10.5　不同荷载下 LM-2 各个测段幅值比

荷载/kN	测段 1	测段 2	测段 3	测段 4	测段 5
0	0.152 323	0.124 234	0.291 899	0.056 914	0.348 228
10	0.213 238	0.102 857	0.272 508	0.067 528	0.375
20	0.106 663	0.114 089	0.300 68	0.068 137	0.432 454
30	0.120 102	0.113 636	0.223 757	0.075 36	0.441 553
40	0.140 361	0.125 202	0.317 698	0.065 771	0.463 669
50	0.156 002	0.122 266	0.309 969	0.076 541	0.407 454
60	0.112 886	0.125 671	0.273 984	0.075 437	0.440 281
70	0.129 024	0.144 154	0.268 008	0.075 352	0.476 991
80	0.105 384	0.122 254	0.199 667	0.081 985	0.484 814
90	0.082 215	0.156 656	0.218 575	0.081 27	0.431 762
100	0.089 724	0.150 099	0.259 222	0.061 823	0.432 482
110	0.090 807	0.196 266	0.232 934	0.072 286	0.482 276
120	0.113 237	0.147 27	0.253 756	0.071 257	0.363 429
130	0.093 585	0.201 355	0.276 901	0.078 693	0.401 07
140	0.065 757	0.192 446	0.284 68	0.065 19	0.443 562
150	0.084 121	0.226 358	0.275 491	0.067 736	0.435 445
160	0.072 76	0.224 473	0.320 65	0.061 834	0.338 677
170	0.069 68	0.229 929	0.320 199	0.057 703	0.358 481
180	0.073 082	0.260 227	0.390 882	0.056 965	0.387 035
190	0.071 438	0.280 565	0.304 83	0.065 053	0.410 238
200	0.048 495	0.197 848	0.439 858	0.061 727	0.424 059
210	0.032 226	0.298 174	0.437 225	0.065 3	0.427 968
220	0.052 086	0.232 103	0.494 733	0.063 94	0.351 093
230	0.058 506	0.207 281	0.570 488	0.048 91	0.342 907
240	0.053 165	0.215 689	0.476 305	0.074 654	0.372 315
250	0.061 507	0.202 532	0.522 826	0.052 04	0.386 443

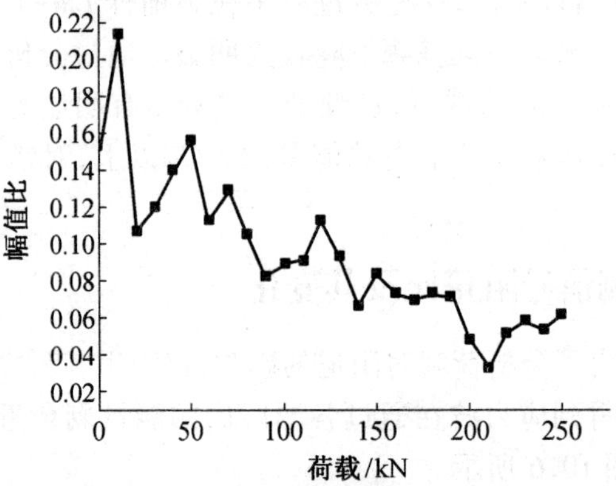

(a) 测段 1

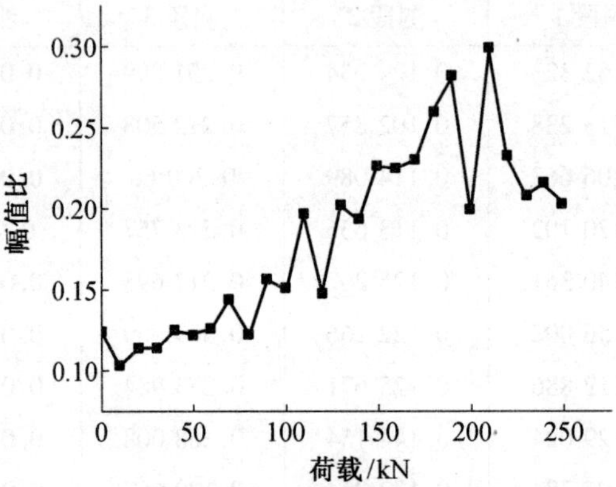

(b) 测段 2

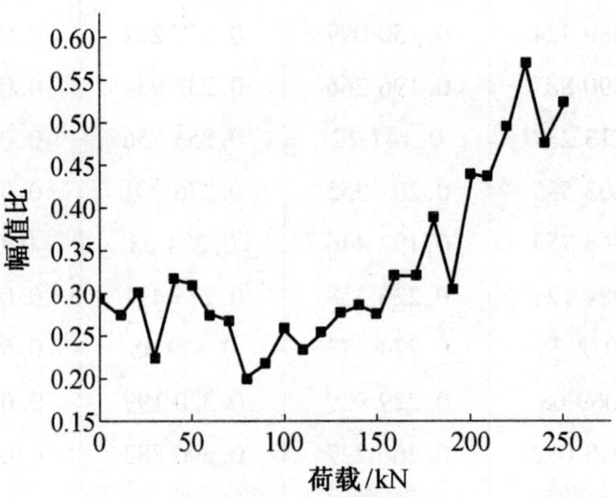

(c) 测段 3

图 10.6　不同荷载下各测段的幅值比

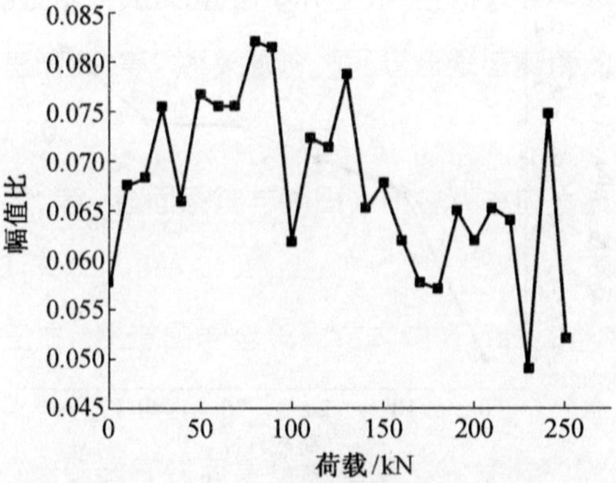

(d) 测段 4

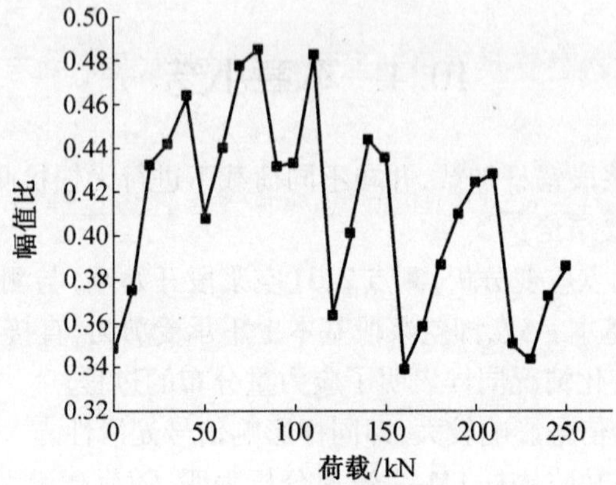

(e) 测段 5

续图 10.6

(1) 由表 10.5 可以看出在测段 3 和测段 5 中应力波能量衰减相对较小，测段 3 为缺陷设置段，即空浆段，测段 5 为素混凝土段，两段材料相对单一，故锚杆的能量损失多在于钢筋和混凝土界面黏结处。

(2) 荷载为 0 时测段 1 能量衰减比测段 5 能量衰减大，其中测段 1 为钢筋段，测段 5 为素混凝土段，可见钢筋在锚杆能量衰减中起较大作用。

10.3.7　缺陷锚杆动测动刚度及其变化

与锚杆 LM-1 相同，对锚杆 LM-2 荷载 50 kN 及以下的锚杆动刚度进行分析，计算出锚杆 LM-2 的动刚度如表 10.6 和图 10.7 所示。

表 10.6　部分荷载下 LM-2 锚杆的动刚度

荷载/kN	0	10	20	30	40	50
动刚度/($MN \cdot m^{-1}$)	5.391	5.901	5.996	6.098	6.100	6.326

由表 10.6 可以看出，LM-2 随着荷载的增加，锚杆动刚度逐渐增加，因此在通过锚杆的动刚度来对锚杆锚固质量评定时荷载对结果有较为明显的影响。

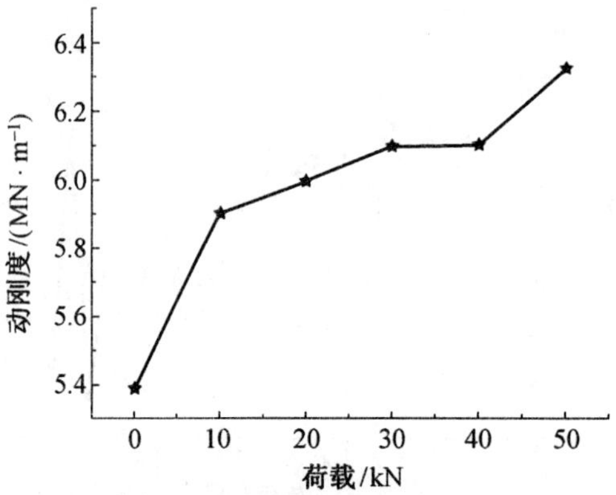

图 10.7 LM-2 锚杆中荷载与动刚度的关系曲线

10.4 本章小结

本章通过对单个空浆段锚杆加载,并在不同荷载下进行无损检测,通过对原始应变和信号进行分析得到以下主要结论:

(1)通过对锚杆各测点应变分析,测点 2,3(空浆段开始端)与测点 4,5(空浆段末端)应变出现大变化时的荷载基本一致,即空浆段基本上不承受剪力,直接把荷载沿锚杆传向空浆段末部。6 号测点应变变化情况同样表明了应力重分布的过程。

(2)荷载对锚杆原始信号影响较大,即同样影响信号光滑性。

(3)对单空浆段锚固缺陷锚杆 LM-2 波速分析表明,随荷载增大波速减小,且在空浆段前一段波速变化表现了明显不同,即分为跳跃式的减小,其他测段波速减小不明显。

(4)在一定荷载内,锚杆基频随荷载增加而增加,到锚杆基频稳定后,荷载影响不大,主要表现为在各频带能量分布差异。

(5)锚杆阻尼与锚杆受力状态关系较大,在锚杆受拉段,荷载增加阻尼增大;在受压段,荷载增加锚杆阻尼减小。

结　论

本书基于低应变反射波法，主要采用理论分析、实验室模型试验、现代信号处理等相结合的手段，研究是否加载情况下锚杆锚固系统的低应变动力响应特征。主要研究内容包括锚杆锚固系统瞬态动力响应理论、锚杆锚固系统中的应力波传播速度、不同缺陷及不同密实度锚杆锚固质量判断及现代信号处理技术等方面，对比分析了不同龄期下锚固系统中锚杆和锚固介质动力响应差异、锚杆锚固系统与基桩两种体系中应力波传播规律差异、不同龄期下应力波在锚杆体与锚固介质中传播的同步性、动静阻尼影响下锚杆的瞬态动力响应的解析解、不同荷载等级下完整与缺陷锚杆的应力分布及动测参数的变化特征等。主要得出如下结论：

(1)由于小锤敲击的随机性、围岩及锚固介质的不同，锚杆锚固系统的加速度信号特征存在一定的差异，但也不乏共性。通过完整及缺陷锚杆的加速度信号特征分析表明，完整锚杆与缺陷锚杆的固端反射信号均非常强烈而底端反射信号很弱，缺陷锚杆缺陷位置的反射信号与底端反射信号一样微弱，甚至在有些情况下很难识别。

(2)通过完整锚杆锚固系统中的应力波速变化特征研究得出：随着龄期和锚固介质强度的增加，锚杆锚固系统中的应力波速在初期基本上呈现下降趋势，后期平缓增加，但其始终介于锚固介质中应力波速和自由锚杆中的应力波速之间；随着龄期和锚固介质强度的增加，锚杆锚固系统中的应力波速与锚固介质中的应力波速呈相反的变化趋势，且两种波速关于某一波速呈对称的指数关系变化；锚杆锚固系统中的应力波速与锚固介质和锚杆之间的黏结强度呈负相关系，即锚固质量越好，则锚固系统中的应力波速越慢，反之则相反。

(3)通过对锚固系统中钢筋和锚固介质动测响应同步性研究得出：锚固体被看作一种复合材料时，需要一定的龄期，浇筑完成前期锚杆不能当作复合材料处理，在一定的龄期后，应力波在锚杆中的传播情况与复合材料中应力波传播规律相差不大，锚杆中砂浆与钢筋达到统一波振面需要一定的长度，随着龄期的增加，协调所需长度越来越小。

(4)通过基桩与锚杆锚固系统中的应力波速比较研究得出：基桩中的应力波速主要和钢筋锚固介质强度密切相关，其值略高于锚固介质中的波速，随着龄期和钢筋锚固介质强度的增加呈现上升的指数关系；而锚杆锚固系统中的应力波速和钢筋与锚固介质之间的黏结强度关系更为密切，在初期其值接近于自由锚杆中的波速，在后期变小但仍大于基桩和锚固介质中的波速，随着龄期和锚固介质强度的增加呈现下降的指数关系。

(5)快速傅里叶变换(FFT)分析表明，信号的 FFT 分析只能在整体上分析锚杆动测信号所包含的各频率成分，完整和缺陷锚杆的频域曲线是不同的，缺陷锚杆的 FFT 幅值曲线存在明显的多峰现象，频带上能量分散，部分完整锚杆也存在多峰现象但没有缺陷锚杆明显。它不具备时域信息，即不知道频域中的某一频率是在什么时候发生的。信号的短时傅里叶变换(STFT)可在相平面表达信号的强度大小，并且底端反射信号比较明显，但不能反映缺陷处的反射信号，锚杆缺陷越多，反射信号的能量也越大。短时傅里叶变换虽然在一定程度上克服了傅里叶变换不具有的局部分析能力的缺陷，但若要判断缺陷位置需要采用小波分析、小波包分析等信号处理技术。

(6)各不同锚固质量锚杆在整个加载过程中,在小应变处总会出现应变先压缩、后拉伸的现象。随着荷载的增加,钢筋和砂浆界面应力差增加,超过界面黏结力后,两者界面出现滑移,并使应力重分布。这种情况在小应变中表现较为明显,在端部几个应变片中由于荷载应变大,界面黏结力较小表现不明显。

(7)根据不同荷载下的锚杆原始曲线看出荷载增加,信号线条光滑性变差,测点在趋势线上下振动,在部分荷载下,信噪比很低,可读性变差,不利于结果判断。根据小波分析理论,将不同荷载下的不同锚固质量锚杆进行分析处理,提取各种高低频信号,通过分解后的信号及多尺度分析图,对锚杆波阻抗变化引起的反射时间读取,判断缺陷或底端反射位置结果较好。

(8)通过对不同锚固质量锚杆采用多点布测的方式,量化应力波速,对锚杆应力波速实测结果表明不同锚固质量锚杆应力波速随荷载增加出现减小的趋势,且缺陷的存在不仅会使缺陷段波速出现差异,还会使缺陷两端一定长度之内完好段应力波速受到影响。总体来看完好锚杆应力波速整体相对较大,随着荷载增加,波速减小较为连续。

(9)随着荷载的增加,不同锚固质量锚杆基频在前两个荷载等级内会出现一定的增加,在一定荷载以后,基频较为稳定,但在荷载较大以后,基频会减小。在基频稳定段,虽然基频大小变化不大,但在这段内,不同荷载时,频带能量分布变化较大,基频所占能量减小,甚至远小于其他频率的能量。初始阶段完好锚杆能量基本处于基频段内,频率能量图峰值单一,但在单空浆锚杆和单空浆不同密实度锚杆中,即使初始状态,频率能量图峰值会出现多个。在荷载增加后,不论何种锚固质量锚杆,各频带能量分布会出现明显变化。

展　望

本书虽然在一些方面取得了一些成果,但由于时间和作者水平有限,有些方面仅做了基础性和试探性的研究,还有待进一步深入研究:

(1)试验模型为以混凝土、砂浆及土层作为围岩且分别包裹于混凝土及不同密实度砂浆介质中的钢筋体系,虽然模型基本能反映实际工程问题,但和实际工程问题还存在一些差别,尤其是边界条件差别较大,该方面有待改善,另外土层锚杆锚固系统的试验结果相比之下离散度大且不够理想,原因有待进一步研究查明。

(2)由于底端反射信号比较难确定,从而影响锚杆锚固系统中应力波速的确定,进而影响锚杆锚固质量的判断。本书试图通过比较容易准确得到的锚固介质材料中的应力波速推导比较难准确确定的锚杆锚固系统中的波速,但由于影响波速的因素较多,仅得到了二者在不同龄期下的变化特征和定性关系,其定量关系的研究还需要国内外学者进行大量的理论和试验研究。

(3)在不同荷载下不同锚固质量锚杆各频带能量分布方式方面,本书仅对频带能量图做了大概的说明,对于相同荷载下不同锚固质量频带能量图及相同锚杆不同荷载的频带能量图变化缺少了进一步的深入分析。

(4)锚杆缺陷程度的判断有待加强,本研究只是对缺陷位置、锚杆长度做了分析,对于缺陷程度即锚杆密实度判断有待研究。

(5)建立无损检测锚杆极限承载能力分析系统,并引入多参数的确定方式,如运用模糊理论,引入基频、动刚度、波速等多个参数,建立神经网络,达到快速准确地判断锚杆极限承载力的目的。

(6)加强对复杂工程环境的影响研究,如锚杆周围节理、施加预应力及巷道开挖等的影响。

参考文献

[1] GOBLE G G,RAUSCHE F,LIKINS G E. The analysis of pile driviy-A state-of-the-art[J]. Intl. Seminar on the Application of Strews-wave Theory on Piles,1980: 131-161.

[2] RAUSCHE F, GOBLE G G, LIKINS G E. Dynamic determination of pile capacity[J]. Geotechnical Engineering,1985,111(3): 367-382.

[3] ROBERT Y L, SHENG Y J. Wave equation parameters from Driven-rod test[J]. Journal of Geotechnical Engineering, ASCE, 1993, 119(3):1037-1057.

[4] RAUSCHE F,GOBLE G G,LIKINS G E. Investigation of dynamic soil resistance on piles using GRLWE4P[C]. Balketna:The 4th Intel. Conf. on the Application of Stress-Wave to Piles, 1992: 137-142.

[5] LIKINS G E,RAUSCHE F,GOBIE G G. High strain dynamic pile testing,equipment and practice[C]. Sao Paulo,Brazil:Sixth International Conference on the Application of Stress-wave Theory to Piles, 2000,9: 27-333.

[6] RAUSCHE F,ROBINSON B,LIANG L. Automatic signal matching with CAPWAP[C]. Sao Paulo,Brazil: Sixth International Conference on the Application of Stress-wave Theory to Piles, 2000,9: 53-58.

[7] LIKINS G E,RAUSCHE F. Correlation of CAPWAP with static load tests [C]. Petaling Jaya, Selangor, Malaysia:Proceedings of the Seventh International Conference on the Application of Stress-wave Theory to Piles 2004, 2004, 8: 153-165.

[8] RAUSCHE F,LIANG L,ALLIN R,et al. Applications and correlations of the wave equation analysis program GRLWEA[C]. Petaling Jaya,Selangor,Malaysia:Proceedings of the Seventh International Conference on the Application of Stress-wave Theory to Piles 2004, 2004, 8: 107-123.

[9] ALVAREZ C,ZUCKERMAN B,LEMKE J. Dynamic pile analysis using CAPWAP and multiple sensors[J]. ASCE GEO Congress: Atlanta Georgia,2006.

[10] 柴华友,贺怀建,唐念慈. 桩土相互作用模型及模型试验[J]. 岩土力学,1993,14(2): 75-84.

[11] 江礼茂,寇绍全,陆岳屏.一个以波动理论为基础计算单桩承载力的计算机程序[J].岩土工程学报,1990,12(4):42-48.

[12] 陈凡. FEIWPC 特征线基桩波动分析程序[J].岩土工程学报,1990,12(5):65-75.

[13] 袁建新,朱国甫.桩的大应变法波动分析优化算法程序[J].岩土工程学报,1990,12(6):1-11.

[14] 刘金砺,李人展,黄强.基桩工程检测技术[M].北京:中国建材工业出版社,1993.

[15] 刘明贵,佘诗刚,汪大国.基桩检测技术指南[M].北京:科学出版社,1995.

[16] 柳祖亭,顾利平,骆英,等.基桩振动分析与质量检测[M].南京:东南大学出版社,1995.

[17] 雷林源.基桩动力学[M].北京:冶金工业出版社,2000.

[18] 廖振鹏.工程波动理论导论[M].北京:科学出版社,2002.

[19] 程良奎,范景伦,韩军,等.岩土锚固[M].北京:中国建筑工业出版社,2003.

[20] 程良奎,范景伦,周彦清,等.压力分散型(可拆芯式)锚杆的研究与应用[J].冶金工业部建筑研究院总院院刊,2000,2:1-8.

[21] 苏自约,陈谦,徐祯祥,等.锚固技术在岩土工程中的应用[M].北京:人民交通出版社,2006.

[22] 李世平,吴振业,贺永年,等.岩石力学简明教程[M].北京:煤炭工业出版社,1996.

[23] 苏自约,林强有,丁国贵,等.岩土锚固技术的新发展与工程实践[M].北京:人民交通出版社,2008.

[24] 赵长海.预应力锚固技术[M].北京:中国水利水电出版社,2001.

[25] 彭振斌.锚固工程设计计算与施工[M].北京:中国地质大学出版社,1997.

[26] 程良奎.岩土锚固现状与发展[J].土木工程学报,2001,34(3):7-12.

[27] 闫莫明,徐祯祥,苏自约.岩土锚固技术手册[M].北京:人民交通出版社,2004.

[28] HOBST L, ZAJIC J. Anchoring in Rock [M]. New York: ESPC, 1977.

[29] 晁东峰,张帆,吴美玲.水利水电工程高边坡的加固与治理[J].河南水利与南水北调,2009(08):85-87.

[30] 程良奎,胡建林,张培文.岩土锚固技术新发展[J].工业建筑,2010(1):98-101.

[31] 庄心善,朱瑞赓,赵鑫.极限分析法确定土层锚杆承载力分析[J].四川建筑科学研究,2005,31(4):76-77.

[32] 庄心善,赵鑫. 基于上限分析法确定土层群锚承载力分析[J]. 湖北工业大学学报,2005,20(2):1-3.

[33] 邹灿. 大冶铁矿井下开采巷道围岩稳定性分析及控制技术研究[D]. 武汉:中国地质大学,2014.

[34] RODGER A A, MILNE G D, LITTLEJOHN G S. Condition monitoring and integrity assessment of rock anchorages[C]. London:Proc., Int. Conf. on Ground Anchorages and Anchorage Structures,Institution of Civil Engineers, Thomas Telford, 1997.

[35]梁腾飞,冯剑锋,卞德存,等. 基于盒维数的锚杆工作荷载无损检测研究[J]. 太原理工大学学报,2015,46(03):327-331.

[36] 许明,张永兴. 锚固系统的质量管理与检测技术研究[J]. 重庆建筑大学学报,2002,24(1):29-33.

[37] 申强,钟伟. 探究岩土无损检测技术的应用[J]. 城市建筑,2014(06):156.

[38] 孙冰,郭闪闪,曾晟,等. 锚杆锚固质量检测技术研究现状[J]. 金属矿山,2014(12):8-12.

[39] 鲍先凯,刘欢欢. 基于应力波法的锚杆无损检测[J]. 露天采矿技术,2015(1):58-61.

[40] 段苏然,付龙,段伟. 锚杆无损检测技术在煤矿中的应用[J]. 西部探矿工程,2009,12:99-101.

[41] WU Rui, XU Jinhai, LI Chong,et al. Stress wave propagation in supporting bolts: A test for bolt support quality [J]. Int. J. Rock Mech. Min. Sci. ,2012,22:567-571.

[42] STEPHEN C,TADOLINI. Evaluation of ultrasonic measurement systems for bolt load determinations[R]. [S. 1.]: Int BU of Mines DGH PA29264,1990: 1-9.

[43] IVANOVIC A,RICHARD D N, ALBERT A R. Influence of prestress on the dynamic response of ground anchorages[J]. Journal of Geotechnical and Geoenvironmental Engineering,2002(3): 237-249.

[44] THURNER H F. Boltometer-Instrument for non-destructive testing of grouted rock bolts [C]. Rotterdam: 2nd International Symposium on Filed Measurements in Geomachanics, A. A. Balkema,1988: 135-143.

[45] TADOLINI S C. Mine roof bolt load determinations utilizing ultrasonic measurement systems [J]. CIM Bulletin,1990,83(940): 49-54.

[46] 汪明武,王鹤龄,谢焰. 锚杆锚固质量无损检测技术的研究[J]. 工程地质学报,1999,7(1):72-76.

[47] WANG Mingwu, WANG Heling. Nondestructive testing of grouted bolts system [J]. Chinese Journal of Geotechnical Engineering,2001,23(1): 109-113.

[48] 汪明武,王鹤龄. 声频应力波在锚杆锚固状态检测中的应用[J]. 地质与勘探,1998,34(4):54-56.

[49] 汪明武,王鹤龄,罗国煜,等. 锚杆锚固质量无损检测的研究[J]. 工程地质学报,1999,7(1):72-76.

[50] 汪明武,王鹤龄. 无损检测锚杆锚固质量的现场试验研究[J]. 水文地质工程地质,1998,22(1):56-58.

[51] 汪明武,王鹤龄. 锚固质量的无损检测技术[J]. 岩土工程学报,2002,21(1):126-129.

[52] 汪明武,罗国煜,王鹤龄. 应力波无损检测锚固质量的 BP 网络分析[J]. 水文地质工程地质,1999,26(2):50-52.

[53] 夏代林. 锚杆锚固质量快速无损检测技术研究[D]. 焦作:焦作工学院,2000.

[54] 任智敏,李义. 基于声波测试的锚杆锚固质量检测信号分析与评价系统实现[J]. 煤炭学报,2011,S1:191-196.

[55] 鲍先凯,李义. 全长黏结式锚杆受力特性研究[J]. 露天采矿技术,2010,(04):12-14.

[56] 李义,王成. 应力波反射法检测锚杆锚固质量试验研究[J]. 煤炭学报,2000,25(20):160-164.

[57] 任智敏,李义. 拉拔状态下全锚锚杆轴向应力分布规律研究[J]. 山西煤炭,2010,30(02):44-46.

[58] 李义,高国付,赵阳升. 基于特征锚杆工作载荷无损检测的巷道围岩稳定性评估初步研究[J]. 岩石力学与工程学报,2004,23(Sup2):4893-4897.

[59] 刘海峰,杨维武,李义. 全长锚固锚杆早期锚固质量无损检测技术[J]. 煤炭学报,2007,32(10):1066-1069.

[60] 李义,张昌锁,王成. 锚杆锚固质量无损检测几个关键问题的研究[J]. 岩石力学与工程学报,2008,27(1):108-116.

[61] 朱国维,彭苏萍,王怀秀. 一种锚固力无损检测设备[J]. 煤田地质与勘探,2002,30(6):54-57.

[62] 朱国维,彭苏萍,王怀秀. 高频应力波检测锚固密实状况的试验研究[J]. 岩土力学,2002,23 (6):787-791.

[63] 许明,张永兴,阴可. 锚杆极限承载力的人工神经网络预测[J]. 岩石力学与工程学报,2002,21(5):755-758.

[64] 许明,张永兴. 锚固系统质量检测的小波分析法[J]. 岩土力学,2003,24 (2):262-265.

[65] 许明,张永兴. 锚杆低应变动测的数值研究[J]. 岩石力学与工程学报,2003,22(9):1538-1541.

[66] 丁敏,张永兴. 基于矩阵位移法的桩锚结构分析方法[J]. 工程力学,2012,29(08):116-122.

[67] 陈建功,张永兴,李英民. 完整锚杆低应变动力响应问题的半解析解及分析[J]. 世界地震工程,2004,20(3):56-61.

[68] 张永兴,陈建功. 缺陷锚杆振动问题的数学模型及其求解[J]. 地下空间与工程学报,2005,1(1):62-66.

[69] 徐乾,张永兴,陈建功. 锚杆参数对锚固边坡抗震性能的影响[J]. 山地学报,2013,31(06):753-759.

[70] 陈建功,张永兴. 锚杆系统动测信号的特征分析[J]. 岩土工程学报,2008,30(7):1051-1057.

[71] BEARD M D,LOWE M J S. Non-destructive testing of using guided ultrasonic waves[J]. International Journal of Rock Mechanics and Mining Sciences,2003,40: 527-536.

[72] BEARD M D. Guided wave inspection of embedded cylindrical structures [D]. England: University of London,2002.

[73] ZOU D H ,CUI Y,MADENGA V,et al. Effects of frequency and grouted length on the behavior of guided ultrasonic waves in rock bolts[J]. International Journal of Rock Mechanics & Mining Sciences, 2007,40: 813-819.

[74] CUI Y,ZOU D H. Numerical simulation of attenuation and group velocity of guided ultrasonic wave in grouted rock bolts[J]. Journal of Applied Geophysics,2006,59: 37-344.

[75] ZHANG C S,ZOU D H,MADENGA V. Numerical simulation of wave propagation in grouted rock bolts and the effects of mesh density and wave frequency[J]. International Journal of Rock Mechanics & Mining Sciences,2006,43: 634-639.

[76] MADENGA V, ZOU D H, ZHANG C. Effects of curing time and frequency on ultrasonic wave velocity in grouted rock bolts[J]. Journal of Applied Geophysics, 2006, 59: 79-87.

[77] 张昌锁,李义,赵阳升,等.锚杆锚固质量无损检测中的激发波研究[J].岩石力学与工程学报,2006,25(6):1240-1245.

[78] 王成,宁建国.锚杆锚固中导波传播的数值模拟[J].岩石力学与工程学报,2007,26(Sup2):3946-3953.

[79] 吴斌,孙雅欣,何存富,等.全长黏结型锚杆高频超声导波检测应用研究[J].岩石力学与工程学报,2007,26(2):397-403.

[80] 廖春芳,吴艾,吴铁怀,等.潭邵高速公路锚杆锚固质量无损检测技术及应用[J].公路,2003,1(1):56-58.

[81] 唐友刚.高等结构动力学[M].天津:天津大学出版社,2002,9.

[82] 陆伟民,刘雁.结构动力学及其应用[M].上海:同济大学出版社,1996.

[83] 张培胜.岩土锚杆的锚固力学特性研究[D].重庆:重庆大学,2003.

[84] 岳向红.基于小波神经网络的锚杆锚固质量分析[D].武汉:中国科学院研究生院武汉岩土力学研究所,2005.

[85] 朱焕春,荣冠,肖明,等.张拉荷载下全长黏结锚杆工作机理试验研究[J].岩石力学与工程学报,2002,21(3):379-384.

[86] 黄明华,周智,欧进萍.全长黏结式锚杆锚固段荷载传递机制非线性分析[J].岩石力学与工程学报,2014,33(S2):3992-3997.

[87] WINDSOR C R. Rock reinforcement systems[J]. International Journal of Rock Mechanics and Mining Sciences, 1997, 34(6):919 ±51.

[88] 朱浮声,郑雨天.全长黏结式锚杆的加固作用机理分析[J].岩石力学与工程学报,1996, 15 (4):333-337.

[89] 窦世昌.拉力型与压力型锚杆承载特性对比研究[J].中外公路,2013,33 (04):18-23.

[90] KIHC A, YASAR E, ATIS C D. Effect of bar shape on the pull-out capacity of fully-grouted rock bolts[J]. Tunnelling and Underground Space Technology, 2003, 18:1-6.

[91] STARKEY A, IVANOVIC A, NEILSON R D, et al. Use of neural networks in the condition monitoring of ground anchorages[J]. Advances in Engineering Software, 2003, 34:

753-761.

[92] 王丙兴. 大跨度隧道初级支护中锚杆的受力特性研究[J]. 公路交通技术,2015,01:94-97.

[93] 姚显春,李宁,陈蕴生. 隧洞中全长黏结式锚杆的受力分析[J]. 岩石力学与工程学报,2005,24 (13):2271-2274.

[94] 刘少伟,樊克松,张祥,等. 巷道顶板锚杆支护仿真综合试验台研发与应用[J]. 矿山机械,2013,41(11):28-31.

[95] 刘颖浩,袁勇. 全螺纹 GFRP 黏结型锚杆锚固性能试验研究[J]. 岩石力学与工程学报,2010,29(02):394-400.

[96] 王家林. 抗浮锚杆的布置方式及防水板的设计探讨[J]. 建筑结构,2012,42(S2):517-519.

[97] 赵明华,廖彬彬,刘思思,等. 桩底嵌岩锚杆锚固段应力分布研究[J]. 公路交通科技,2011,28(01):42-46.

[98] 张伟,焦安亮,孙忠国,等. 拉力型锚杆黏结段剪应力分布的一种解析算法[J]. 建筑施工,2013,12:1099-1101.

[99] 贺建清,胡成兵,张建超. 基于 Mindlin 解的压力型锚杆锚固段的受力分析[J]. 水文地质工程地质,2012,39(01):47-52.

[100] 周勇,朱彦鹏. 预应力锚杆柔性支护体系的锚杆抗拔力研究[J]. 岩土力学,2012,32(02):415.

[101] 朱智锋. 软土地质条件下抗浮锚杆(索)设计的探讨[J]. 建筑结构,2013,43(S1):906-909.

[102] 李中伟,鞠文君. 冲击韧性对锚杆力学性能影响的试验研究[J]. 煤炭学报,2014,39(S2):347-353.

[103] 廖小雄. 地下室底板抗浮锚杆计算及结果比较分析[J]. 建筑结构,2013,43(S1):910-912.

[104] FREEMAN T J. The behavior of fully-bonded rock bolts in the field experimental tunnel [J]. Tunnels and Tunnelling,June 1978:37-40.

[105] FARMER I W. Stress distribution along a resin grouted rock anchor[J]. Int. J. Rock Mech. Min. Sci. and Geomech, Abstr1975,12:347±51.

[106] LI C,STILLBORG B. Analytical models for rock bolt [J]. International Journal of Rock Mechanics and Mining Sciences,1999,36: 1013-1029.

[107] 岳向红. 基于三维导波理论的基桩和锚杆无损检测技术研究[D]. 武汉:中国科学院研究生院武汉岩土力学研究所,2008.

[108] 王礼立,朱兆祥. 应力波基础[M]. 北京:国防工业出版社,2005.

[109] 陆万明,罗学富. 弹性理论基础[M]. 北京:清华大学出版社,2001.

[110] 宋静. 基于完整锚杆系统动力响应的围岩质量识别研究[D]. 重庆:重庆大学,2005.

[111] 杨湖,王成. 弹性波在锚杆锚固体系中传播规律的研究[J]. 测试技术学报,2003,17(2):45-149.

[112] 寇惠. 故障诊断的振动理论基础[M]. 北京:国防工业出版社,1989.

[113] 李志辉,李亮,李建生. 应力波法锚杆无损检测技术研究[J]. 西部交通科技,2007(6):62-65.

[114] 李志辉,李亮,李建生. 应力波法锚杆无损检测技术研究[J]. 测绘科学,2009,34(1):205-206,151.

[115] 彭斌,刘春生,肖柏勋,等. 锚杆锚固质量无损检测数据的分析与处理[J]. 物探化探计算技术,2003,25(3):241-245.

[116] 杨俊杰. 相似理论与结构模型试验[M]. 武汉:武汉理工大学出版社,2005.

[117] 李义,刘海峰,王富春. 锚杆锚固状态参数无损检测及其应用[J]. 岩石力学与工程学报,2004,23(10):1741-1744 .

[118] 周培基,霍普肯斯 A K. 材料对强冲荷载的动态响应[M]. 北京:科学出版社,1985.

[119] LI C,STILLBORG B. Analytical models for rock bolt [J]. International Journal of Rock Mechanics and Mining Sciences,1999,36: 1013-1029.

[120] 王富春,李义. 锚杆锚固质量及工作状态无损检测理论及应用[J]. 铁道建筑,2007,11:62-64.

[121] 王富春,李义,孟波. 动测法检测锚杆锚固质量及工作状态的理论及应用[J]. 太原理工大学学报,2002,33(2):169-172.

[122] 王富春,李义. 固结波速法检测混凝土早期强度的可行性研究[J]. 无损检测,2004,26(9):464-467.

[123] 刘海峰,杨维武. 混凝土强度的锚固体固结波速检测法[J]. 无损检测,2007,29(9):

522-525,528.

[124] 刘海峰,崔自治,朱学福,等. 锚杆锚固质量无损检测技术研究[J]. 宁夏工程技术,2003,2(3):266-268.

[125] 张胜利,张昌锁,王银涛. 锚杆锚固质量无损检测方法分析[J]. 煤矿安全,2014,45(05):212-215.

[126] 杨维武,刘海峰,宋建夏. 混凝土结构无损检测技术研究[J]. 宁夏工程技术,2006,5(3):217-220.

[127] 张世平,张昌锁,王成,等. 锚杆锚固体系中的波系特征研究[J]. 岩土力学,2007,28(12):2570-2574 .

[128] 柯玉军. 锚杆检测技术研究及应用[D]. 兰州:兰州大学,2006.

[129] 钟宏伟,胡祥云,熊永红,等. 锚杆锚固质量声波检测技术的现状分析[J]. 工程地球物理学报,2005,2(1):50-55.

[130] 吴世明,王雪峰. 基桩动测技术[M]. 北京:科学出版社,2004.

[131] 陈建功,胡俊强,张永兴. 基于完整锚杆动测技术的围岩质量识别研究[J]. 岩土力学,2009,30(6):1799-1804.

[132] 张献民,蔡靖,王建华. 基桩缺陷量化低应变动测研究[J]. 岩土工程学报,2003,25(1):47-50.

[133] LIKINS G E, RAUSCHE F. Recent advances and proper use of PDI low strain pile integrity testing[A] //Proceedings of Sixth International Conference on the Application of Stress-Wave Theory to Piles[C]. St. Paulo, Brazil: [s. n.] ,2000: 211-218.

[134] 沙玲,杜时贵,陈龙珠. 不同检测方法对混凝土波速的影响研究[J]. 工程地质学报,2007,15 (1):124-128.

[135] 柴友华. 土阻尼对应力波在一维变波阻抗杆中传播的影响[J]. 土木工程学报,1994,27(3):41-49.

[136] 罗昊然. 综述低应变反射波法基桩检测的应用[J]. 山西建筑,2014,40(31):103-104.

[137] 邢心魁,吴敏哲,谢异同. 土对桩中波传播特性影响及小波分析研究[J]. 岩石力学与工程学报,2005,24 (14):2531-2536.

[138] 江杰. 应力波法锚杆加固无损检测与锚固效果评价的研究[D]. 武汉:武汉理工大学,

2005.

[139] 丁科,岳英. 应力波在基桩中的传播特性[J]. 振动与冲击,2004,24(3):121-123,131.

[140] 王富春. 混凝土(早期)强度动态实时无损检测技术基础研究[D]. 太原:太原理工大学,2002.

[141] 杨维武,刘海峰. 锚杆锚固质量及无损检测技术研究现状[J]. 四川建筑,2008,28(2):91-92,96.

[142] 李义,刘海峰,孙仁元. 反射波法检测锚杆锚固质量的几个问题研究[A] //第六次全国岩石工程学术大会论文集[C]. 武汉:中国科学技术出版社,2000.

[143] 毕华军. 应力波反射法在基桩检测中的应用研究[D]. 济南:山东大学,2007.

[144] 吴斌,邓菲,何存富. 超声导波无损检测中的信号处理研究进展[J]. 北京工业大学学报,2007,33 (4):342-348.

[145] 薛茹, 毛灵涛,安里千. 小波分析在动态试验数据处理中的应用[J]. 湖南科技大学学报(自然科学版), 2007, 22(1): 59-62.

[146] 何存富,李颖,王秀彦,等. 基于小波变换及 Wigner-Ville 变换方法的超声导波信号分析[J]. 试验力学,2005,20(4):584-588.

[147] 李彪,刘烈志,梁恒华,等. 滚筒式滑道在长河坝水电站高边坡锚索施工中的运用[J]. 四川水力发电,2015,34(03):58-61+94.

[148] 林小松,杨果林. 钢纤维高强与超高强混凝土[M]. 北京:科学出版社,2002.

[149] 任青文,罗军. 锚索应用及加固机理研究综述[J]. 水利水电进展,1997(2):29-33.

[150] 顾金才,明治清,沈俊,等. 预应力锚索内锚固段受力特点现场试验研究[J]. 岩石力学与工程学报,1998,17(sup):788-792.

[151] 熊厚金. 国际岩土锚固与灌浆新进展[M]. 北京:中国建筑工业出版社,1996.

[152] 李剑,张永兴,唐树名,等. 注浆体物理力学性能试验研究[J]. 地下空间与工程学报,2008,4(6):1076-1081.

[153] YAZICI S, KNISER P K. Bond strength of grouted cable bolts[J]. International Journal of Rock Mechanics and Mining Sciences & Geomechanics Abstracts,1992,29(3):279-292.

[154] HYETT A J,BAWDEN W F,REICHERT R D. The effect of rock mass confinement on the bond strength of fully grouted cable bolts[J]. International Journal of Rock Mechanics

and Mining Sciences & Geomechanics Abstracts,1992,29 (5):503-524.
[155] 中国工程建设标准化协会. 岩土锚杆(索) 技术规程:CECS 22—2005[S]. 北京:中国计划出版社,2005.
[156] 中华人民共和国建设部,国家质量监督检验检疫总局. 建筑边坡工程技术规范:GB 50330—2013[S]. 北京:中国建筑工业出版社,2013.
[157] 交通运输部. 公路路基设计规范:JTG D30—2015[S]. 北京:人民交通出版社,2004.
[158] 中华人民共和国建设部,国家质量监督检验检疫总局. 锚杆喷射混凝土支护技术规范:GB 50086—2001[S]. 北京:中国计划出版社,2001.
[159] 中华人民共和国建设部. 水工预应力锚固设计规范:SL 212—2012[S]. 北京:中国水利水电出版社,2012.
[160] KILIC A,YASAR E,CELIK A G. Effect of grout properties on the pull-out load capacity of fully grouted rock bolt [J]. Tunneling and underground space technology, 2002, 17: 355-362.
[161] 丘玲,徐道远. 混凝土压缩时初始损伤及损伤演变的试验研究[J]. 合肥工业大学学报,2001,24(6):1061-1065.
[162] 蔡四维,蔡敏. 混凝土的损伤断裂[M]. 北京:人民交通出版社,1999.
[163] 郭少华. 混凝土蠕变损伤分析模型[J]. 西安建筑科技大学学报,1995,27(3): 299-303.
[164] 常留红,陈建康. 单轴压缩下水泥砂浆本构关系的试验研究[J]. 水利学报,2007,38(2):217-202.
[165] 郑永来,夏颂佑. 岩石粘弹性连续损伤本构模型[J]. 岩石力学与工程学报,1996,15(sup):428-432.
[166] 张朋. 基于小波变换的锚杆质量检测信号消噪技术的研究[J]. 煤矿机械,2011,32(05):239-240.
[167] 纳比尔. A. 摩根. 实用地震资料处理[M]. 北京:石油工业出版社,1985,7.
[168] [加]LINDSRTH R O. 地球物理资料数字处理[M]. 北京:石油工业出版社,1984,4.
[169] 高林. TURBO BASIC 结构化设计程序汇编[M]. 北京:学苑出版社,1993,12.
[170] 许明,张永兴,阴可. 砂浆锚杆的锚固及失效机理研究[J]. 重庆建筑大学学报,2001,23(6):210-215.

[171] 柯玉军. 锚杆检测技术研究及应用[D]. 兰州:兰州大学,2006.

[172] 魏连雨,张志明,王清洲,等. 桥梁预应力孔道压浆密实度的无损检测方法[J]. 无损检测,2013,01:27-30.

[173] 孙冰,曾晟,丁德馨,等. 锚固系统与锚固介质材料中应力波波速的关系[J]. 防灾减灾工程学报,2013,33(3):305-310.

[174] 文竞舟,张永兴,王成. 隧道围岩全长黏结式锚杆界面力学模型研究[J]. 岩土力学,2013,34(6):1645-1651,1686.

[175] 王成,徐健,于晓. 端锚锚杆锚固质量检测最佳激发波的数值模拟[J]. 北京理工大学学报,2013,33(5):454-458.

[176] 刘晓春,卫军,余志武. 围岩释放应力对岩壁吊车梁受拉锚杆受力性能的影响[J]. 水利学报,2014,45(12):1435-1441.

[177] 吴顺川,潘旦光. 膨胀土边坡自平衡预应力锚固方法研究[J]. 岩土工程学报,2008,30(4): 492-497.

[178] 陈宗严. 用拉拔试验测定混凝土强度[J]. 冶金建筑,1981,(9):8-13.

[179] MORLET J. Wave propagation and sampling theory[J]. Geophysics, 1982, 47(2):203-236.

[180] DAUBECHIES I. The wavelet transform, time-frequency localization and signal analysis [J]. IEEE Transactions on Information Theory, 1990, 36(5): 961-1005.

[181] 胡昌华,张军波,夏军,等. 基于 MATLAB 的系统分析与设计——小波分析[M]. 西安:西安电子科技大学出版社,2000.

[182] 崔翔. 信号分析与处理[M]. 北京:中国电力出版社,2005.

[183] 张贤达,保铮. 非平稳信号分析与处理[M]. 北京:国防工业出版社,1998.

[184] 郑西贵. 煤矿巷道锚杆锚索托锚力演化机理及围岩控制技术[D]. 北京:中国矿业大学,2013.

[185] 赵一鸣. 煤矿巷道树脂锚固体力学行为及锚杆杆体承载特性研究[D]. 北京:中国矿业大学,2012.

[186] 刘海峰,杨维武,李义. 锚杆工作荷载实时检测技术研究[J]. 矿业研究与开发,2008, 28(2): 54-57.

名 词 索 引

B

C

D

F

N

O

P

Q

R

S

T

W

X

Y

Z